"十二五"职业教育国家规划教材
经全国职业教育教材审定委员会审定

# 化工仿真操作实训

第四版

陈　群　主编
许重华　主审

化学工业出版社
·北京·

## 内容简介

本书介绍化工仿真系统、化工仿真培训系统、系统学员站的使用和操作方法，全书采用模块化的编排结构，以离心泵、压缩机、锅炉、换热器、液位控制、釜式反应器、固定床反应器、流化床反应器、精馏、吸收解吸、萃取等14个单元操作过程技能训练的项目为载体，介绍了上述单元设备的操作原理和操作要点，冷态开车、正常停车和正常运营管理及事故设置与处理的操作规程。以乙醛氧化、丙烯酸甲酯、$CO_2$压缩等3个化工产品为工艺过程操作技能训练的载体，介绍产品生产和控制原理，冷态开车、正常停车和正常运营管理及事故设置与处理的操作规程。

本书可作为高职高专化工技术类及相关专业的实训教材或课程辅助教材，可作为1+X证书的培训用书，也可作为化工企业职工岗前培训和岗位技能训练参考用书。

图书在版编目（CIP）数据

化工仿真操作实训/陈群主编．—4版．—北京：化学工业出版社，2024.5（2025.8重印）
“十二五”职业教育国家规划教材　经全国职业教育教材审定委员会审定
ISBN 978-7-122-45394-5

Ⅰ.①化…　Ⅱ.①陈…　Ⅲ.①化学工业-计算机仿真-高等职业教育-教材　Ⅳ.①TQ015.9

中国国家版本馆CIP数据核字（2024）第071097号

责任编辑：廉　静　　　　装帧设计：王晓宇
责任校对：田睿涵

出版发行：化学工业出版社
（北京市东城区青年湖南街13号　邮政编码100011）
印　　装：北京云浩印刷有限责任公司
787mm×1092mm　1/16　印张13¾　字数320千字
2025年8月北京第4版第2次印刷

购书咨询：010-64518888　　　　售后服务：010-64518899
网　　址：http://www.cip.com.cn
凡购买本书，如有缺损质量问题，本社销售中心负责调换。

定　　价：49.00元

# 前言
PREFACE

随着化工生产装置的大型化、生产过程的连续化和化工自动化控制程度的不断提高，对从业人员提出了越来越高的要求。由于化工生产独特的生产特点，常规的训练方法和训练手段完全不能满足对高职高专学生化工操作技能和素养的培养，因此，能提供情景化、安全、经济的离线培训条件的仿真教学，越来越受到人们的重视。

本书介绍了化工仿真系统学员站的使用和操作方法，典型单元操作过程和化工产品的冷态开车、正常停车和事故设置及处理的操作规程。全书采用模块化和任务式的编排结构，每个模块以“能”做什么、“会”做什么明确学生的能力目标；以“掌握”“理解”“了解”三个层次明确学生的知识目标。

为了深入贯彻二十大精神，落实立德树人根本任务，本教材在修订时继续不断完善，有机融入工匠精神、绿色发展、文化自信等理念，弘扬爱国情怀，树立民族自信，培养学生的职业精神和职业素养。

本书通过设置工作情境，完成特定的任务来达到技能训练的目的。每个任务又包括具体工作任务、工作目标、操作要点、实施记录、实施结果及总结反思等内容。本书每个任务都可以作为一个独立的训练项目来进行，也可以将若干个任务组合成一个项目来实施。

本书由常州工程职业技术学院陈群担任主编。模块一、模块二、模块三、模块五由陈群编写；模块六由孙毓韬编写；模块四由健雄职业技术学院陈雪峰编写，全书由陈群统稿。

本书由北京东方仿真控制技术有限公司许重华担任主审，北京东方仿真控制技术有限公司的杨杰、常州工程职业技术学院刘懿老师对本书成稿提供了很大的帮助，常州工程职业技术学院李雪莲老师在本书修订过程中提出了许多宝贵的修改意见，在此一并表示衷心感谢。

本书既可以作为高职高专化工技术类及相关专业的实训教材，也可以作为化工企业职工的培训教材。

由于编者水平有限，书中不妥之处在所难免，恳请广大读者批评指正。

编者

2024.2

# 目录
CONTENTS

模块一

# 化工仿真操作知识准备

学习指南

## 知识目标

了解仿真、系统仿真、集散控制系统等概念；了解仿真技术的特点、工业应用及今后的发展方向；了解化工仿真培训系统的建立及在学员培训中的优势；了解化工仿真培训系统的组成；熟悉化工仿真系统画面及菜单、界面符号及所代表的意义；掌握化工仿真系统操作原理。

## 能力目标

能熟练进行化工仿真操作系统的启动与退出、画面切换、阀门启闭与开度调节及典型设备开停等基本操作；能根据操作要求对操作参数进行设置；能正确分析和处理操作中出现的问题。

## 素质目标

逐步建立工程技术观念和追求知识、严谨治学、勇于创新的科学态度和理论联系实际的思维方式；强化科学思想，崇尚科学的精神；逐步养成敬业爱岗、勤学肯干的职业操守。树立安全、环保、节能、减排的绿色发展理念。

# 任务1　认识系统仿真

仿真是对代替真实物体或系统的模型进行实验和研究的一门应用技术科学，是以仿真机为工具，用实时运行的动态数学模型代替真实工厂进行教学实习的一门新技术，是运用高科技手段强化学生理论联系实际的一种新型的教学方法。仿真技术是一门与计算机技术密切相关的综合性很强的高科技学科，是一门面向实际应用的技术。按所用模型的不同，仿真分为物理仿真和数字仿真两类，其中物理仿真是以真实物体或系统，按一定比例或规律进行微缩或扩大后的物理模型为实验对象；数学仿真则是以真实物体或系统规律为依据，建立数学模型后，在仿真机上进行的研究。

## 一、系统仿真的基本概念

系统仿真是一门面向实际、具有很强应用特性的综合性应用技术科学，其涉及的领域包括工业、医药、航空航天、生物、社会经济、教育、娱乐等方面。

过程系统仿真则是指过程系统的数字仿真，是描述过程系统动态特性的数学模型，它能在仿真机上再现生产过程系统的实时特性，以达到在该仿真系统上进行实验研究的目的。

化学、冶金、食品、发电、制药等工业过程系统均是过程系统的重要组成部分，而各个工业过程系统均存在许多共同点和遵循一些相同的规律，例如由离心泵、换热器、各种反应器、精馏塔、吸收塔等一系列单元操作装置通过管道、阀门连接而成的复杂的化工过程系统，是由各种调节阀、调节器、变送器、指示仪、记录仪或较先进的集散型计算机控制系统（DCS，Distributed Control System，简称集散控制系统）所控制的。

集散控制系统是20世纪70年代中期发展起来的新型控制系统。它融合了控制技术、计算机技术、转换技术、通信技术和图形显示技术，是一个利用微型处理机或微型计算机技术对生产过程进行集中管理和分散控制的系统。利用集散控制系统可以实现对生产过程的集中操作管理和分散控制。目前，集散控制系统已广泛地用于住宅及楼宇自控、工业自控、发电业、金属采矿业、水及废水处理业中。

## 二、仿真技术的工业应用

随着计算机的快速发展和普及，仿真技术在工业领域中的应用已越来越广泛。仿真技术通过对工艺流程进行仿真来模拟各种生产状况、中控室的人机界面（DCS系统）、自动化系统的各种逻辑关系（ESD及联锁系统）、工艺流程各环节设备的启动、停止（多种工况）及各种故障情况的应急处理（安全预案）等，同时可包含在线操作指导、工艺操作规程和指导说明，能满足针对操作进行技能鉴定的需要。因此，仿真技术已广泛应用于辅助培训与教学、辅助设计、辅助生产和辅助研究等多个方面，取得了可观的社会效益和经济效益。

采用过程仿真技术辅助培训，就是用仿真机运行数学模型来建造一个与真实系统机相似的操作控制系统，模拟真实的生产装置，再现真实生产过程的实时动态特性，使学员可以得到逼真的操作环境，取得较好的操作技能训练效果。大量的统计结果表明，仿真培训可以使工人在数周内取得现场 2 ～ 5 年的经验。由于仿真培训没有危险性，能节省培训费用，大大缩短培训时间，因此，许多企业已将仿真培训列为考核操作工人取得上岗资格的必要手段。

仿真技术在教学中的应用，尤其是在职业教育中的应用，优势更加明显。仿真技术可广泛应用于理论教学、实验教学和实习教学过程中。与传统的现场实习相比，仿真教学的优势在于。一方面克服了现场实习教学只能看不能动手的不足；另一方面克服了因实习现场生产装置越来越系统化、自动化，学生只能看到表面和概貌，无法深入和具体了解的缺陷。再加上仿真教学系统具有较强的交互性能，并能进行各种事故与极限状态的设定，为学生提供了一个不出校门便能了解生产实际并能进行亲自动手反复操作的实践平台。

此外，仿真技术还可用于不同行业、不同领域的辅助设计和辅助生产，如在化工过程领域中的应用就包括工艺过程设计方案的试验与优选、工艺参数的试验与优选、设备的造型和参数设计的试验、生产优化可行性试验与生产优化操作指导、满足在 Internet 网络上运行和组织的需要以及 ERP 中人力资源模块整合等方面。

随着计算机及网络技术、多媒体技术等的迅猛发展，相信仿真技术在未来社会和经济发展的各个领域将会得到越来越广泛的应用。

## 三、化工仿真系统的发展

现代化工企业生产方式正发生着改变（向大型联合装置发展，并且大量应用 DCS、FCS，操作范围扩大、操作难度增加），现代化工企业操作岗位的需求也发生着改变，仿真系统也从实物仿真装置、纯仿真软件向仿真工厂、仿真系统网络化和 3D 化方向发展。

# 任务2 认识化工仿真培训系统

化学工业是国民经济的重要基础产业，化学工业的发展水平是衡量一个国家国民经济发展水平的重要标志之一。与其他生产过程相比，化工生产过程具有以下明显的特点。

① 易燃、易爆和有毒、有腐蚀性的物质多。化工生产过程中的原料、半成品和成品种类繁多，绝大部分是易燃、易爆、有毒、有腐蚀性的化学危险品。如合成氨生产中的氢、氨、一氧化碳，有机合成生产中的乙炔、乙烯、苯、苯酚、硝基和氨基化合物等。这些物质在贮存、运输或生产使用过程中，如果管理或使用不当都会发生火灾、爆炸、中毒或烧伤等事故。

② 高温、高压设备多。为了适应生产的要求，化工生产中常采用高温、高压或低温、高真空度等较特殊的工艺条件。如合成氨生产中合成塔的工作压力为 30MPa，生产高压聚乙烯的压力为 294MPa，生产聚酯切片的压力小于 70Pa。如果设备制造不符合要求，或设备严重腐蚀又没有及时检修，或由于操作不当导致灾害性事故的发生。

③ 工艺复杂，操作要求严格。化工生产装置大型化、生产过程连续化和过程控制自动化，已成为现代化工生产技术飞速发展的标志。一种化工产品的生产往往由一个或几个车间组成，而每个生产车间都包括许多化工单元操作。化工生产过程多为高度自动化、连续化，生产设

备多为密闭式，生产操作则由分散控制转变为集中控制、由人工操作变为仪表和计算机自动操作。由于这些特点，操作要求更为严格，化工操作人员必须具有各方面的知识和技能，才能确保安全生产。

④“三废”多，污染严重。化学工业产生的“三废”多，造成的污染严重。化学工业产生的废气，主要是化学反应不完全或副反应所产生的废气，以及能源燃烧时产生的废气。化学工业废水排放量大，主要有冷却用水和反应、洗涤用水，这些废水中含有大量的化学污染物，如工业油污、重金属及其化合物、有机化合物等物质。化工生产中的“三废”具有排放量大、毒性大、污染分布面广的特点，已经对全球生态平衡造成极大危害。

为保证化工生产安全、稳定、长周期、满负荷、最优化地进行，化工行业对化工操作人员的综合素质要求越来越高，职业教育和在职培训也就显得越来越重要。但鉴于化工生产的上述特殊性，常规的教育和培训方法已不能满足生产要求，而现代化工仿真模拟技术则成为当前职业教育和在职培训强有力的工具。

化工仿真作为仿真技术应用的一个重要分支，主要是对集散控制系统化工过程操作的仿真，用于化工生产装置操作人员开车、停车、事故处理等过程的操作方法和操作技能的培训与训练。

## 一、化工仿真培训系统的建立

化工仿真培训系统的建立是以实际生产过程为基础，通过建立生产装置中各种过程单元的动态特征模型及各种设备的特征模拟生产的动态过程特性，创造一个与真实化工生产装置非常相似的操作环境，其中各种画面的布置、颜色、数值信息动态显示、状态信息动态指示、操作方式等与真实装置的操作环境相同，使学员有一种身临其境的真实感。

### 1.化工实际生产过程

整个化工生产过程首先由操作人员根据自己的工艺理论知识和装置的操作规程在控制室和装置现场进行操作，操作信息送到生产现场，在生产装置内完成生产过程中的物理变化和化学变化，同时一些主要的生产工艺指标经测量单元、变送器等反馈至控制室。控制室操作（内操）人员通过观察、分析反馈来的生产信息，判断装置的生产状况，实施进一步的操作，使控制室和生产现场形成了一个闭合回路，逐渐使装置达到满负荷平稳生产的状态。

实际的化工生产过程包括四个要素：控制室、生产装置、操作人员、干扰和事故。

控制室和生产现场是生产的硬件环境，在生产装置建成后，工艺或设备基本上是不变的，操作人员分为内操和外操。内操在控制室内通过 DCS 对装置进行操作和过程控制，是化工生产的主要操作人员。外操在生产现场进行诸如生产准备性操作、非连续性操作、一些机泵的就地操作和现场的寻检。

干扰是指生产环境、公用工程等外界因素的变化对生产过程的影响，如环境温度的变化等。事故是指生产装置的意外故障或因操作人员的误操作所造成的生产工艺指标超标的事件。干扰和事故是生产过程中的不定因素，但这对生产有很大的负面影响，操作人员对干扰和事故的应变能力和处理能力是影响生产的主要因素。

### 2.仿真培训过程

仿真培训是通过学员在“仿控制室”（包括图形化现场操作界面）进行操作，操作信息通过网络送到工艺仿真软件。生产装置工艺仿真软件完成实际生产过程中的物理变化和化学变化的模拟运算，一些主要的工艺指标（仿生产信息）经网络系统反馈到仿控制室。学员通过观察、分析反馈回来的仿生产信息，判断系统运行状况，进行进一步的操作。在仿控制室和工艺仿真软件间形成了一个闭合回路，逐渐操作、调整到满负荷平衡运行状态。仿真培训过程中的干扰和事故由培训教师通过工艺仿真软件上的人 / 机界面进行设置。

### 3.实际生产过程与仿真过程的比较

“仿控制室”是一个广义的扩大了的控制室，它不仅包括实际 DCS 中的操作画面和控制功能，同时还包括现场操作画面。仿真培训系统中无法创造出一个真实的生产装置现场，因此现场操作也只能放到仿控制室中。仿真培训系统中的现场操作通常采用图形化流程图画面。由于现场操作一般为生产准备性操作、间歇性操作、动力设备的就地操作等非连续控制过程，通常并不是主要培训内容。因此，把现场操作放到仿控制室并不会影响培训效果。

## 二、化工仿真培训系统的结构

仿真培训系统根据不同的培训对象和应用对象采用不同的结构，设置不同的培训功能。目前，仿真培训系统有两种形式，一种是 PTS（Plant Training System）结构，PTS 结构的硬件系统是由一台上位机（教师指令台）和最多十几台下位机（学员操作站）构成的网络系统，它针对装置级仿真培训系统，适合于化工企业在岗职工的在职培训；另一种为 STS（School Teaching System）结构，STS 结构硬件系统则是由一台上位机（教师指令台）和多台下位机（学员操作站）组成的网络系统。教师指令台是教师组织管理仿真培训的控制台，与学员操作无关。STS 结构软件可以上、下机联网培训，也可以单机培训。STS 结构针对单元级和工段级仿真培训软件，适用于大中专及职业技术学校学生和工厂新职工的岗前培训。

本书所介绍的化工单元仿真教学系统是 STS 结构系统。

# 任务3　掌握CSTS2007仿真培训系统学员操作站的使用

教师指令台和学员操作站的作用和功能不同，因此在教师指令台和学员操作站上所运行的软件也不同。在学员操作站上运行的是仿真培训软件，仿真培训软件包括工艺仿真软件、仿 DCS 软件和操作质量评分系统软件三部分。

## 一、仿真培训软件的启动

启动计算机，单击“开始”按钮，弹出上拉菜单，将光标移到“程序”，随后将光标移到“东方仿真”，在弹出的菜单中单击“STS 化工实习软件 2007”中的“化工实习软件 2007”，弹出如图 1-1 所示的学员站登录界面。

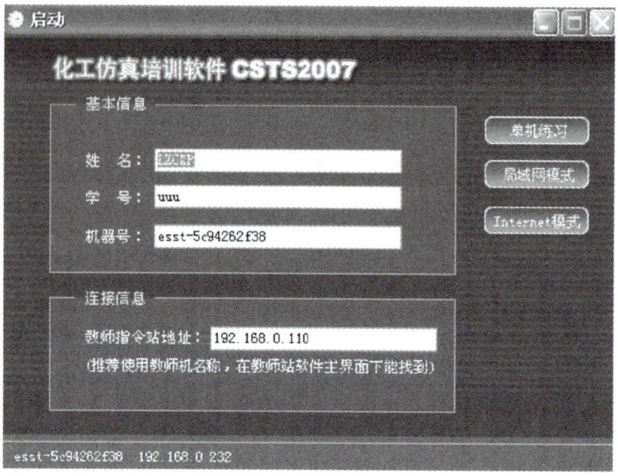


图1-1 化工仿真培训软件CSTS2007启动界面

学员可以根据需要选择自由训练或在线考核。自由训练是单机运行方式，是在没有连接教师站的情况下运行软件，主要用于对学员的操作培训和操作训练。在线考核是网络运行方式，一般用于对学生学习的成绩考核，可将学生成绩提交到教师站，由教师站对学生成绩统一评定和管理。

系统登录的方式有两种，一种是匿名登录；另一种是设定姓名、学号（姓名和学号必须填写）进行登录。如果选择的是在线考核，则教师站指令地址（即安装教师站的电脑的 IP 地址）也必须填写正确。

## 二、培训参数的选择

化工仿真系统 CSTS2007 启动后，单击“自由训练”，进入培训参数选择界面，在培训参数选择界面下可进行项目类别、培训工艺、培训项目和操作风格等的选择。

### 1.培训工艺

CSTS2007 仿真培训系统提供了六大类、15 个仿真操作培训单元，如图 1-2 所示。选择其中的某个培训单元，点击鼠标左键，选中后该单元泛蓝显示，再用鼠标左键单击“启动项目”图标，所选培训工艺生效，同时退出该窗口。

### 2.培训项目选择

单击“培训项目”，右边框中出现具体培训项目，可选择冷态开车、正常运行、正常停车和具体的事故等，如图 1-3。选中后该项目泛蓝显示。双击鼠标左键或用鼠标左键单击“启动培训单元”图标，所选培训项目生效，同时退出该窗口。

### 3. DCS风格

点击 DCS 风格，则会出现图 1-4 所示界面，有通用 DCS 风格、TDC3000、IA 系统和 CS3000 风格可供选择。

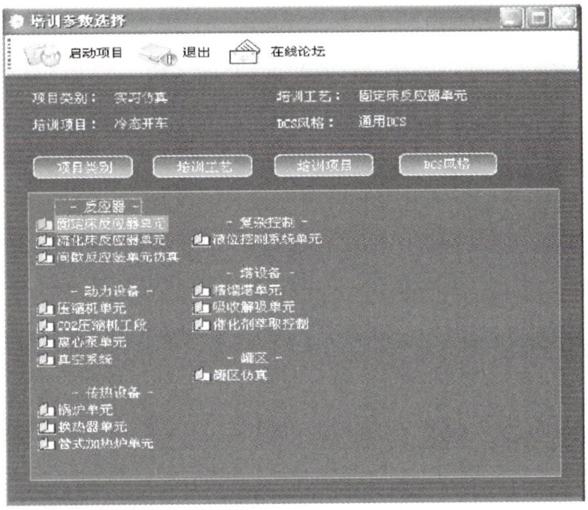


图1-2　培训参数选择界面

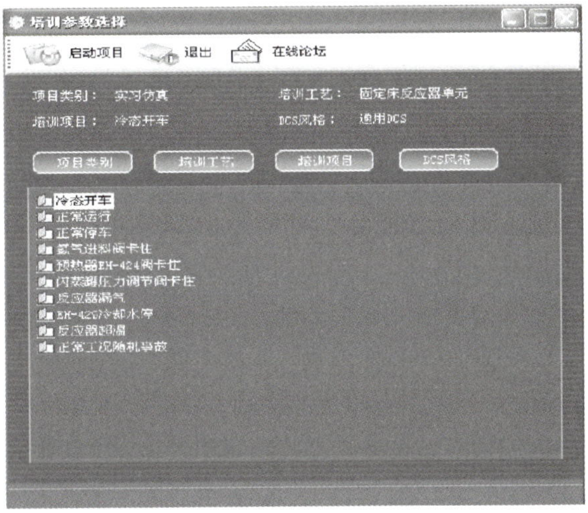


图1-3　培训项目选择操作界面

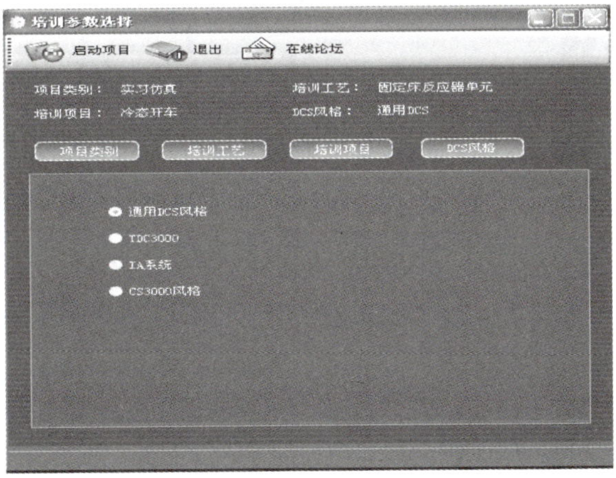


图1-4　DCS风格选择操作界面

通用 DCS 风格、TDC3000 风格和 IA 风格都是一个标准的 Windows 窗体。其中通用 DCS 风格上面有菜单，中间是主要操作区域，下面有 10 个按钮，点击可以弹出相应的画面，最下面的状态栏显示程序当前的状态。TDC3000 风格上面有菜单，中间是主要显示区域，下面是主要操作区。IA 风格上面有菜单，中间是主要操作区域，下面有 8 个按钮，点击可以弹出相应的画面，最下面的状态栏显示程序当前的状态。CS3000 为多窗口操作，最多同时可以打开五个窗口。运行 CS3000 后，在屏幕的上方出现一个系统窗口，该窗口为 CS3000 的常驻窗口，屏幕上所有其他应用程序不可占用此位置，只有当 CS3000 退出后，此窗口才会消失。

选择完毕后，单击“启动项目”，便进入程序的主界面。

## 三、画面及菜单介绍

进入仿真培训系统后，仿真操作系统程序主界面是一个标准的 Windows 窗口。窗口上方有菜单栏，菜单栏包括工艺、画面、工具和帮助四个部分；窗口的中间是主要操作区域，包含有若干个按钮，点击可以弹出相应的画面；窗口的最下面是状态栏，状态栏显示程序当前的工作状态，每个状态栏均包含 DCS 图和现场图。

在 Windows 的任务栏中还可以见到智能评价系统和 DCS 集散控制系统的图标。其中 DCS 集散控制系统是学员进行工艺操作训练的界面，也是主要的操作界面。在培训过程中不能将 DCS 集散控制系统和智能评价系统中的任何一个系统关闭，否则仿真系统将退出。两个系统间的相互切换采用 Windows 标准任务切换方式，即用鼠标左键点击任务图标便可完成在两个系统间的切换。

### 1.工艺子菜单

将鼠标移至 DCS 集散控制系统主菜单上并单击“工艺”菜单，便会弹出如图 1-5 所示的下拉菜单。在工艺子菜单中包括信息总览、工艺内容切换、操作进度存盘和重演等功能菜单。

（1）当前信息总览

单击“当前信息总览”后，弹出如图 1-6 所示项目信息浏览界面，在图上显示出当前项目信息，包括当前工艺、当前培训和操作模式等信息。

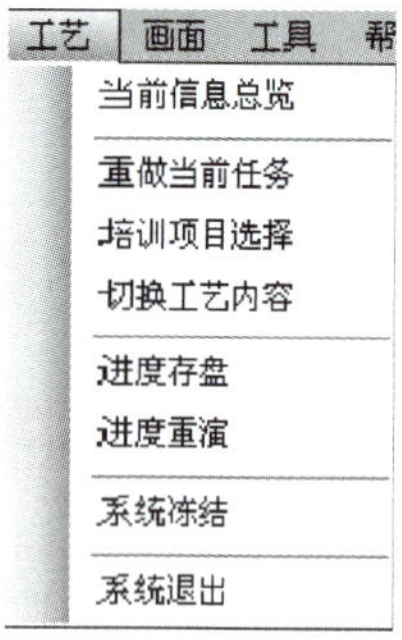


图1-5　下拉工艺子菜单

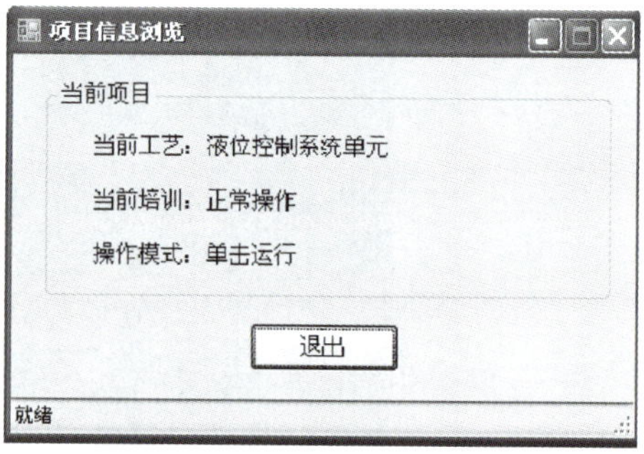


图1-6　项目信息浏览界面

（2）重做当前任务

单击“重做当前任务”，则会重新启动化工仿真系统，重新初始化运行环境和历史趋势，加载点库和点库数据、数学模型和模型数据及其他信息等。

（3）培训项目选择

选择功能菜单“培训项目选择”后，则会出现是否“退出当前的工艺？”对话框，按“是”，则会进一步出现如图 1-7 所示的警告提示对话框，选“是”则 DCS 仿真系统关闭，重新回到培训参数选择界面，可对培训项目进行重新选择。选“否”，当前对话框退出，继续进行当前操作。

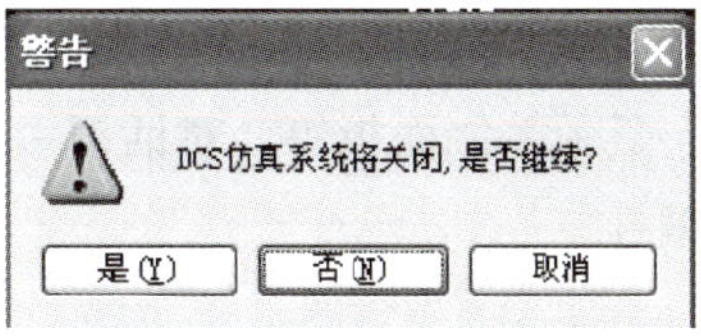


图1-7　DCS仿真系统关闭对话框

（4）切换工艺内容

单击“切换工艺内容”，根据提示进行操作便可完成对工艺内容的重新选择。

（5）进度存盘和进度重演

进度存盘是对操作过程中的操作状态以文件的形式进行保存。

进度重演则可以通过打开原先保存的文件来查看原先的操作状态或对原先的状态进行继续操作。

（6）系统冻结

工艺仿真模型处于“系统冻结”状态时，不进行工艺模型的计算；相应地，仿 DCS 软件也处于“冻结”状态，不接受任何工艺操作（即任何工艺操作视为无效），而其他操作（如画面切换等）则不受系统冻结的影响。系统冻结相当于暂停，所不同的是，它只是不允许进行工艺操作，而其他操作并不受影响。

在菜单中选中“系统冻结（或系统解冻）”项，经确认后系统便冻结（或系统解冻），同时功能菜单项变为系统解冻（或系统冻结）。

（7）系统退出

选择“系统退出”，则关闭化工仿真系统 CSTS2007，回到 Windows 桌面下。

## 2.画面菜单

画面菜单包括流程图画面、控制组画面、趋势画面、报警画面等功能菜单，如图 1-8 所示。

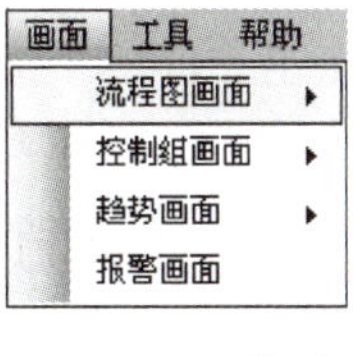


图1-8　画面菜单图

（1）流程图画面

流程图画面是主要的操作界面，包括流程图、显示区域和可操作区域。流程图画面中包含与操作有关的化工设备和控制系统的图形、位号及数据的实时显示，在流程图画面中可以实现控制室与操作现场全部仿真实习的手动和自动控制操作。

显示区域用来显示流程中的工艺变量的值。显示区域又可分为数字显示区域和图形显示区域。数字显示区域相当于现场的数字仪表。图形显示区域则相当于现场的显示仪表。

流程图画面中可操作的区域又称为触屏，当鼠标光标移到上面时会变成一个手的形状，表示可以操作。鼠标单击时会根据所操作的元素有不同的操作效果，包括切换到另一幅画面、弹出不同的对话框等。对于不同风格的操作系统，即使所操作的元素相同，也会出现不同的操作效果。

在流程图画面中，可以完成控制室与现场全部仿真的手动和自动操作。

① 通用 DCS 风格的操作系统　通用 DCS 风格操作系统的操作效果包括弹出不同的对话框、显示控制面板等。对话框一般包括两种（如图 1-9），对话框的标题为所操作对象的名称和编号。

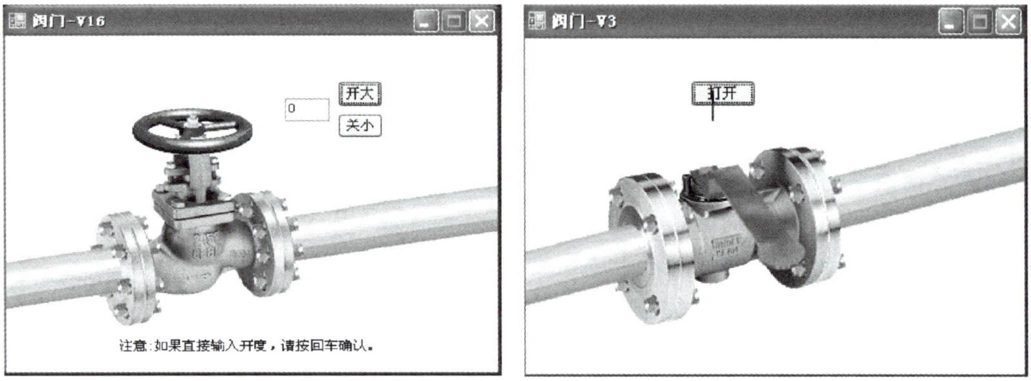


对话框1　　对话框2

图1-9　阀门操作效果对话框

对话框 1 一般用来设置泵及阀门等的开关（即只有打开与关闭两个值）。点击“开（ON）”，阀门或电机颜色变为绿色，表示阀门已开启或电机已工作；单击“关（OFF）”，阀门或电机颜色变为红色，表示阀门已关闭或电机已经停止工作。

对话框 2 一般用来设置阀门的开度，输出值（OP）为 0 ～ 100 间的值时，阀门开启，阀门颜色变为绿色，而且阀门的开度随输入的数值增加而增大。当输出值（OP）为 0 时，调节阀颜色为红色，表示阀门已关闭。阀门开度的调节方式有两种，一种是直接输入数值，按回车确认即可；第二种是直接单击“开大”或“关小”按钮，点击一次，阀门的开度便增加或减小 5%。

当鼠标接近调节器位号时会转变成手形光标，并在调节器处出现一个绿色的长方形选定框，点击后出现如图 1-10 所示的调节器的位图。

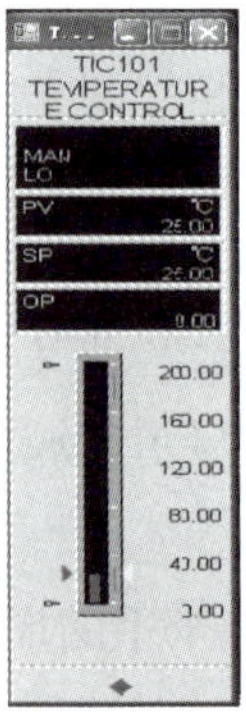


图1-10　调节器的位图

a. 调节器状态设置　点击“AUT”按钮，调节器置于自动控制状态；点击“MAN”按钮，调节器置于手动状态；点击“CAS”按钮，调节器置于串级状态。

b. 调节器位图中数值设定　调节器位图中有三个值：设定值 SP，为工艺控制目标值；测量值 PV，显示仪表测定的系统值；输出值 OP，为开关阀控制值，通过 OP 值的调节控制 PV 值的输出。

当调节器处于手动状态时，调节器位图中的 OP 值可以更改，SP 值和 PV 值显示相同值，且不可修改。单击调节器位图中的 OP 值显示框，弹出调节器参数整定位图，在“DATA=”框中输入具体数值，点击确定，完成 OP 设定。调节 OP 值使 PV 值接近 SP 值时投入自动控制状态。

上述操作完成后，单击左键或按回车键即可完成设置，如果没有按回车而点击了对话框右上角的关闭按钮，设置将无效。

② TDC3000风格的操作系统　TDC3000系统在我国广泛用于化工、石油冶炼、钢铁、矿产、石油、天然气等工业领域中，TDC3000风格的操作系统的操作区有下面三种形式，如图1-11、图1-12、图1-13所示。操作区内包括所操作区域的工位号及相关描述。

图1-11所示操作区一般用来设置泵和阀门的开关（只有开与关两个值），点击“OP”会出现“OFF”或“ON”，根据需要执行完开或关的操作后点击“ENTER”，“OP”下面会显示操作后的新的信息。点击“CLR”键则会清除操作区。

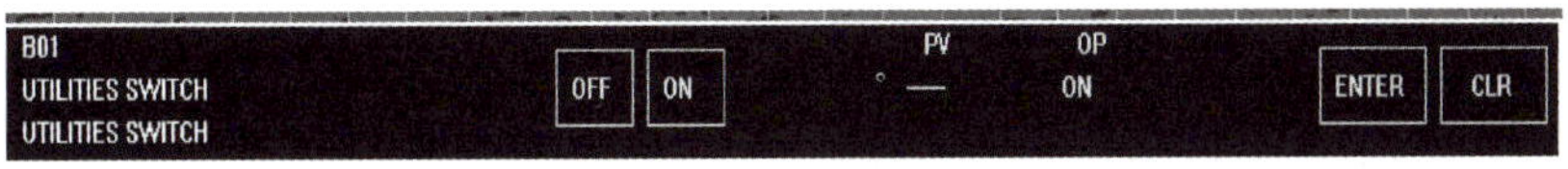


图1-11　操作区1界面图

图1-12所示操作区一般用来设置阀门开度或其他非开关形式的量。“OP”下面显示该变量的当前值。点击“OP”则会出现一个文本框，在下面的文本框内输入想要设置的阀门开度或其他非开关形式的数值，然后按回车键即可完成设置。

图1-12　操作区2界面图

图1-13所示操作区主要是显示控制回路中所控制的变量参数的测量值（PV）、给定值（SP）、当前输出值（OP）、操作方式（MAN/AUTO/CAS）等。在该操作区可以完成“手动/自动”方式的相互切换，在手动方式下进行输出值的设定等。

图1-13　操作区3界面图

（2）控制组画面

控制组画面包括流程中所有的控制仪表和显示仪表，每块仪表反映一个点的位号、变量的描述以及对应变量的设定值（SP）、测量值（PV）、输出值（OP）及操作状态（手动、自动、串级或程序控制）。对模拟量用棒形图动态显示其当前PV、OP值。

（3）趋势画面

趋势画面反映的是当前控制组画面中的“可趋势点”的实时或历史趋势，它可由若干个趋势图组成。趋势图的纵坐标表示变量的值，横坐标表示时间，趋势图的左侧最多可同时跟踪测量8个变量，每个测量的变量内容分别包括位号、对应变量的描述、测量值及对应的单位（如图1-14所示）。每个趋势图最多可有8条趋势线，分别用不同的颜色表示，与每个趋势点上方的趋势标记颜色相对应。也可根据需要移动绿色的箭头来查看其中某一变量的运行趋势。

（4）报警画面

单击“报警画面”菜单中的“显示报警列表”，将弹出报警列表窗口（如图 1-15 所示）。其中报警的时间是指报警时计算机的当前时间；报警点名为报警点所在流程中的工位号；报警点描述是对报警点工位号物理意义的描述；报警的级别则是根据工艺指标的当前值接近其上下限的程度来划定，分为高高报（HH）、高报（HI）、低报（LO）、低低报（LL）四级；报警值是指发生报警时工艺指标的当前值。

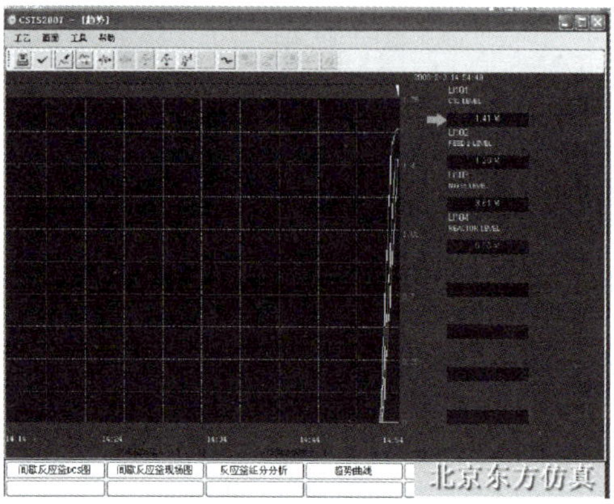


图1-14　趋势画面

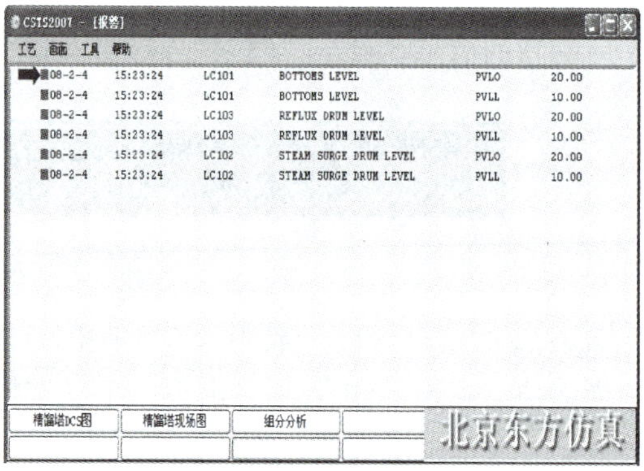


图1-15　报警画面

## 3.工具菜单

工具菜单包括变量监视和仿真时钟设置两个子菜单。

（1）变量监视

选中“变量监视”项后，便弹出“变量监视”窗口（如图 1-16 所示）。通过“变量监视”窗口可实时监测各个点对应变量的当前值和当前变量值，了解变量所对应的流程图中的数据点、对应数据点的物理意义的描述、数据点的上下限等。

文件菜单中包括读点库数据、存点库数据、读模型数据、存模型数据、生成培训文件、退出等功能菜单。

查询菜单则包括显示所有、点查询和点值查询等功能菜单。

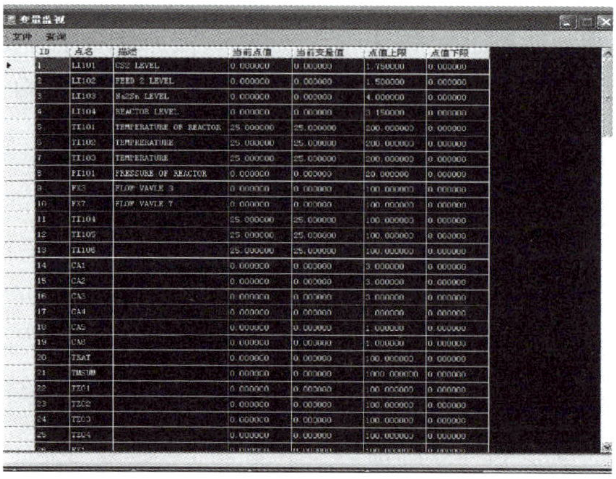


图1-16　变量监视界面图

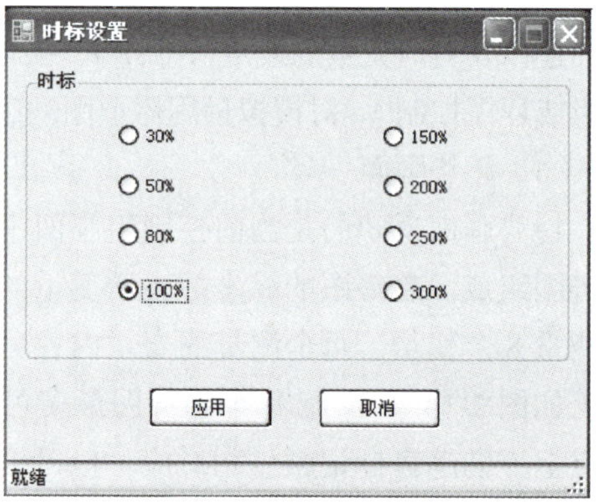


图1-17　仿真时钟设置窗口

（2）仿真时钟设置

“仿真时钟设置”即时标设置，是设置仿真程序运行的时标。选择该项会弹出时标设置对话框（如图 1-17 所示）。点击选择不同的时标可加快或减慢系统运行的速度，系统运行的速度与时标成正比。

（3）帮助

帮助菜单包括帮助主题、产品反馈、激活管理、关于。

① 帮助主题 通过帮助主题可以查看相关帮助。

② 产品反馈 用户可以将一些意见通过电子邮件反馈给北京东方仿真有限公司。

③ 激活管理 主要用于仿真软件安装中进行激活。

④ 关于 通过关于可了解北京东方仿真有限公司的相关信息和其他产品。

## 四、符号说明

仿真操作软件中出现的符号意义如表 1-1 所示。

表1-1 仿真操作软件中常见符号的意义

| 符号 | 说 明 | 符号 | 说 明 |
|---|---|---|---|
| P | Pressure 压力 | TI | Temperature Indication温度指示 |
| I | Indicator 指示器 | LIC | Level Indication Control液位指示控制 |
| C | Control 控制 | PIC | Pressure Indication Control压力指示控制 |
| F | Flowrate 流量 | PI | Pressure Indication压力显示 |
| L | Level 液位 | FIC | Flow Indication Control流量指示控制 |
| V | Valve 阀 | P | Pump 泵 |
| OP | Output 输出值 | ON | On 开 |
| SP | Set Position 设定值 | OFF | Off 关 |
| PV | Process Variable 过程值（测量值） | MAN | Manual手动状态 |
| P（PID） | Proportion 比例 | AUTO | Automatic自动状态 |
| I（PID） | Integral 积分 | CAS | Cascade Option串级控制 |
| D（PID） | Derivative 微分 | DCS | Distribute Control System分布（集散）控制系统 |

## 五、仿真培训系统的退出

退出系统可以在培训参数选择界面点击“退出”，也可以在工艺菜单下选择系统退出。

# 任务4 认识操作质量评分系统

启动 CSTS2007 仿真培训系统进入操作平台，同时也就启动了过程仿真系统平台 PISP-2000 智能评价系统，智能评价系统画面对操作过程进行实时跟踪检查，并根据组态结果对其进行分析诊断，将错误的操作过程或操作动作列举出来。

点击每一条操作步骤，在右边的框内就会出现具体的操作步骤以及对于步骤的描述，包括对这一操作步骤的操作诊断和本步骤（质量指标）的得分情况，操作诊断中也同时对操作（质量指标）的起始条件和终止条件进行评测。

## 一、操作状态指示

该功能对当前操作步骤和操作质量所进行的状态以不同的图标表示出来。操作系统中所用的光标说明可以从评分系统帮助菜单中调出。

### 1.操作步骤状态图标及提示

图标（红色）：表示此过程的起始条件没有满足，该过程不参与评分。

图标（绿色）：表示此过程的起始条件满足，开始对过程中的步骤进行评分。

图标（红色）：为普通步骤，表示本步还没有开始操作，也就是说，还没有满足此步的起始条件。

图标（绿色）：表示本步已经满足起始条件，但此操作步骤还没有完成。

图标（绿色）：表示本步操作已经结束，并且操作完全正确（得分等于 100%）。

图标（红色）：表示本步操作已经结束，但操作不正确（得分为 0）。

图标（蓝色）：表示过程终止条件已满足，本步操作无论是否完成都被强迫结束。

### 2.操作质量图标及提示

图标（红色）：表示这条质量指标还没有开始评判，即起始条件未满足。

图标（红色）：表示起始条件满足，本步骤已经开始参与评分，若本步评分没有终止条件，则会一直处于评分状态。

图标（蓝色）：表示过程终止条件已满足，本步操作无论是否完成都被强迫结束。

图标（红色）：在 PISP-2000 的评分系统中包括了扣分步骤，主要是当操作严重不当，可能引起重大事故时，从现有分数中扣分，此图标表示起始条件不满足，即还没有出现失误操作。

图标（红色）：表示起始条件满足，已经出现严重失误的操作，开始扣分。

## 二、操作方法指导

智能评价系统可以在线给出操作步骤的指导说明，对操作步骤的具体实现步骤进行具体的描述（见图 1-18 所示）。

当鼠标移到质量步骤一栏，所在栏就变蓝，双击鼠标左键便会出现操作所需要的详细操作质量信息对话框，如图 1-19 所示。通过该对话框就能查看该质量指标的运行情况，质量指标的目标值、上下允许范围、上下评定范围等。

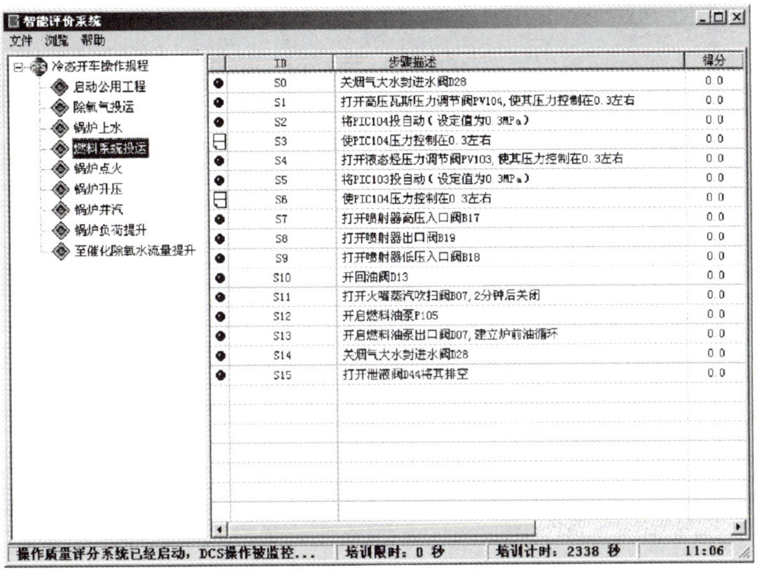


图1-18　操作步骤说明

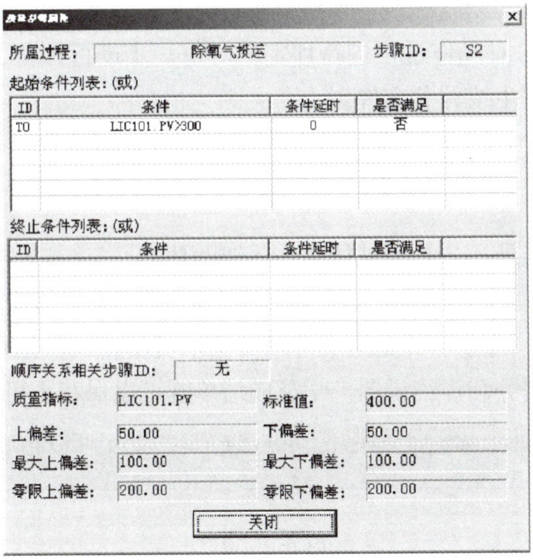


图1-19　操作质量信息对话框

## 三、操作诊断

智能评价系统通过对操作过程的跟踪检查和诊断，将操作得分情况、操作错误的操作过程或操作动作一一加以说明，提醒学员对这些错误操作查找原因并及时纠正，以便在今后的训练中进行改正及重点训练。

智能操作诊断画面对操作过程进行实时跟踪检查，并根据组态结果对其进行分析诊断，将诊断后的操作过程或操作结果列举出来，如图 1-20 所示。

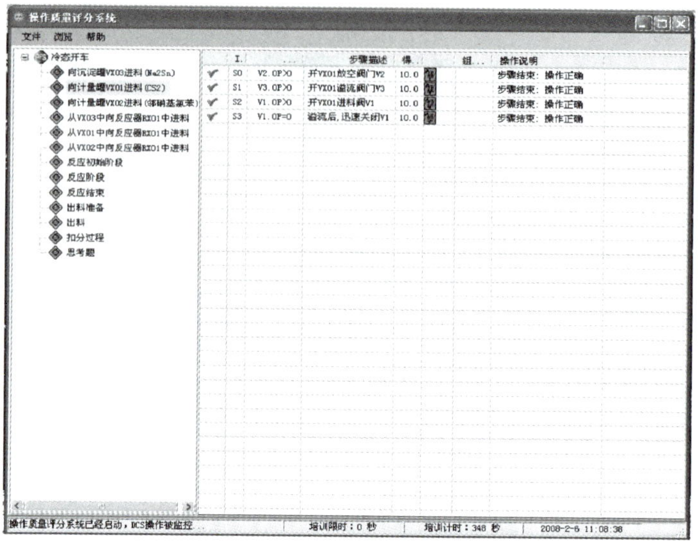


图1-20 操作诊断结果

## 四、操作评定

智能评价系统能实时对操作过程进行评定，对每一步进行评分，并给出整个操作过程的综合得分，还可根据需要生成评分文件。

## 五、其他辅助功能

评分系统除以上功能外，还具有其他的一些辅助功能。

① 生成学员成绩单 单击“浏览”菜单中的“成绩”，就会弹出如图 1-21 所示的对话框，可以生成学员成绩列表，通过学员成绩单可以浏览学员资料、操作单元、学员的总成绩、各项分步成绩、操作步骤得分和详细说明。学员成绩单既可以保存也可以打印。

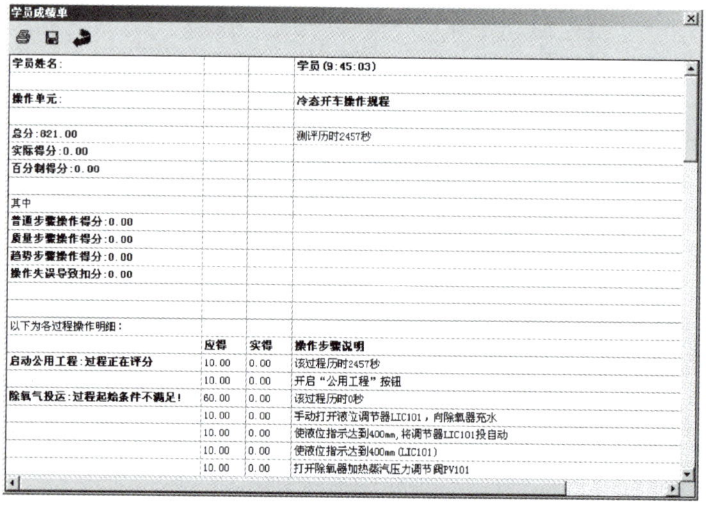


图1-21 学员成绩单

② 成绩单读取和保存　单击“文件”菜单下面的“打开”可以打开以前保存过的成绩单，利用“保存”菜单可以通过保存新的成绩单来覆盖原来旧的成绩单，利用“另存为”则不会覆盖原来保存过的成绩单。

③ 退出系统　单击“文件”下面的“系统退出”来退出操作系统。

④ 查看其他说明　单击“帮助”菜单下面的“光标说明”可以查看相关的光标说明。

# 任务5　认识仿真操作键盘

## 一、TDC3000专用键盘

### 1. TDC3000键盘布置图

TDC3000 有新旧两种键盘，在键盘上有功能键、字符键、数字键等，各键在键盘上的分布如图 1-22、图 1-23 所示。在 TDC3000 仿真系统中这两种键盘都可以支持。

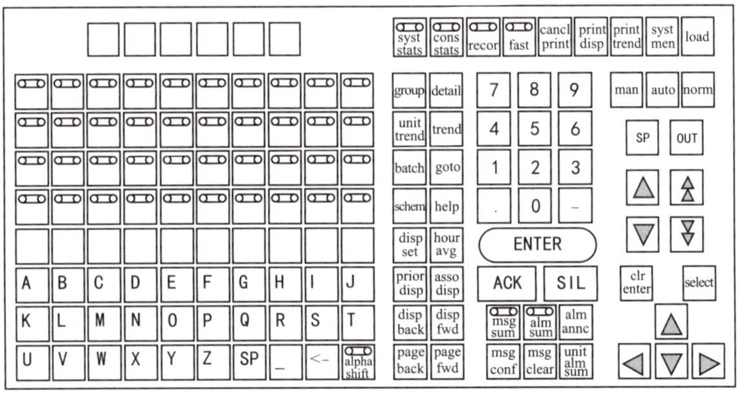

图1-22　TDC3000旧键盘布置图

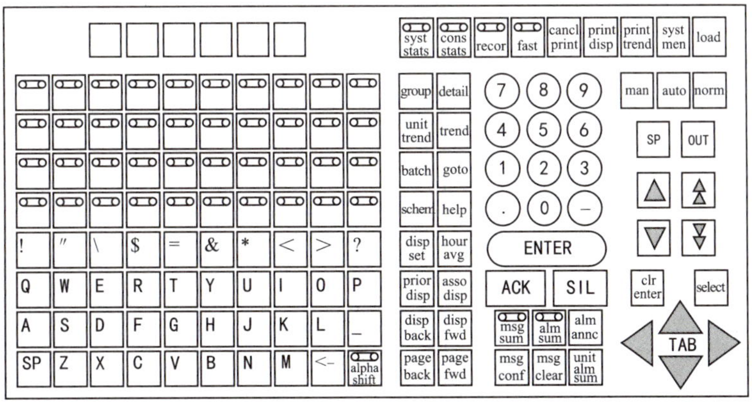

图1-23　TDC3000新键盘布置图

## 2.键作用说明（如表1-2所示）

表1-2 TDC3000键盘键作用说明

| 类型 | 键名 | 功 能 | 按键后的屏幕提示及操作方法 | 备 注 |
|---|---|---|---|---|
| 可组态功能键 | | 调出所定义的组态图 | | 包括键盘左半部最上面的六个不带灯的键及下面四排报警灯的40个功能键，带报警灯的键可以反映出该画面的报警状态，黄灯亮表示该画面有高报，红灯亮表示该画面有紧急报警 |
| 字符键 | SP | 输入空格 | | 键盘左侧下部四排键为字符键，可输入相应的ASCII码字符 |
| | ← | 返回键 | | |
| | alpha shift | 字符键/功能键的切换键 | alpha shift灯亮时字符键用于输入字符，灯灭时字符键变为功能键，与可组态的功能键作用一样 | |
| 系统功能键 | | | | 为键盘右侧最上面一排键，在仿真培训系统中这些键无意义 |
| 输入确认键 | ENTER | 确认键 | | 用于输入方式下 |
| 报警管理功能键 | ACK | 单元报警确认 | | 报警管理功能键位于键盘右侧中下部 |
| | SIL | 报警消声 | | |
| | msg sum | 调出操作信息画面 | | |
| | alm sum | 调出区域报警画面 | | |
| | alm annc | 调出报警灯屏画面 | | |
| | msg conf | 在操作信息画面中确认操作信息 | | |
| | msg clear | 在操作信息画面中清除报警信息 | | |
| | unit alm sum | 调出该单元的单元报警画面 | 输入单元号后确认 | |
| 输入清除键 | clr enter | 消除当前输入框中的内容 | | |
| 光标键 | ▲ ▼ | 光标移动键 | | 按这些键可以使光标在画面中的各触摸区之间移动 |
| 选择键 | select | 选择当前光标所在的触摸区 | | |
| 画面调用键 | group | 调出控制组画面 | 输入控制组号后确认 | 为键盘右侧最左边的两列键 |
| | detail | 调出细目画面 | 输入点名后确认 | |
| | unit trend | 调出单元趋势图 | 输入单元后确认 | |
| | trend | 调出所选点的趋势曲线 | | 在控制组图和趋势组图中才有效 |
| | batch | 未定义 | | |

续表

| 类型 | 键名 | 功　能 | 按键后的屏幕提示及操作方法 | 备　　注 |
|---|---|---|---|---|
| 画面调用键 | goto | 选择仪表 | 输入仪表位置号后确认 | 在控制组画面中用 |
| | schem | 调出流程图 | 输入流程图名后确认 | |
| | help | 调出当前画面的帮助画面 | | 组态时决定 |
| | disp set | 未定义 | | |
| | hour avg | 控制组画面切换成相应的小时平均值画面 | | 只在控制组画面中有效 |
| | prior disp | 调出在当前画面调入前显示的一幅画面 | | |
| | asso disp | 调出当前画面的相关画面 | | 组态时决定 |
| | disp back | 调出当前所在的控制组画面的上一幅控制组画面 | | 如果当前控制组为第一组，则按此键无效 |
| | disp fwd | 调出当前所在控制组画面的下一幅控制组画面 | | 如果当前控制组为最后一组，则按此键无效 |
| | page back | 调出具有多页显示画面的上一页 | | 在细目画面、单元趋势画面、单元和区域报警信息画面中才有效 |
| | page fwd | 调出具有多页显示画面的下一页 | | 在细目画面、单元趋势画面、单元和区域报警信息画面中才有效 |
| 回路操作键类型 | man | 将选中的回路操作状态设为手动 | | 用于对回路进行操作 |
| | auto | 将当前回路操作状态设为自动 | | |
| | norm | 调出所定义的组态图 | | |
| | SP | 呼出设定值输入框 | | |
| | OUT | 呼出输出值输入框 | | |
| | ▲ | 将正在修改的值增加0.2% | | |
| | ▼ | 将正在修改的值减少0.2% | | |
| | ⏫ | 将正在修改的值增加4% | | |
| | ⏬ | 将正在修改的值减少4% | | |

## 二、通用键盘

如图 1-24。

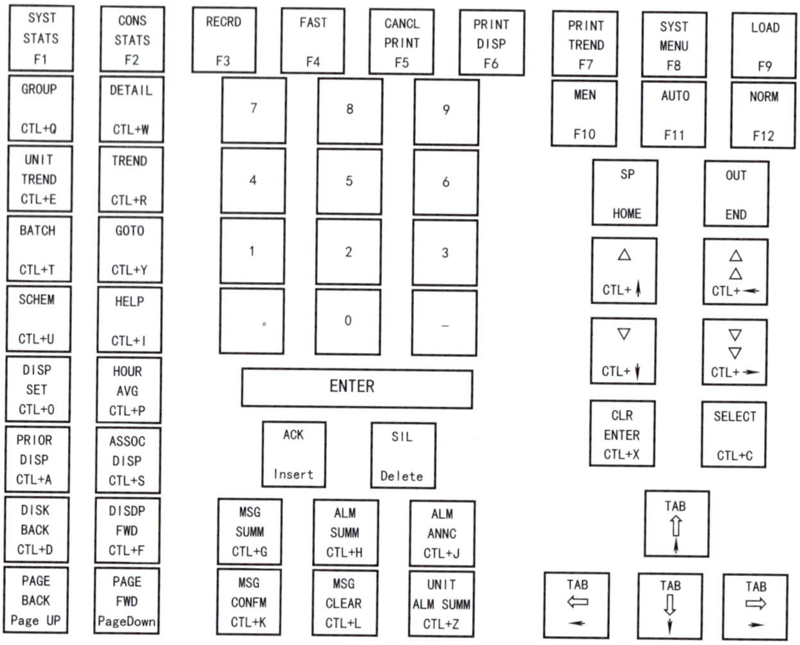


图1-24　专用键盘与通用键盘的对照图

# 思考题

1. 什么是仿真系统？与其他常规的培训手段相比，有什么优势？
2. 仿真技术有哪些工业应用？
3. 目前化工仿真系统的发展方向是什么？
4. 仿真培训系统目前有哪几种形式？各有什么特点？
5. 工艺仿真软件主菜单可完成哪些操作？
6. 操作状态应如何实现从手动到自动的切换？
7. 对操作过程进行实时跟踪检查的画面是什么画面？
8. 操作质量评分系统有哪些功能？

# 学习资源

## 控制符号

在化工仿真操作中有许多控制符号，作为化工工艺技术人员，应该看懂自动控制系统图，理解控制符号所代表的意义。

控制符号图通常包括字母代号、图形符号和数字编号等。将表示某种功能的字母及数字组合成的仪表位号置于图形符号之中，就表示出了一块仪表的位号、种类及功能。

### 1.图形符号

（1）连接线

通用的仪表信号线均以细实线表示。在需要时，电信号可用虚线表示；气信号在实线上打双斜线表示。

（2）仪表的图形符号

仪表的图形符号是一个细实线圆圈。对于不同的仪表，其安装位置也有区别，图形符号如表 1-3 所示。

表1-3　仪表安装位置的图形符号

| 序号 | 安装位置 | 图形符号 | 序号 | 安装位置 | 图形符号 |
| --- | --- | --- | --- | --- | --- |
| 1 | 就地安装仪表 |  | 4 | 就地仪表盘面安装仪表 | 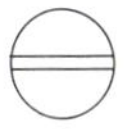 |
| 2 | 嵌在管道中的就地安装仪表 | 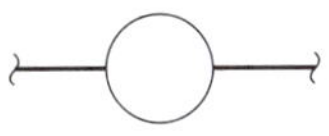 | 5 | 集中仪表盘后安装仪表 | 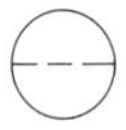 |
| 3 | 集中仪表盘面安装仪表 | 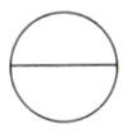 | 6 | 就地仪表盘后安装仪表 | 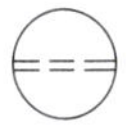 |

## 2.字母代号

（1）同一字母在不同位置有不同的含义或作用

处于首位时表示被测变量或被控变量；处于次位时作为首位的修饰，一般用小写字母表示；处于后继位时代表仪表的功能或附加功能。

（2）常用字母功能

首位变量字母：压力（P）、流量（F）、物位（L）、温度（T）、成分（A）。

后继功能字母：变送器（T）、控制器（C）、执行器（K）。

附加功能：R—仪表有记录功能；I—仪表有指示功能；都放在首位和后继字母之间。S—开关或联锁功能；A—报警功能；都放在最末位。需要说明的是，如果仪表同时有指示和记录附加功能，只标注字母代号“R”；如果仪表同时具有开关和报警功能，只标注代号“A”；当“SA”同时出现时，表示仪表具有联锁和报警功能。常见字母变量的功能在相关手册上都能查到。

## 3.仪表位号及编号

每台仪表都应有自己的位号，一般由数字组成，写在仪表符号（圆圈）的下半部。如图 1-25 所示。

图1-25　仪表符号示图

根据上述规定，不难看出：PdRC 实际上是一个集中仪表盘面安装的“压差记录控制系统”的代号。

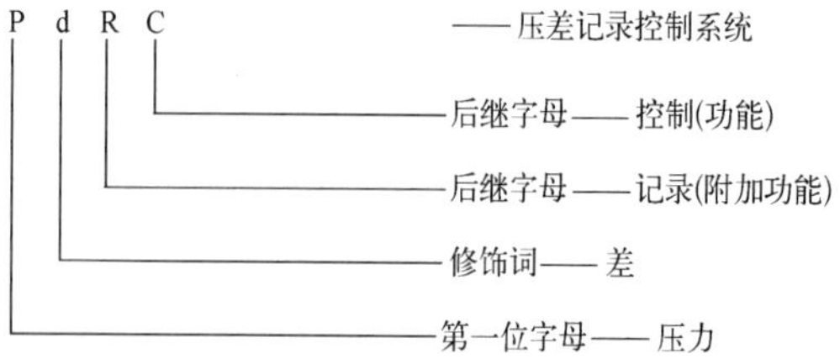


108—表示第一工段 08 号仪表。综上所述，图 1-25 表示了一个集中仪表盘面安装的“压差控制器带记录”，并且安装在第一工段 08 号位置上。需要说明的是，在工程上执行器使用最多的是气动执行阀，所以控制符号图中，常用阀的符号代替执行器符号。

模块二

# 流体输送过程操作训练

## 学习指南

### 知识目标

了解流体输送操作在化学工业中的重要性。了解流体输送的方式，流体输送机械的类型及特点。熟悉离心泵、压缩机、真空系统输送的结构及工作过程。熟悉流体输送过程中的常见故障及其处理方法的理论基础。

### 能力目标

能熟练进行离心泵、压缩机、真空系统等进行流体输送过程的基本操作。能对流体输送过程中的常见故障进行分析判断和处理。能对离心泵、压缩机、水环泵等设备进行日常维护和保养。能根据生产任务和设备特点制定简单的流体输送过程的安全操作规程。

### 素质目标

培养敬业爱岗、勤学肯干的职业操守，专注、精益求精的工匠精神；培养化工职业需要的严格遵守操作规程的职业素质、安全生产的职业意识和沉着冷静的应急处置能力；养成理论联系实际的思维方式和独立思考的科学态度。

化工产品成千上万，几乎每一个产品的生产都与流体的流动及输送有关，因此，流体的流动与输送是化工生产过程中最基本和最普遍的单元操作之一。在无外加能量的情况下，流体只能从高能状态向低能状态流动，而在生产中，为了满足工艺条件的需要，常常需把流体从一处送到另一处，有时还需提高流体的压强或将设备造成真空，这就需要向流体施加机械功，向流体做功以提高流体机械能的装置就是流体输送机械。为液体提供能量的设备称为泵，为气体提供能量的输送机械称为风机或压缩机。

化工生产中被输送的液体是多种多样的，而且在操作条件、输送量等方面存在较大的差别。化工生产又多为连续过程，如果过程骤然中断，可能会导致严重事故。作为化工工艺技术人员，不仅要熟练掌握流体输送岗位的岗位技能、能分析和处理流体输送过程可能出现的常见故障外，还要具有能运用流体输送的基本原理及规律来分析和处理实际问题的技术应用能力。

# 项目一

# 离心泵单元

## 工作情境

某工厂约 40℃的带压液体经调节阀 LV101 进入离心泵前带压液体贮槽 V101，贮槽液位由液位控制器 LIC101 通过调节 V101 的进料量来控制。贮槽 V101 内的压力由 PIC101 分

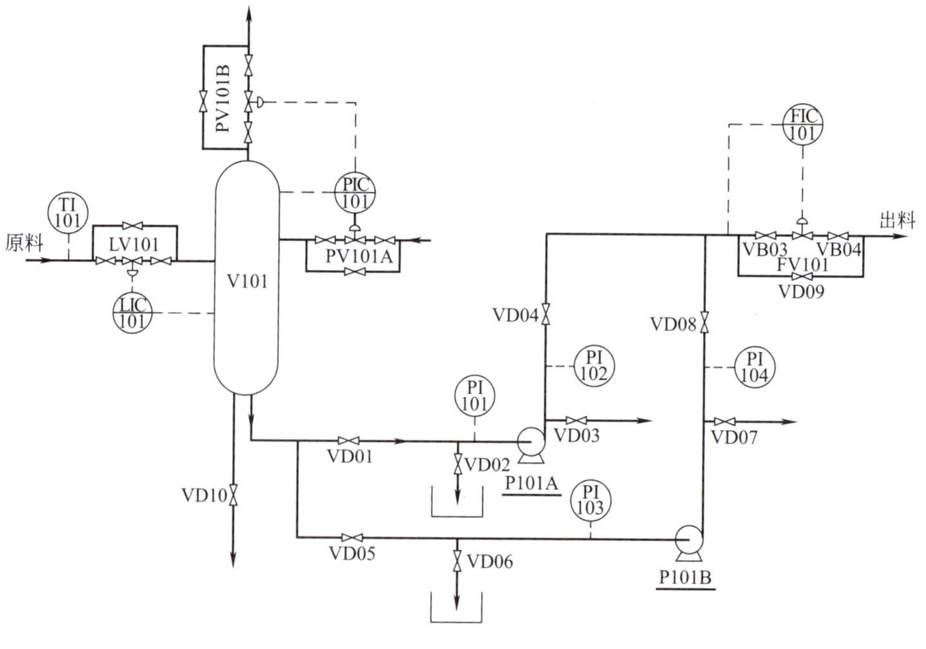


图2-1 离心泵单元带控制点工艺流程图

V101—离心泵前带压液体贮槽；P101A/B—离心泵A/ B（备用）

程控制，PV101A、PV101B 分别调节进入 V101 和出 V101 的氮气量，当压力高于 5.0atm（1atm=101325Pa，下同）时，调节阀 PV101B 打开泄压。当压力低于 5.0atm 时，调节阀 PV101A 打开充压，从而保持贮槽内压力恒定在 5.0atm（表）左右。贮槽内液体由泵 P101A、P101B 抽出输送到其它设备，泵出口的流量由流量调节器 FIC101 进行调节。

离心泵单元带控制点工艺流程图如图 2-1 所示，离心泵 DCS 图如图 2-2 所示，离心泵现场图如图 2-3 所示。

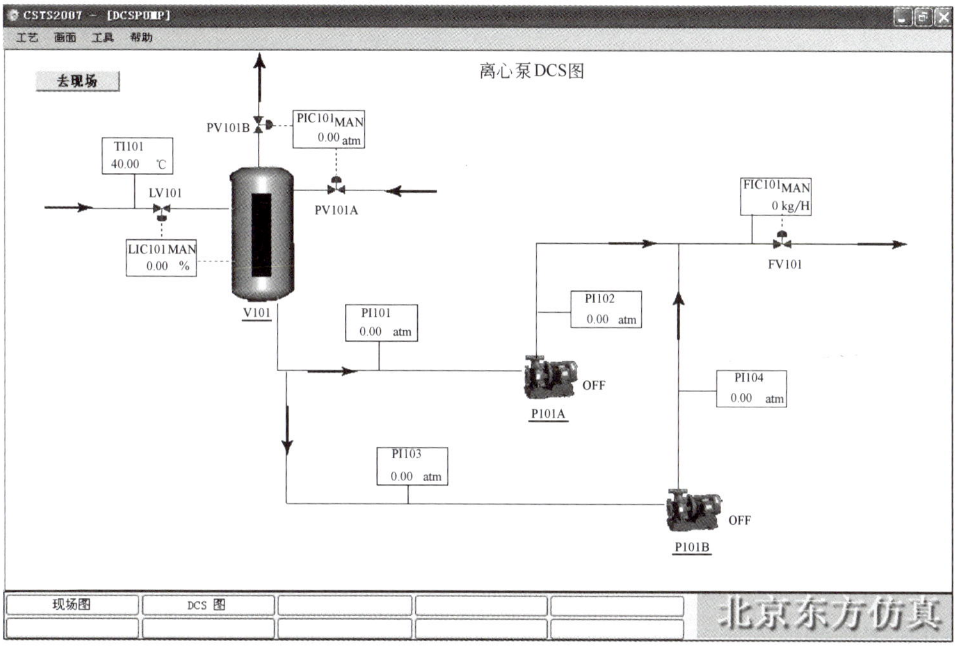


图2-2　离心泵DCS图

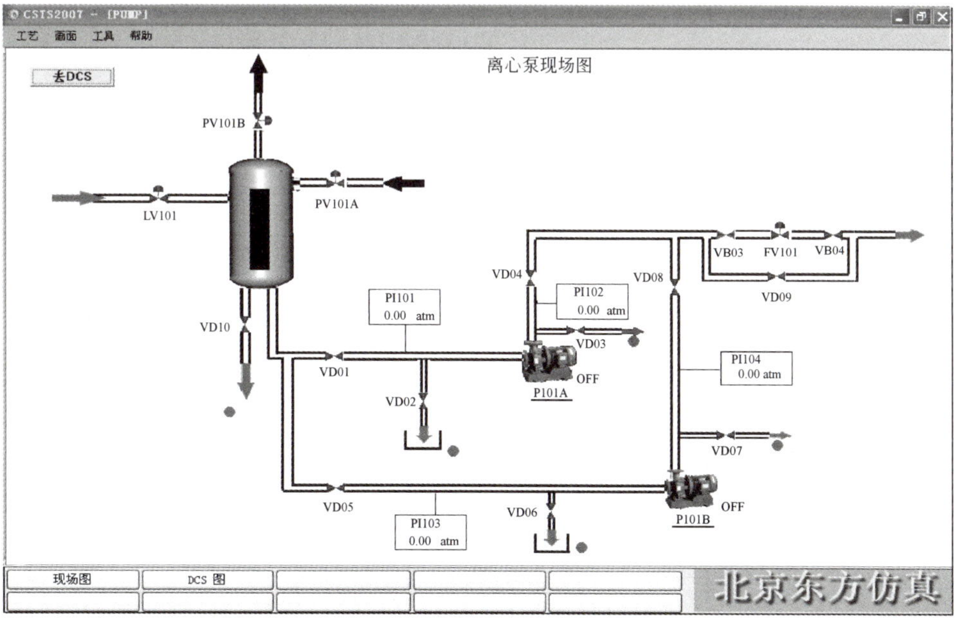


图2-3　离心泵现场图

# 任务1　离心泵单元开车操作训练

## 工作任务

完成离心泵单元冷态开车操作，并将工艺参数控制在目标范围内。

| 位号 | 目标值 | 单位 |
|---|---|---|
| PIC101 | 5.00 | atm |
| PI101 | 4.00 | atm |
| PI102 | 12.00 | atm |
| LI101 | 50.00 | % |
| FIC101 | 20000.00 | kg/h |

## 任务目标

1. 理解分层操作控制原理。
2. 熟悉离心泵单元的开车操作步骤。
3. 能熟练进行离心泵开车操作。
4. 能熟练进行手动和自动控制的切换。
5. 能熟练利用阀门开度来调节流量。

## 任务实施要点

### 一、贮槽V101的操作

1. 打开 LIC101 调节阀向罐 V101 充液。
2. 待罐 V101 液位 LIC101 大于 5% 后，打开分程压力调节阀 PV101A 向 V101 罐充压。
3. 控制罐 V101 的液位稳定在 50% 左右时，将 LIC101 投自动。
4. 罐 V101 压力升高到 5.0atm 左右时，将 PIC101 投自动。

### 二、启动泵P101A

1. 待罐 V101 充压充到正常值 5.0atm 后，打开 P101A 泵入口阀 VD01。
2. 打开 P101A 泵后排气阀 VD03 排放泵内不凝性气体。
3. 当 P101A 泵内不凝性气体排尽后，关闭 VD03。
4. 启动泵 P101A。
5. 待泵 P101A 出口压力指示 PI102 比入口压力 PI101 大 2.0 倍后，打开 P101A 泵出口阀 VD04。

## 三、出料

1. 打开 FIC101 阀的前阀 VB03。
2. 打开 FIC101 调节阀的后阀 VB04。
3. 打开 FIC101 阀，使流量控制在 20000kg/h 左右，投自动。

### 实施记录

### 实施结果（成绩单）

| 冷态开车 | 分值 |
|---|---|
| 总分 | 175 |
| 实际得分 | |
| 百分制得分 | |

### 总结与反思

为什么启动前一定要将离心泵灌满被输送液体？

# 任务2　离心泵单元停车操作训练

### 工作任务

完成离心泵单元正常停车操作，并将工艺参数控制在目标范围内。

| 位号 | 目标值 | 单位 |
|---|---|---|
| PIC101 | 0.10 | atm |
| LIC101 | 0.10 | % |
| FIC101 | 0.00 | kg/h |

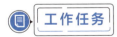

## 任务目标

1. 熟悉离心泵的停车操作步骤。
2. 能熟练进行离心泵的停车操作。

## 任务实施要点

### 一、罐V101停进料

1. 将 LIC101 改成手动控制。
2. 关闭 LIC101 调节阀，停止向 V101 罐进料。

### 二、停泵P101A

1. 将 FIC101 改成手动控制。
2. 逐渐增大阀门 FV101 的开度，加大出口流量（防止 FIC101 值超出高限 30000kg/h）。
3. 待贮槽 V101 液位小于 10% 时，关闭 P101A 泵的出口阀 VD04。
4. 停 P101A 泵。
5. 关闭 P101A 泵前阀 VD01。
6. 关闭 FIC101 调节阀。
7. 关闭调节阀 FIC101 的前阀 VB03。
8. 关闭调节阀 FV101 的后阀 VB04。

### 三、泵P101A泄液

1. 打开 P101A 泵前的泄液阀 VD02。
2. 观察 P101A 泵泄液阀 VD02 的出口，当不再有液体泄出时（显示标志为红色），关闭 VD02。

### 四、贮槽V101泄压、泄液

1. 待 V101 罐液位小于 10% 时，打开罐 V101 泄液阀 VD10。
2. 待 V101 罐液位小于 5% 时，打开 PIC101 泄压。
3. 观察 V101 罐泄液阀 VD10 的出口，当不再有液体泄出时（显示标志为红色），关闭泄液阀 VD10。

## 实施记录

______________________________________

______________________________________

______________________________________

## 实施结果（成绩单）

| 正常停车 | 分值 |
|---|---|
| 总分 | 220 |
| 实际得分 | |
| 百分制得分 | |

## 总结与反思

离心泵停止运行时泵的出口阀应处于什么状态？为什么？

# 任务3　离心泵单元故障处理操作训练

## 工作任务

进行故障设置，根据现象分析判断离心泵故障产生原因，并进行故障的排除。

## 任务目标

1. 能根据故障现象正确判断离心泵故障产生原因。
2. 能正确进行离心泵故障的排除并调节工艺参数至正常值。

## 任务实施要点

| 故障名称 | 故障处理方法 |
|---|---|
| P101A泵坏 | 一、切换备用泵P101B<br>1.将调节阀FIC101改为手动控制。<br>2.关闭FIC101调节阀。<br>3.打开P101B泵前阀VD05。<br>4.打开排气阀VD07，排放不凝性气体。<br>5.待泵内不凝性气体排完后，关闭阀VD07。<br>6.启动泵P101B。<br>7.待PI104指示压力比PI103大2.0倍后，打开泵后阀VD08。<br>8.手动缓慢打开FIC101。<br>9.流量稳定后FIC101投自动，设定值为20000kg/h<br>二、关闭泵P101A<br>1.关闭P101A后阀VD04。<br>2.关闭P101A。<br>3.关闭P101A前阀VD01。<br>4.打开P101A前卸压阀VD02。<br>5.当不再有液体泄出时，显示标志变为红色。<br>6.关闭P101A泵泄液阀VD02。<br>7. 进一步调节罐V101液位、P101B泵的出入口压力至正常值 |

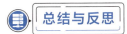

续表

| 故障名称 | 故障处理方法 |
|---|---|
| FIC101阀卡 | 1.打开FIC101的旁路阀（VD09），调节流量使其达到正常值20000kg/h。<br>2.关闭VB03。<br>3.关闭VB04。<br>4.将调节阀FIC101改成手动控制。<br>5.关闭调节阀FIC101。<br>6.进一步调节罐V101液位、P101A泵的出入口压力至正常值 |
| P101A泵入口管线堵 | 一、切换备用泵P101B<br>1.将调节阀FIC101改为手动。<br>2.关闭FIC101调节阀。<br>3.打开P101B泵前阀VD05。<br>4.打开排气阀VD07排放不凝性气体。<br>5.待泵内不凝性气体排完后，关闭阀VD07。<br>6.启动泵P101B。<br>7.待PI104指示压力比PI103大2.0倍后，打开泵后阀VD08。<br>8.手动缓慢打开FIC101。<br>9.流量稳定后FIC101投自动，设定值为20000kg/h<br>二、关闭泵P101A<br>1.关闭P101A后阀VD04。<br>2.关闭P101A。<br>3.关闭P101A前阀VD01。<br>4.打开P101A前卸压阀VD02。<br>5.当不再有液体泄出时，显示标志变为红色。<br>6.关闭P101A泵泄液阀VD02。<br>7.进一步调节罐V101液位、P101B泵的出入口压力至正常值 |
| P101A泵汽蚀 | 同上 |
| P101A泵气缚 | 1.将FIC101改成手动。<br>2.关闭FIC101。<br>3.关闭P101A出口阀VD04。<br>4.关闭P101A泵。<br>5.关闭P101A入口阀VD01。<br>6.打开阀门VD03，排放不凝性气体。<br>7.待不凝性气体排完后，关闭阀VD03。<br>8.打开P101A前阀VD01。<br>9.打开排气阀VD03排放不凝气。<br>10.启动泵P101A。<br>11.待PI102指示压力比PI101大2.0倍后，打开泵出口阀VD04。<br>12.缓慢打开调节阀FIC101，待其流量稳定在20000kg/h左右时，将FIC101投自动，设定值为20000kg/h。<br>13.进一步调节罐V101液位、P101A泵的出入口压力至正常值 |

## 实施记录

| 故障名称 | 故障主要现象 | 故障处理记录 |
|---|---|---|
| P101A泵坏 | | |
| FIC101阀卡 | | |
| P101A泵入口管线堵 | | |
| P101A泵汽蚀 | | |
| P101A泵气缚 | | |

## 实施结果（成绩单）

| 故障名称 | 总分 | 实际得分 | 百分制得分 |
|---|---|---|---|
| P101A泵坏 | 250 | | |
| FIC101阀卡 | 110 | | |
| P101A泵入口管线堵 | 240 | | |
| P101A泵汽蚀 | 250 | | |
| P101A泵气缚 | 200 | | |

## 总结与反思

一台离心泵在正常运行一段时间后，流量开始下降，可能会有哪些原因导致？

# 学习资源

离心泵是输送液体的常用设备之一。由于离心泵具有结构简单、性能稳定、检修方便、操作容易和适应性强等特点，在化工生产中应用十分广泛。

离心泵由吸入管、排出管和泵体三部分组成。泵体部分又分为转动部分和固定部分。转动部分由电机带动旋转，将能量传递给被输送的部分，主要包括叶轮和泵轴。固定部分包括泵壳、导轮、密封装置等。

启动灌满了被输送液体的离心泵后，在电机的作用下，泵轴带动叶轮一起旋转，叶轮的叶片推动其间的液体转动，在离心力的作用下，液体被甩向叶轮边缘并获得动能，在导轮的引领下沿流通截面积逐渐扩大的泵壳流向排出管，液体流速逐渐降低，而静压能增大。排出管的增压液体经管路即可送往目的地。而叶轮中心处因液体被甩出形成一定的真空，因贮槽液面上方压强大于叶轮中心处，在压差的作用下，液体便不断地从吸入管进入泵内。

## 一、离心泵的操作要点

1. 灌泵　离心泵启动前，使泵体内充满被输送液体的操作。离心泵装置中吸入管路的底阀是单向底阀，可以防止启动前所灌入的液体从泵内流出，滤网可以阻拦液体中的固体物质被吸入而堵塞管道和泵壳。如果泵的位置低于槽内液面，则启动时就无需灌泵。

2. 预热　对输送高温液体的油泵或高温水泵，在启动与备用时均需预热。因为泵是设计在操作温度下工作的，如果在低温工作，各构件间的间隙因为热胀冷缩的原因会发生变化，造成泵的磨损与破坏。预热时应使泵各部分均匀受热，并一边预热一边盘车。

3. 盘车　用手使泵轴绕运转方向转动的操作，每次以 180° 为宜，并不得反转，目的是检查润滑情况、密封情况，是否有卡轴、堵塞或冻结现象等。备用泵也要经常盘车。

4. 启动　为了防止启动电流过大，要关闭出口阀，在最小功率下启动电机，以免烧坏电机。但对耐腐蚀泵，为了减少腐蚀，常采用先打开出口阀的办法启动。但要注意，关闭出口阀运转的时间应尽可能短，以免泵内液体因摩擦而发热，发生气蚀现象。

5. 流量调节　缓慢打开出口阀，调节到指定流量。

6. 检查　要经常检查泵的运转情况，比如轴承温度、润滑情况、压力表及真空表读数等，发现问题应及时处理。在任何情况下都要避免泵内无液体的干转现象，以避免干摩擦，造成零部件损坏。

7. 停车　停车时，要先关闭出口阀，再关电机，以免高压液体倒灌，造成叶轮反转，引起故障。在寒冷地区，短时停车要采取保温措施，长期停车必须排净泵内及冷却系统内的液体，以免冻结胀坏系统。

## 二、离心泵的气缚和气蚀

离心泵的操作中应避免两种不正常现象的出现，即气缚和气蚀。

离心泵启动时，若泵内存有空气，由于空气的密度很低，旋转后产生的离心力小，因而叶轮中心处所形成的低压不足以将贮槽内的液体吸入泵内，虽启动离心泵也不能输送液体，这种现象称为气缚。

气蚀是指当储槽液面的压力一定时，如叶轮中心的压力降低到等于被输送液体当前温度下的饱和蒸气压时，叶轮进口处的液体会出现大量的气泡。这些气泡随液体进入高压区后又迅速凝结，致使气泡所在空间形成真空，周围的液体质点以极大的速度冲向气泡中心，造成瞬间冲击压力，从而使得叶轮部分泵壳等金属表面很快损坏。同时伴有泵体震动，发出噪声，泵的流量、扬程和效率明显下降。这种现象叫气蚀。

# 项目二

## 压缩机单元

### 工作情境

某企业压力为 1.2 ~ 1.6kgf/$cm^2$（绝）（1kgf=9.80665N，下同），温度为 30℃左右的低压甲烷经阀门 VD11 和 VD01 进入甲烷贮罐 FA311，甲烷贮罐 FA311 内压力控制在 300mm$H_2O$（1mm$H_2O$=9.80665Pa，下同）左右。从贮罐 FA311 出来的甲烷，进入压缩机 GB301，经过压缩机 GB301 的压缩后，转化成压力为 4.03kgf/$cm^2$（绝），温度为 160℃的中压甲烷，然后经过手动控制阀 VD06 进入燃料系统。

为了防止压缩机发生喘振，设计了由压缩机出口至甲烷贮罐的返回管路，即由压缩机出口经过换热器 EA305 和阀门 PV304B 到甲烷贮罐 FA311 的管线。返回的甲烷经冷却器 EA305 冷却。另外，贮罐 FA311 有一超压保护控制器 PIC303，当贮罐 FA311 中的压力超高时，低压甲烷可以用 PIC303 打开阀门 PV303 放火炬，使贮罐 FA311 中的压力降低。压缩机 GB301 由蒸汽透平 GT301 同轴驱动，来自管网的 15kgf/$cm^2$（绝）的中压蒸汽经透平膨胀做功后降低为 3kgf/$cm^2$（绝）的降压蒸汽，进入低压蒸汽管网。

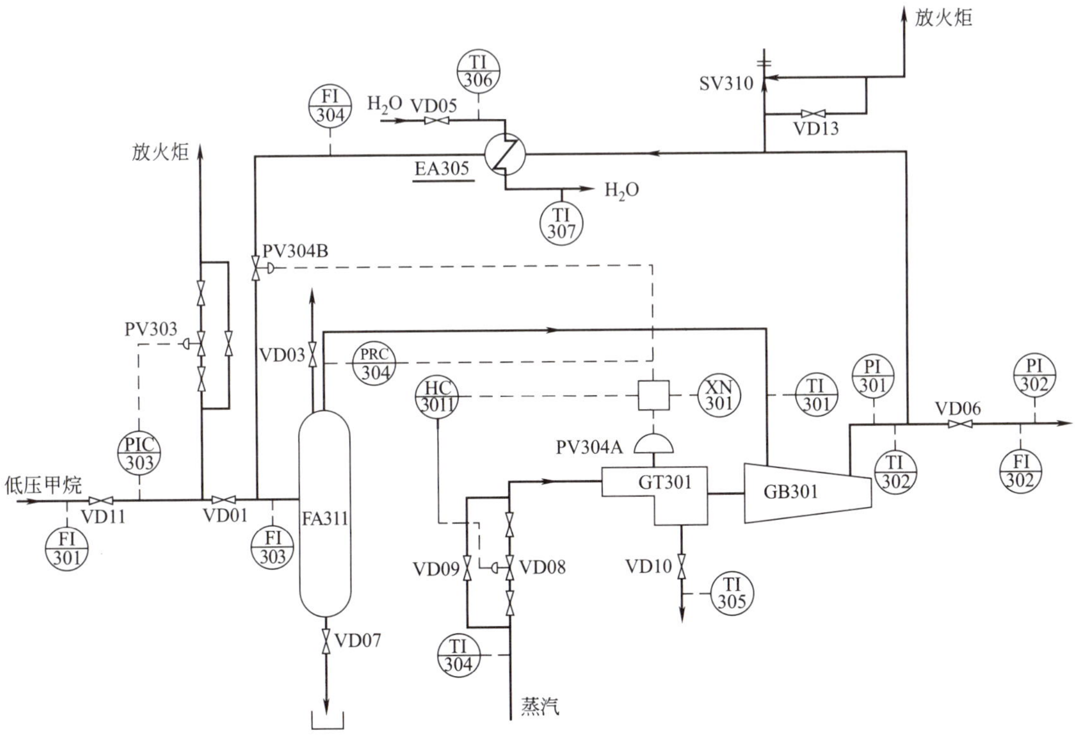


图2-4 压缩机单元带控制点工艺流程图

FA311—低压甲烷储罐；GT301—蒸汽透平；GB301—单级压缩机；EA305—压缩机冷却器

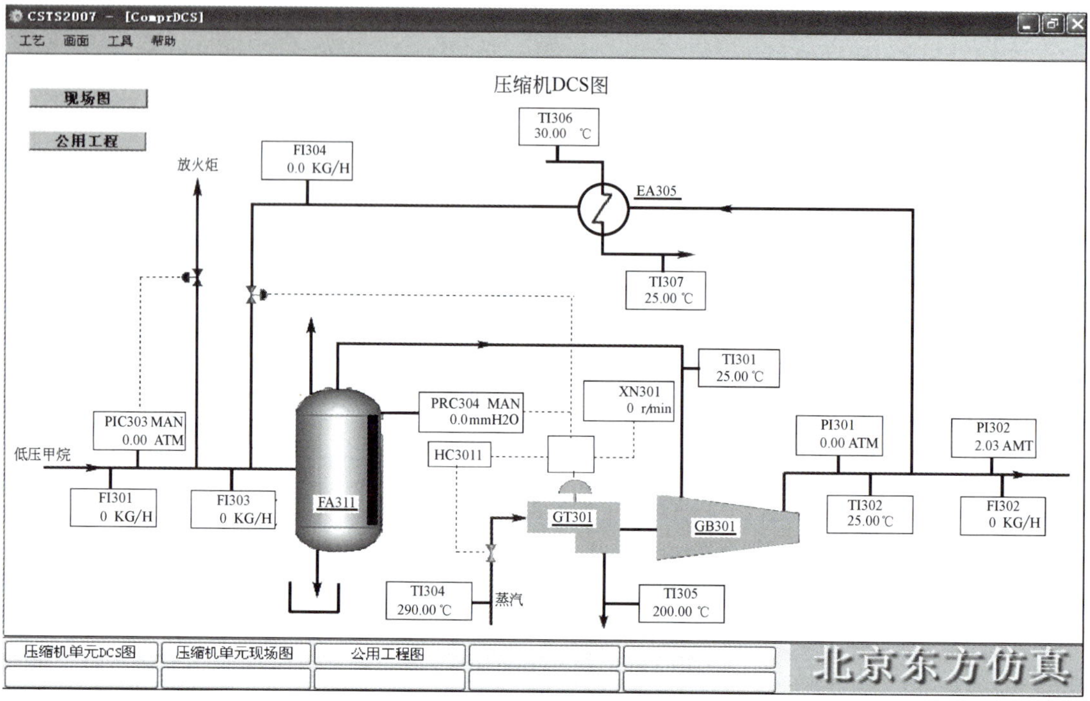


图2-5 压缩机DCS图

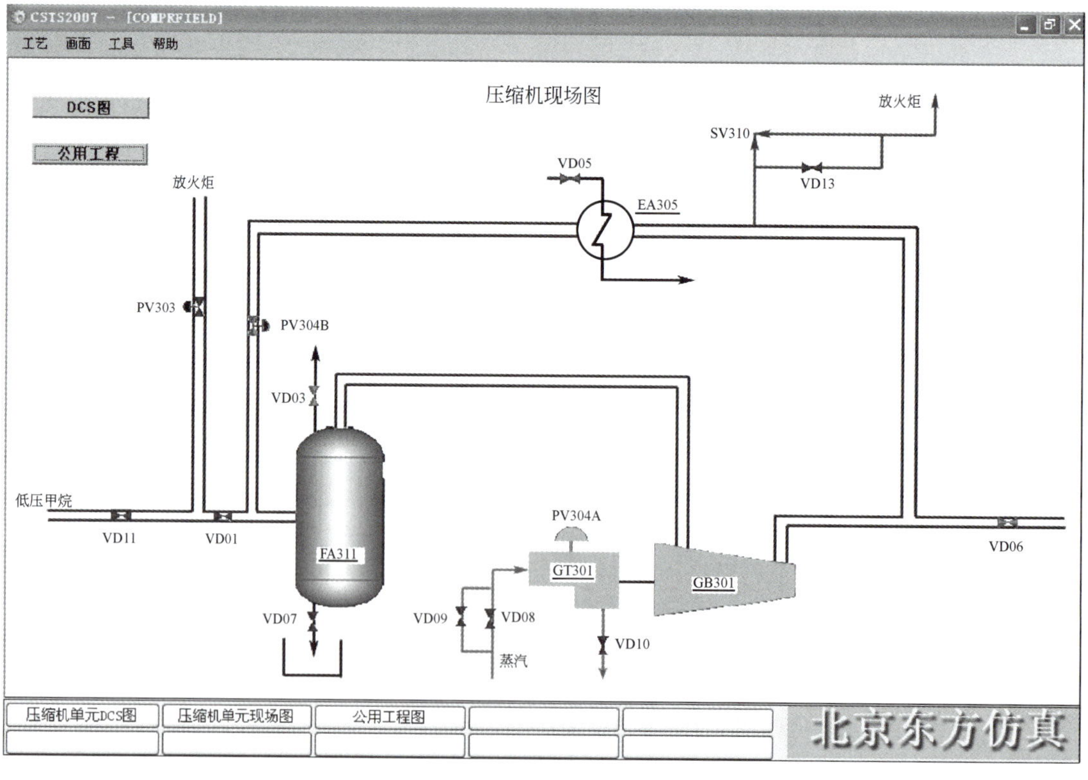


图2-6 压缩机现场图

本工艺流程中共有两套自动控制系统，其中PIC303为FA311超压保护控制器，当贮罐FA311中压力过高时，自动打开放火炬阀。而PRC304则为压力分程控制系统，当此调节器输出值在50%～100%范围内时，输出信号送给蒸汽透平GT301的调速系统PV304A，改变PV304A的开度，可使压缩机GB301的转速在3350～4704r/min之间变化。当调节器输出值在0%～50%范围内时，PV304B阀的开度则在100%～0%范围内变化。透平在起始升速阶段由手动控制器HC311手动控制升速，当转速大于3450r/min时可由切换开关切换到PIC304进行控制。

压缩机带控制点工艺流程图如图2-4所示，压缩机DCS图如图2-5所示，压缩机现场图如图2-6所示，压缩机公用工程图如图2-7所示。

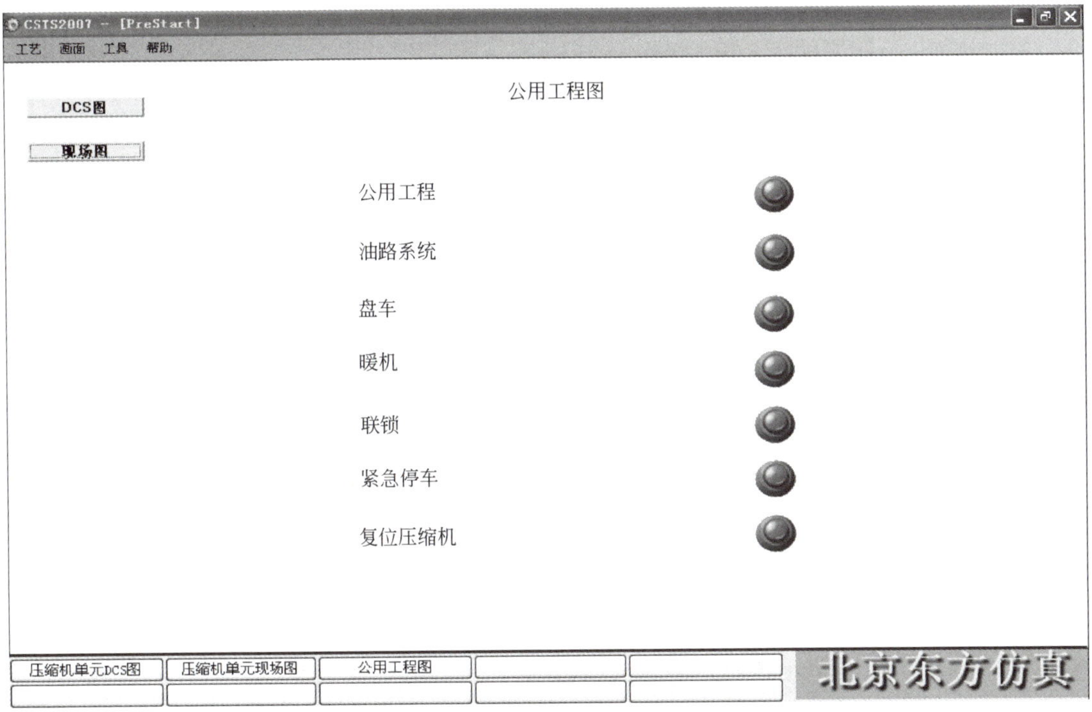


图2-7　压缩机公用工程图

# 任务1　压缩机单元开车操作训练

## 工作任务

完成压缩机单元冷态开车操作，并将工艺参数控制在目标范围内。

| 位号 | 目标值 | 单位 |
|---|---|---|
| PRC304 | 295 | $mmH_2O$ |
| PIC303 | 0.1 | atm |
| PI301 | 4.0 | atm |

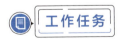

续表

| 位号 | 目标值 | 单位 |
|---|---|---|
| FI301 | 3232.00 | kg/h |
| TI302 | 160.00 | ℃ |
| XN301 | 3350 | r/min |

## 任务目标

1. 理解压缩机的升速、跳闸和联锁原理。
2. 熟悉压缩机开车前要做的准备工作、开车操作规程。
3. 能熟练进行压缩机冷态开车操作。
4. 能正确进行压缩机转速的调节。

## 任务实施要点

### 一、开车准备

1. 按“公用工程”按钮，启动公用工程。
2. 按“油路系统”按钮，油路开车。
3. 按“盘车”按钮盘车。
4. 待 XN301 显示压缩机转速升到 199r/min 时，停盘车。
5. 按“暖机”按钮暖机。
6. 打开阀门 VD05，EA305 冷却水投用。

### 二、罐FA311充低压甲烷

1. 打开低压甲烷原料阀 VD11。
2. 手动调节 PIC303，打开 PV303 放火炬。
3. 调节 FA311 顶部放空阀 VD03 的开度，使储罐 FA311 压力 PRC304 保持稳定在 400mm$H_2O$ 左右。
4. 调节 PV303 阀门开度，使 PIC303 压力维持在 0.1atm。

### 三、手动升速

1. 开透平低压蒸汽出口阀 VD10。
2. 缓慢打开中压蒸汽入口阀 HC3011。
3. 使透平压缩机转速维持在 250 ～ 300r/min 一段时间无异常。
4. 按递增级差小于 10% 开大 HC3011，使压缩机转速升至 1000r/min。
5. 调节 PV303 阀门开度，使 PIC303 压力维持在 0.1atm。
6. 通过调节 FV311 顶部安全阀 VD03 开度，使贮罐 FA311 压力 PRC304 保持稳定在

400mm$H_2O$左右。

## 四、跳闸实验

1. 按紧急停车按钮。
2. 当 XN301 显示压缩机转速为 0 后，关闭 HC3011。
3. 关闭低压蒸汽出口阀 VD10。
4. 等待 30s 后，按压缩机复位按钮。

## 五、重新手动高速

1. 重新手动升速，开透平低压蒸汽出口阀 VD10。
2. 打开 HC3011，使压缩机转速缓慢升至 1000r/min。
3. 按递增级差小于 10% 逐渐开大 HC3011，使压缩机转速升到 3350r/min。

## 六、启动调速系统

1、将调速开关切换到 PRC304 方向。
2. 调大 PRC304 输出值，使阀 PV304B 缓慢关闭。
3. 可打开压缩机 GB301 出口安全阀 SV310 的旁路阀 VD13，使压缩机出口压力 PI301 维持在 3 ～ 5atm 范围内。

## 七、调节操作参数至正常值

1. 当 PI301 压力指示值为 3.03atm 时，关闭旁路阀 VD13。
2. 打开 VD06 去燃料系统阀。
3. 关闭 PIC303 放火炬阀。
4. 调节 VD03 开度，控制 PRC304 压力在 300mm$H_2O$。
5. 逐步开大 PV304A 阀，使压缩机慢慢升速，当压缩机转速达到 4480r/min 后，将 PRC304 投自动，设定值为 295mm$H_2O$。
6. 将 PIC303 投自动，值设定为 0.1atm。
7. 联锁投用。

### 实施记录

## 实施结果（成绩单）

| 冷态开车 | 分值 |
|---|---|
| 总分 | 420 |
| 实际得分 | |
| 百分制得分 | |

## 总结与反思

什么是喘振？如何防止喘振？

# 任务2　压缩机停车操作训练

## 工作任务

完成压缩机单元正常停车操作，并将工艺参数控制在目标范围内。

| 位号 | 目标值 | 单位 |
|---|---|---|
| PRC304 | 100 | $mmH_2O$ |
| PI301 | 1.00 | atm |
| XN301 | 0.00 | r/min |
| TI302 | 50.00 | ℃ |

## 任务目标

1. 熟悉压缩机停车操作规程。
2. 能熟练进行压缩机正常停车操作。
3. 能正确进行阀门开关操作和工艺参数的设置与调节。

## 任务实施要点

### 一、停调速系统

1. 确认联锁已解除。
2. 将 PRC304 改为手动控制。
3. 逐渐减小调节阀 PRC304 的输出值，使 PV304A 阀关闭。
4. 缓慢打开 PV304B。
5. 当压缩机转速降到 3350r/min 时，将 PIC303 改成手动控制。

6. 调大 PIC303 的输出值，打开 PV303 阀排放火炬。
7. 开启出口安全旁路阀 VD13。
8. 关闭去燃料系统阀 VD06。

## 二、手动降速

1. 将 HC3011 开度设定为 100.0%。
2. 将调速开关切换到 HC3011 方向。
3. 缓慢关闭 HC3011。
4. 当压缩机转速降为 300 ～ 500r/min 时，按紧急停车按钮，降低压缩机转速为 0。
5. 关透平蒸汽出口阀 VD10。

## 三、停FA311进料

1. 关 FA31 进口阀 VD01。
2. 用 PIC303 关放火炬 PV303。
3. 关闭 FA311 进口阀 VD11。
4. 关换热器冷却水阀 VD05。

### 实施记录

### 实施结果（成绩单）

| 正常停车 | 分值 |
| --- | --- |
| 总分 | 230 |
| 实际得分 | |
| 百分制得分 | |

### 总结与反思

停车操作中为什么要先手动降速？

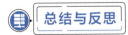

# 任务3 压缩机单元故障处理操作训练

## 工作任务

进行故障设置，根据现象分析判断压缩机单元故障产生原因，并进行故障的排除。

## 任务目标

1. 能根据故障现象正确判断压缩机故障产生原因。
2. 能正确进行压缩机故障的排除并调节工艺参数至正常值。

## 任务实施要点

| 故障名称 | 故障处理办法 |
|---|---|
| 入口压力过高 | 1.将PIC303改为手动控制。<br>2.开大放火炬阀PV303。<br>3.将PIC303投自动。<br>4.调节罐FA311中压力PRC304在295.00mm$H_2O$左右 |
| 出口压力过高 | 1.甲烷去燃料系统手阀VD06。<br>2.压缩机出口压力PI301在3.03atm左右 |
| 入口管道破裂 | 1.按紧急停车按钮。<br>2.关中压甲烷去燃料系统阀VD06。<br>3.调大PIC303输出值，打开放火炬PV303。<br>4.关透平蒸气出口阀VD10。<br>5.关FA311进口阀VD01。<br>6.用PIC303关放火炬阀PV303。<br>7.关FA311进口阀VD11。<br>8.关换热器冷却水阀VD05 |
| 出口管道破裂 | 1.按紧急停车按钮。<br>2.关中压甲烷去燃料系统阀VD06。<br>3.调大PIC303输出值，打开放火炬PV303。<br>4.关透平蒸气出口阀VD10。<br>5.关FA311进口阀VD01。<br>6.用PIC303关放火炬阀PV303。<br>7.关FA311进口阀VD11。<br>8.关闭换热器冷却水阀VD05 |
| 入口温度过高 | 1.按紧急停车按钮。<br>2.关中压甲烷去燃料系统阀VD06。<br>3.调大PIC303输出值，打开放火炬PV303。<br>4.关透平蒸气出口阀VD10。<br>5.关FA311进口阀VD01。<br>6.用PIC303关放火炬阀PV303。<br>7.关FA311进口阀VD11。<br>8.关闭换热器冷却水阀VD05 |

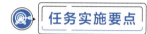

## 实施记录

| 故障名称 | 故障主要现象 | 故障处理记录 |
|---|---|---|
| 入口压力过高 | | |
| 出口压力过高 | | |
| 入口管道破裂 | | |
| 出口管道破裂 | | |
| 入口温度过高 | | |

## 实施结果（成绩单）

| 故障名称 | 总分 | 实际得分 | 百分制得分 |
|---|---|---|---|
| 入口压力过高 | 60 | | |
| 出口压力过高 | 20 | | |
| 入口管道破裂 | 80 | | |
| 出口管道破裂 | 80 | | |
| 入口温度过高 | 80 | | |

## 总结与反思

喷射泵大气腿不能正常工作时应如何进行处理？

# 学习资源

压缩机是进行气体压缩的常用设备，它以汽轮机（蒸汽透平）为动力，蒸汽在汽轮机内膨胀做功驱动压缩机主轴，主轴带动叶轮高速旋转。被压缩气体从轴向进入压缩机叶轮在高速转动的叶轮作用下随叶轮高速旋转并沿半径方向甩出叶轮，叶轮在汽轮机的带动下高速旋转把所得到的机械能传递给被压缩气体。因此，气体在叶轮内的流动过程中，一方面受离心力作用增加了气体本身的压力，另一方面得到了很大的动能。气体离开叶轮进入流通面积逐渐扩大的扩压器，气体流速急剧下降，动能转化为压力能（势能），使气体的压力进一步提高，使气体压缩。

## 一、压缩机的操作要点

1. 压缩机开车前应检查仪表、阀门、电气开关、联锁装置等是否齐全、灵敏、准确、可靠。
2. 启动润滑油泵和冷却水泵，控制在规定的压力与流量。
3. 盘车检查，确保转动构件正常运转。
4. 当被压缩气体易燃易爆时，必须用氮气置换气缸及系统内的介质，以防开车时发生爆炸事故。

5. 按开车步骤启动主机和开关有关阀门，不得有误。

6. 调节排气压力时，要同时逐渐调节进、出气阀门，防止抽空和憋压现象。

7. 经常“看、听、摸、闻”，检查连接、润滑、压力、温度等情况，发现隐患及时处理。

8. 在下列情况出现时要紧急停车：断水、断电和断润滑油时。填料函及轴承温度过高并冒烟时。电动机声音异常，有烧焦味或冒火星时。机身强烈振动而减振无效时。缸体、阀门及管路严重漏气时。有关岗位发生重大事故或调度命令停车时等。

9. 停车时，要按操作规程熟练操作。

## 二、压缩机的喘振

离心式压缩机的喘振现象也称飞动现象，是压缩机实际流量小于性能曲线所表明的最小流量时所出现的一种不稳定的工作状态。产生喘振时，离心式压缩机的性能显著恶化。整个压缩机管路系统的气流出现周期性振荡现象，气流的压强、流量均产生大幅度脉动，而且还会发出一种音量很大的哮声，使整个机组产生剧烈震动。喘振现象所带来的危害极大，它不仅使压缩机的转子及定子元件经受交变的动应力，级间压力失调引起强烈震动而损坏密封装置及轴承，甚至还会使得转子发生轴向位移而与定子元件相碰撞，导致机器损坏，压送的气体外泄，引起爆炸等恶性事故。因此，在气体压缩机操作中，有效地防止发生喘振是很重要的。在离心压缩机的实际操作中，严格注意维持其在安全下限线以上的负荷范围内运行，就能防止喘振现象的发生。

# 项目三

# 真空系统单元

## 工作情境

某企业由中压蒸汽喷射形成负压来抽取工艺气体。蒸汽和工艺气体混合后，进入E418、E419、E420等冷凝器。在冷凝器内大量蒸汽和带水工艺气体被冷凝后，流入D425封液罐。未被冷凝的气体一部分作为液环真空泵P416的入口进行回流，一部分作为到自身的入口进行回流，以便压力控制调节。

水环真空泵P416系统负责A塔系统的真空抽取，其正常工作压力为26.6kPa，并作为J451、J441喷射泵的二级泵。J451是一个串联的二级喷射系统，负责C塔系统真空抽取，正常工作压力为1.33kPa。J441为单级喷射泵系统，抽取B塔系统真空，正常工作压力为2.33kPa。由D417气水分离后的液相提供给P416灌泵，提供所需液环液相补给。气相进入换热器E417，冷凝出的液体回流至D417，E417出口气相进入焚烧单元。

D425主要作用是为喷射真空泵系统提供封液。防止喷射泵喷射背压过大而无法抽取真空。开车前应该为D425灌液，当液位超过大气腿最下端时，方可启动喷射泵系统。

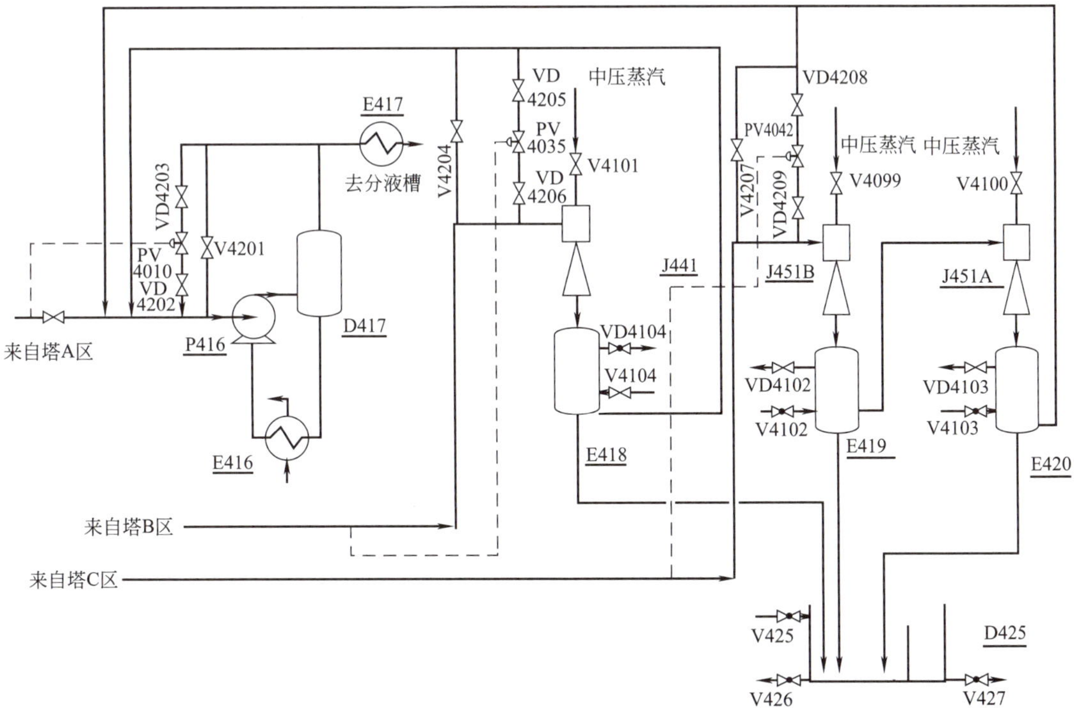


图2-8　真空系统工艺流程图

D416、D441、D451—压力缓冲罐；E416、E417、E418、E419、E420—换热器；P416A/B—塔A区液环真空泵；J441—塔B区蒸汽喷射泵；J451—塔C区蒸汽喷射泵；D417—气液分离罐；D425—封液罐

真空系统工艺流程图如图 2-8 所示，真空系统 DCS 总览图如图 2-9 所示，P416 真空系统 DCS 图如图 2-10 所示，J441/J451 真空系统 DCS 图如图 2-11 所示，P416 真空系统现场图如图 2-12 所示，J441/J451 真空系统现场图如图 2-13 所示。

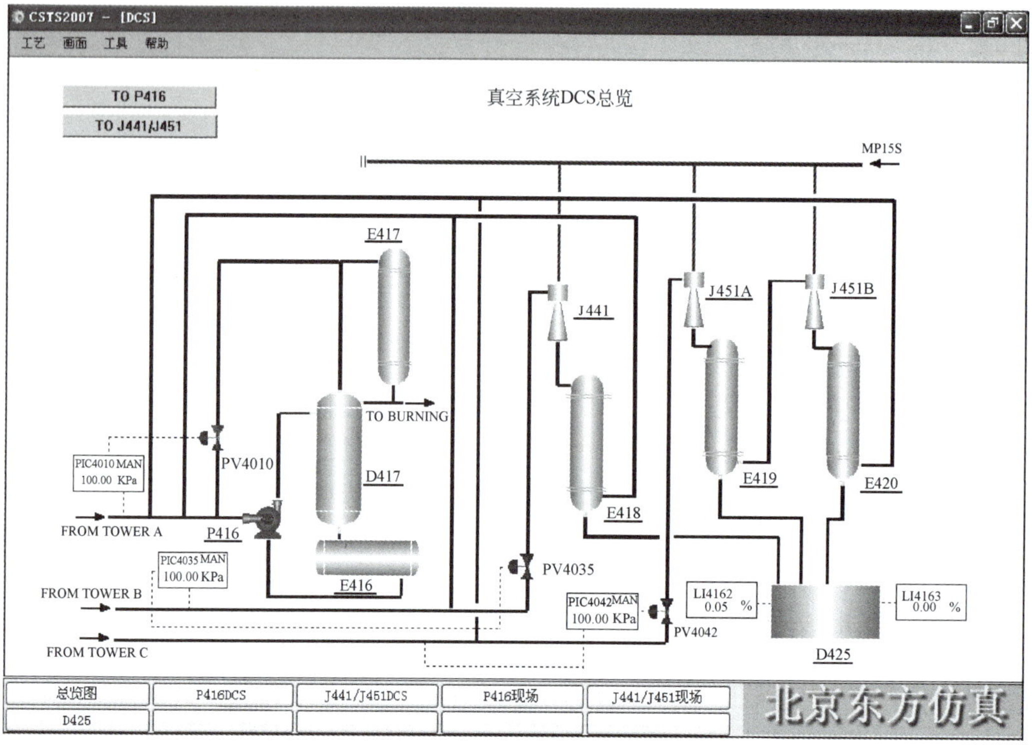


图2-9　真空系统DCS总览图

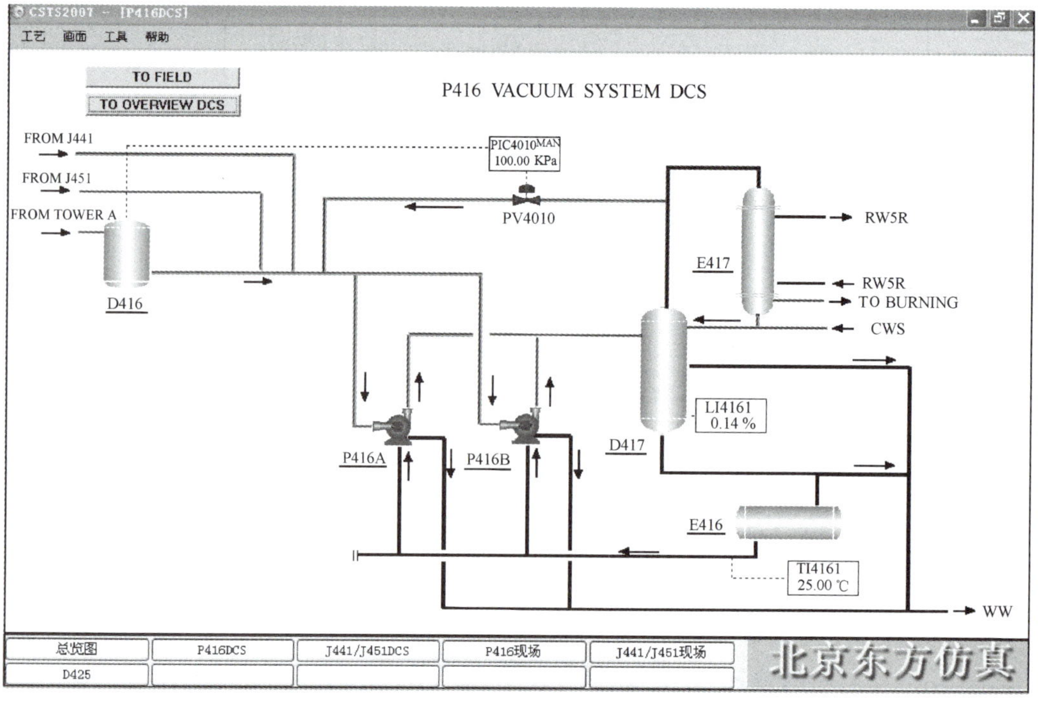


图2-10　P416真空系统DCS图

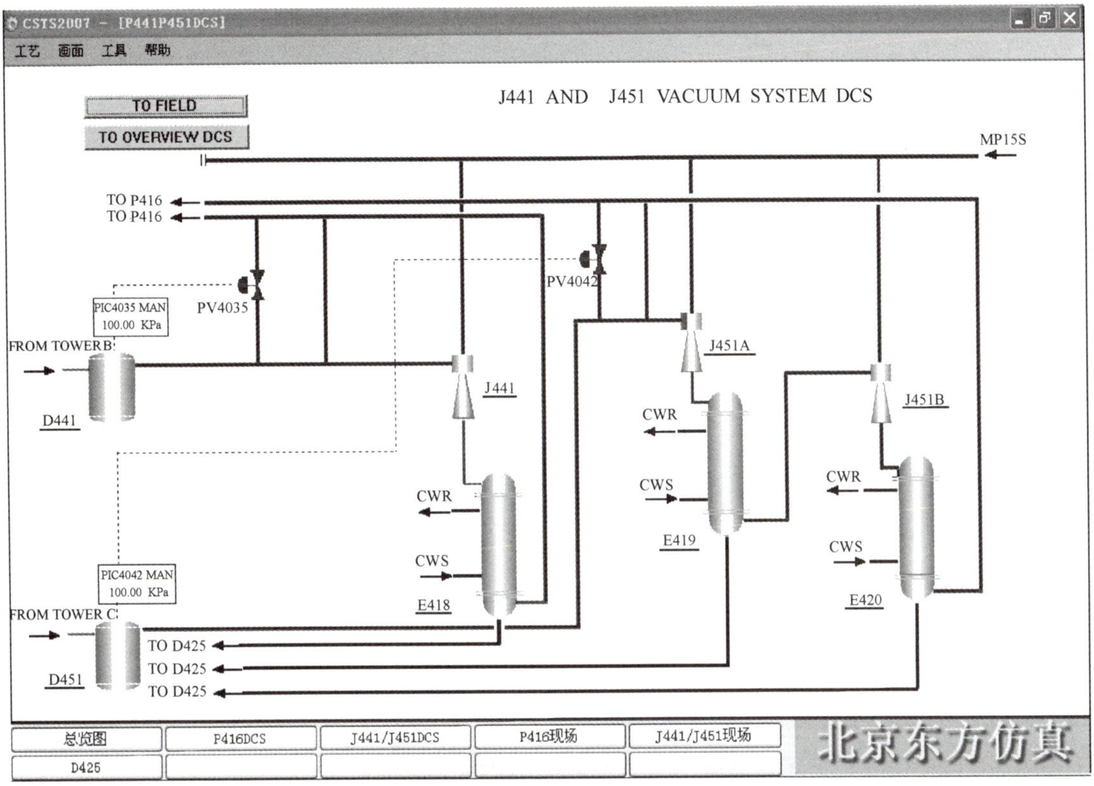


图2-11　J441和J451真空系统DCS图

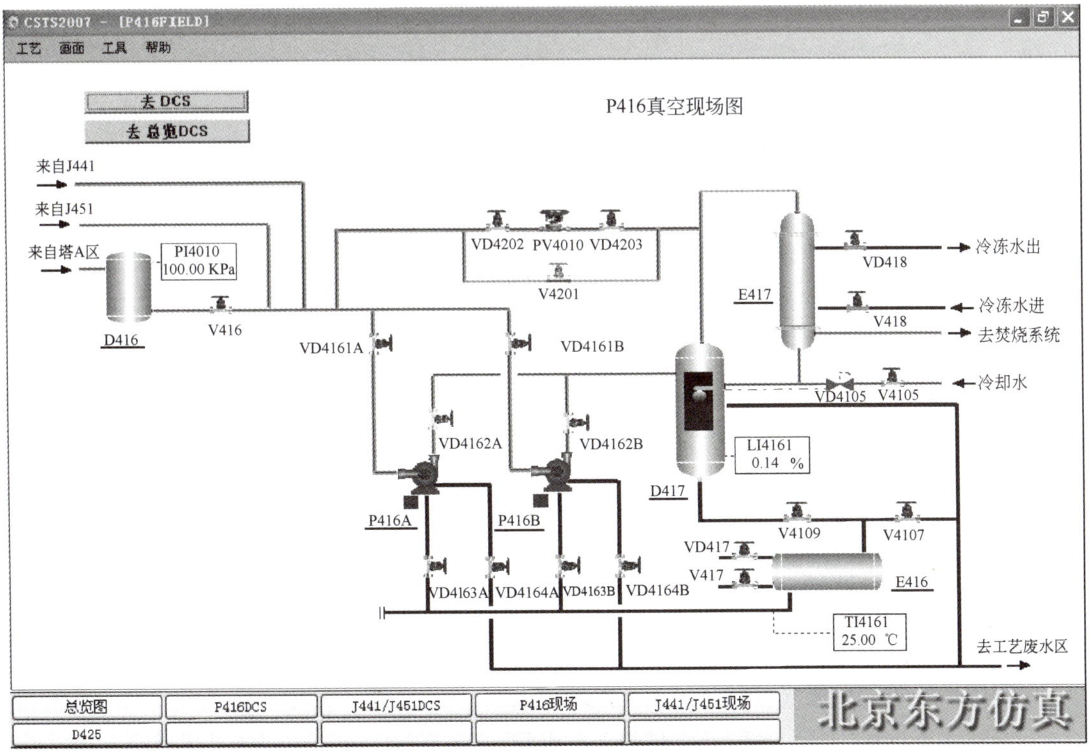


图2-12　P416真空系统现场图

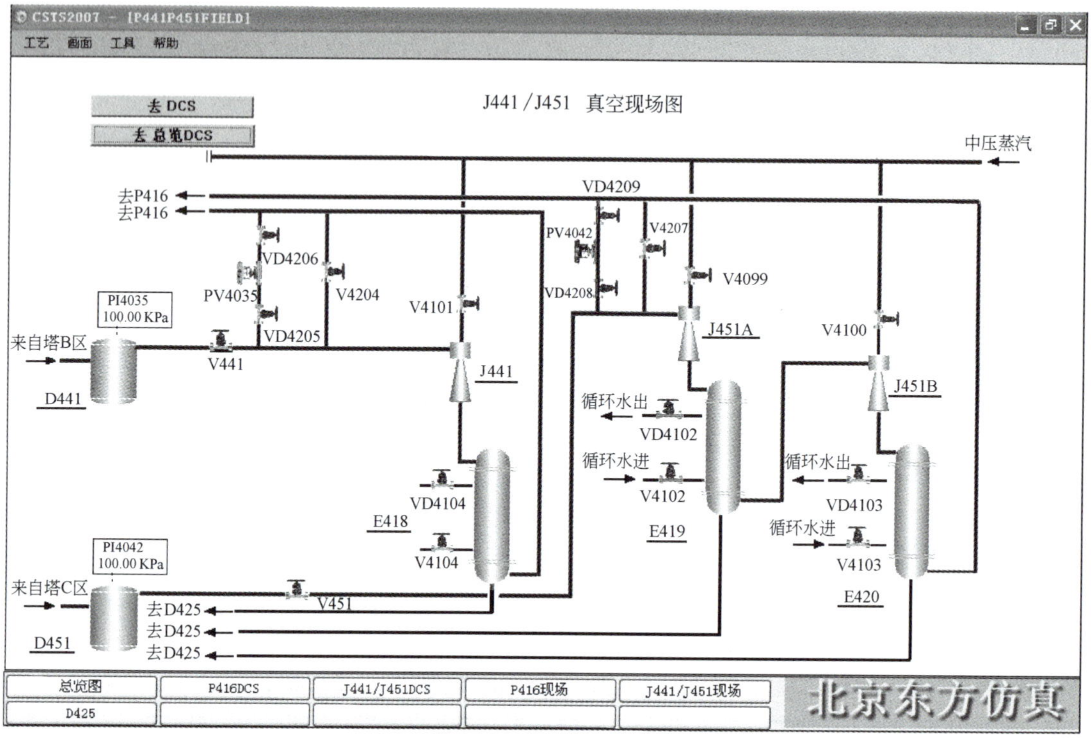


图2-13 J441/J451真空系统现场图

# 任务1 真空系统单元开车操作训练

## 工作任务

完成真空系统单元冷态开车操作，并将工艺参数控制在目标范围内。

| 位号 | 目标值 | 单位 |
|---|---|---|
| PI4010 | 26.6 | kPa |
| PI4035 | 3.33 | kPa |
| PI4042 | 1.33 | kPa |
| LI4162 | >50 | % |
| LI4163 | >49 | % |

## 任务目标

1. 理解水环泵和水蒸气喷射泵的工作原理。
2. 能熟练进行液环泵和喷射真空泵的开车操作。
3. 能熟练进行阀门的开关操作。

## 任务实施要点

### 一、液环真空和喷射真空泵灌水

1. 开阀 V4105 为 D417 灌水。
2. 待 D417 有一定液位后，开阀 V4109。
3. 开启灌水水温冷却器 E416。
4. 开阀 VD417。
5. 开阀 VD4163A，为液环泵 P416A 灌水。
6. 在 D425 中，开阀 V425 为 D425 灌水，液位达到 10% 以上。

### 二、开液环泵

1. 开进料阀 V416。
2. 开泵 P416A 前阀 VD4161A。
3. 开泵 P416A。
4. 开泵 P416A 后阀 VD4162A。
5. 打开阀 VD418。
6. 打开阀门 V418，开度为 50%。
7. 打开阀门 VD4202。
8. 打开阀门 VD4203。
9. 将 PIC4010 投自动，设置值为 26.6kPa。

### 三、开喷射泵

1. 开进料阀 V441。
2. 开进口阀 V451。
3. 在 J441/J451 现场中，开喷射泵冷凝系统，全开 VD4104。
4. 开阀 V4104。
5. 开阀 VD4102。
6. 开阀 V4102。
7. 开阀 VD4103。
8. 开阀 V4103。
9. 开阀 VD4208。
10. 开阀 VD4209。
11. 将 PIC4042 投自动，设定值为 1.33。
12. 打开 VD4205。
13. 打开 VD4206。

14. 将 PIC4035 投自动，设定值为 3.33。
15. 开启中压蒸汽抽真空，开阀 V4101。
16. 开阀 V4099。
17. 开阀 V4100。

## 四、检查D425左右室液位

打开阀门 V427，防止右室液位过高。

### 实施记录

### 实施结果（成绩单）

| 冷态开车 | 分值 |
|---|---|
| 总分 | 420 |
| 实际得分 | |
| 百分制得分 | |

### 总结与反思

在真空系统中 D425 有什么作用？在启动前不灌液会产生什么后果？

# 任务2 真空系统单元停车操作训练

### 工作任务

完成真空系统单元正常停车操作，并将工艺参数控制在目标范围内。

| 位号 | 目标值 | 单位 |
|---|---|---|
| PI4010 | 0.00 | kPa |
| PI4035 | 0.00 | kPa |
| PI4042 | 0.00 | kPa |

## 任务目标

1. 熟悉真空系统停车操作规程。
2. 能熟练进行真空系统停车操作。
3. 能熟练进行阀门的开关、手动和自动控制的切换操作。

## 任务实施要点

### 一、停喷射泵系统

1. 在 D425 中打开阀门 V425，为封液罐灌水。
2. 关闭进料阀 V441。
3. 关闭进料阀 V451。
4. 关闭中压蒸汽阀 V4101。
5. 关闭阀门 V4099。
6. 关闭阀门 V4100。
7. 将控制阀 PIC4035 改为手动控制，输入 OP 值为 0。
8. 将控制阀 PIC4042 改为手动控制，输入 OP 值为 0。
9. 关闭阀门 VD4205。
10. 关闭阀门 VD4206。
11. 关闭阀门 VD4208。
12. 关闭阀门 VD4209。

### 二、停液环真空系统

1. 关闭进料阀 V416。
2. 关闭 D417 进水阀 V4105。
3. 停泵 P416A。
4. 关闭灌水阀 VD4163A。
5. 关闭 VD417。
6. 关闭 V417。
7. 关闭 VD418。
8. 关闭 V418。
9. 将 PIC4010 改为手动控制，输入 OP 值为 0。
10. 关闭 VD4202。
11. 关闭 VD4203。

### 三、排液

1. 打开阀门 V4107，排放 D417 内液体。

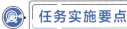

2. 打开阀门 VD4164A，排放液环泵 P416A 内液体。

### 实施记录

### 实施结果（成绩单）

| 正常停车 | 分值 |
|---|---|
| 总分 | 250 |
| 实际得分 | |
| 百分制得分 | |

### 总结与反思

D425 左右室液位为什么要一样高？如何进行控制？

## 任务3 真空系统单元故障处理操作训练

### 工作任务

进行故障设置，根据现象分析判断真空系统故障产生原因，并进行故障的排除。

### 任务目标

1. 能根据故障现象正确判断真空系统单元故障产生原因。
2. 能正确进行真空系统单元故障的排除并调节工艺参数至正常值。

### 任务实施要点

| 故障名称 | 故障处理办法 |
|---|---|
| 喷射泵大气腿未正常工作 | 关闭左室排放阀，提高其液位 |
| 液环泵未灌阀 | 开阀VD4163A |
| 温度对液环抽气能力影响 | 检查冷却器E416热物流出口温度是否正常，调节冷却水流量，降低灌水温度 |
| J441蒸汽阀漏 | 1.关闭进料阀V441。<br>2.在D425中，打开进水阀V425。<br>3.关闭蒸汽阀V4101，检修阀门 |

续表

| 故障名称 | 故障处理办法 |
|---|---|
| PV4010阀卡 | 调节进料口阀门流量，调节压力 |
| D451压力过高_1 | 1.检查D451出口管路上阀门开度是否正常，真空泵蒸汽供应是否正常。<br>2.调整PI4042正常值为1.26kPa |
| D451压力过高_2 | 1.检查D451出口管路上阀门和真空泵蒸汽进口阀门是否开度正常。<br>2.调整PI4042正常值为1.26kPa |
| D441压力过高_1 | 1.查看D441出口和喷射泵蒸汽入口阀门开度是否正常。<br>2.调整PI4035正常值为3.45kPa |
| D441压力过高_2 | 1.检查D441出口压力和喷射泵入口蒸汽阀门是否正常。<br>2.调整PI4035正常值为3.45kPa |
| D416压力过高 | 1.检查D416出口管路阀门开度是否正常。<br>2.调整PI4010正常值为26.60kPa |

## 实施记录

| 故障名称 | 故障主要现象 | 故障处理记录 |
|---|---|---|
| 喷射泵大气腿未正常工作 | | |
| 液环泵未灌阀 | | |
| 温度对液环抽气能力影响 | | |
| J441蒸汽阀漏 | | |
| PV4010阀卡 | | |
| D451压力过高_1 | | |
| D451压力过高_2 | | |
| D441压力过高_1 | | |
| D441压力过高_2 | | |
| D416压力过高 | | |

## 实施结果（成绩单）

| 故障名称 | 总分 | 实际得分 | 百分制得分 |
|---|---|---|---|
| 喷射泵大气腿未正常工作 | 10 | | |
| 液环泵未灌阀 | 10 | | |
| 温度对液环抽气能力影响 | 10 | | |
| J441蒸汽阀漏 | 30 | | |
| PV4010阀卡 | 10 | | |
| D451压力过高_1 | 30 | | |
| D451压力过高_2 | 30 | | |
| D441压力过高_1 | 30 | | |
| D441压力过高_2 | 30 | | |
| D416压力过高 | 30 | | |

## 总结与反思

喷射泵大气腿不能正常工作时应如何进行处理?

## 学习资源

水环真空泵（简称水环泵）广泛用于石油、化工、机械、矿山、轻工、医药及食品等许多工业部门。在工业生产的许多工艺过程中，如真空过滤、真空引水、真空送料、真空蒸发、真空浓缩、真空回潮和真空脱气等，水环泵得到广泛的应用。由于水环泵中气体压缩是等温的，故可抽除易燃、易爆的气体，此外还可抽除含尘、含水的气体，因此，水环泵应用日益增多。

水环泵是通过泵腔内容积的变化来实现吸气、压缩和排气，属于变容式真空泵的一种，它所能获得的极限真空为 2000 ～ 4000Pa，串联大气喷射器可达 270 ～ 670Pa。水环泵用作压缩机则称为水环式压缩机，是一种低压压缩机，其压力范围为 1 ～ $2\times10^5$Pa（表）。

水环泵不允许在无水或少水的情况下启动，否则会导致泵内零件的磨损，引起发热或间隙增大，降低性能。因此，水环泵运转时，要不断地充水以维持泵内液封。原则上不允许在高真空的情况下直接启动水环泵，避免启动困难和电流过大。

水蒸气喷射泵也是一种气体压缩机。喷射泵由工作喷嘴和扩压器及混合室相联而成，工作喷嘴和扩压器这两个部件组成了一条断面变化的特殊气流管道，它靠从拉瓦尔喷嘴中喷出的高速水蒸气流来携带气体，气流通过喷嘴时将压力能转变为动能。由于水蒸气喷射泵具有不受摩擦、润滑、振动等条件限制，结构简单、重量轻、占地面积小等特点，所以广泛用于冶金、化工、医药、石油以及食品等工业部门。

液环真空泵可使抽出的气体不与泵壳直接接触，因此，在抽吸腐蚀性气体时只要叶轮采用耐腐蚀材料制造即可。泵内所注入的液体必须不与气体起化学反应。例如，抽吸空气时可用水，抽吸氯气时可用浓硫酸。还应注意所用液体应不含固体颗粒，否则，将使叶轮与壳体常受磨损，降低抽气能力。单级蒸汽喷射泵仅可得到 90% 的真空，如果要得到 95% 以上的真空，则可采用几个蒸汽喷射泵串联起来使用，便可得到更大的真空度。

# 项目四

# 液位控制系统单元

## 工作情境

某企业压力为 8kgf/cm$^2$ 的原料液通过流量调节器 FIC101 向缓冲罐 V101 充液。缓冲罐 V101 的压力由调节器 PIC101 分程控制。缓冲罐 V101 液位调节器 LIC101 和流量调节器 FIC102 串级调节。缓冲罐 V101 中的液体通过泵 P101A（或 P101B）抽出经调节阀 FV102 送入贮槽 V102。

贮槽 V102 有两股来料，一股来自缓冲罐 V101，另一股来自系统外压力为 8kgf/cm$^2$ 的液体通过调节器 LIC102 进入。贮槽 V102 液位由液位调节器 LIC102 控制在 50% 左右，V102 中的液体利用位差自底部进入贮槽 V103，其流量由调节器 FIC103 控制在 30000kg/h。

储槽 V103 也有两股进料，一股来自于 V102，另一股为系统外压力 8kgf/cm$^2$ 的液体通过 FIC103 与 FI103 比值调节进入 V103，比值为 2 : 1。V103 底液体通过 LIC103 调节阀输出，正常时罐 V103 液位控制在 50% 左右。

液位控制系统带控制点工艺流程图如图 2-14 所示，液位控制系统 DCS 图如图 2-15 所示，液位控制系统现场图如图 2-16 所示。

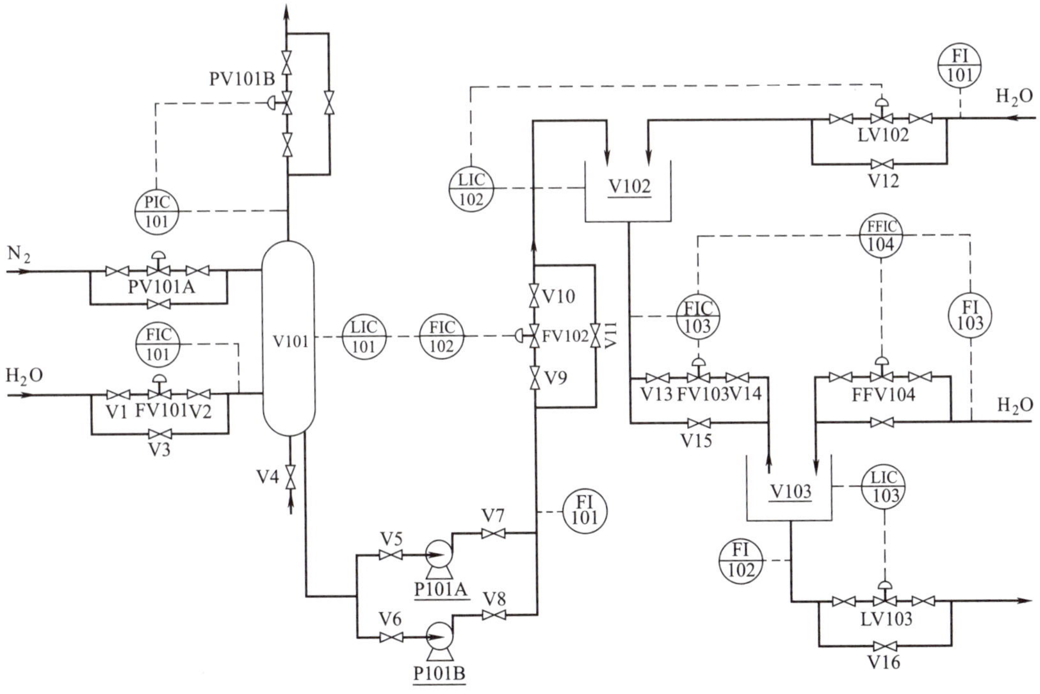


图2-14　液位控制带控制点工艺流程图

V101—缓冲罐；V102—恒压中间罐；V103—恒压产品罐；P101A/B缓冲罐V101底抽出泵/备用泵

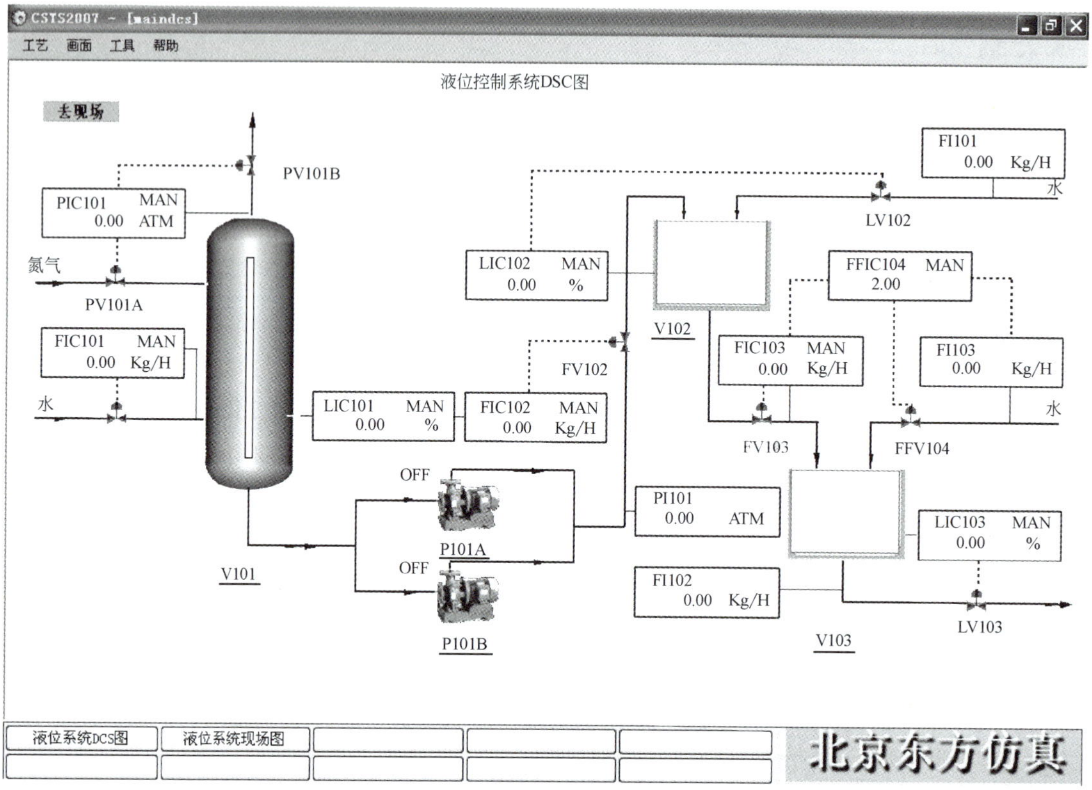


图2-15　液位控制系统DCS图

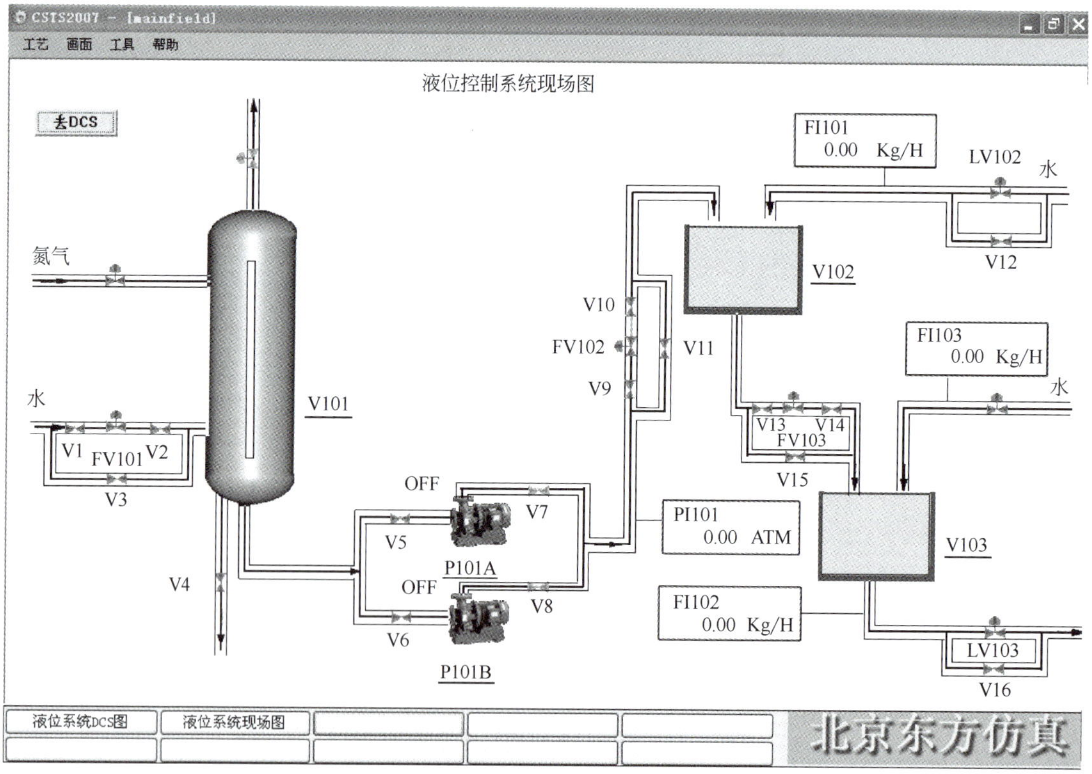


图2-16　液位控制系统现场图

# 任务1　液位控制系统开车操作训练

## 工作任务

完成液位控制系统冷态开车操作，并将工艺参数控制在目标范围内。

| 位号 | 目标值 | 单位 |
| --- | --- | --- |
| FIC101 | 20000.00 | kg/h |
| PIC101 | 5.00 | atm |
| LIC101 | 50.00 | % |
| LIC102 | 50.00 | % |
| LIC103 | 50.00 | % |
| FI103 | 15000.00 | kg/h |
| PI101 | 9.0 | atm |
| FIC103 | 30000.00 | kg/h |

## 任务目标

1. 熟悉液位控制的操作规程。
2. 能熟练进行液位控制系统开车操作。
3. 能正确进行液位参数的设置和调节。

## 任务实施要点

### 一、原料缓冲罐V101充压及液位建立

1. 全开 FV101 的前阀 V1。
2. 全开 FV101 的后阀 V2。
3. 打开 FV101，开度为 50%，给原料缓冲罐 V101 充液。
4. 缓冲罐 V101 有液位时，调节 PIC101 开度冲压，使 V101 液位在达到 50% 以前，PIC101 值在 5atm 左右。
5. 当压力稳定在 5atm 左右时，PIC101 投自动，设定值为 5atm。

### 二、中间贮槽V102液位的建立

1.V101 液位稳定到 40% 以上且压力达到 5atm 时，将 FIC101 投自动，设定值为 20000kg/h。
2. 当 V101 液位达到 40% 以上，全开泵 P101A 前阀 V5。
3. 启动泵 P101A。
4. 打开泵 P101A 后阀 V7。
5. 当泵出口压力 PI101 达到 10atm 以上时，打开 FV102 前阀 V9。

6. 打开 FV102 后阀 V10。
7. 手动调节 FV102 开度，使泵 P101A 出口压力控制在 9atm 左右，V101 液位控制在 50% 左右。
8. 打开 LV102，开度为 50%。
9.V101 液位稳定在 50% 左右，将 LIC101 投自动，设定值为 50%。
10. 将 FIC102 投自动，设定值为 20000kg/h。
11. 将 FIC102 投串级。
12.V102 液位稳定在 50% 左右，将 LIC102 投自动，设定值为 50%。

## 三、产品贮槽V103液位建立

1. 全开 FV103 前阀 V13。
2. 全开 FV103 后阀 V14。
3. 打开 FV103，使流经 FV103 物流量为 30000kg/h。
4. 打开 FFV104 的开度，控制 FI103 显示值为 15000kg/h。
5. 将 FIC103 投自动，设定值为 30000kg/h。
6. 将 FFIC104 投自动，设定值为 2kg/h。
7. 将 FFIC104 投串级。
8. 当罐 V103 液位达 50% 左右时，打开 LV103，开度为 50%。
9. 当 V103 液位稳定在 50% 时，将 LIC103 投自动，设定值为 50%。

### 实施记录

### 实施结果（成绩单）

| 冷态开车 | 分值 |
|---|---|
| 总分 | 600 |
| 实际得分 | |
| 百分制得分 | |

### 总结与反思

通过本单元，理解什么是过程动态平衡，掌握通过仪表画面了解液位发生变化的原因和如何解决的方法。

# 任务2　液位控制系统停车操作训练

## 工作任务

完成液位控制系统正常停车操作，并将工艺参数控制在目标范围内。

| 位号 | 目标值 | 单位 |
|---|---|---|
| LIC101 | 0.00 | mm |
| LIC102 | 0.00 | mm |
| LIC103 | 0.00 | mm |
| PIC101 | 0.01 | atm |

## 任务目标

1. 熟悉液位控制停车操作规程。
2. 能熟练进行液位控制停车操作。
3. 能熟练进行阀门的开关、手动和自动控制的切换操作。

## 任务实施要点

### 一、停用原料缓冲罐V101

1.FIC101 投手动。
2. 关闭调节阀 FV101 及前、后阀 V1、V2。
3. 将 LIC102 改为手动。
4. 关闭 LV102。
5. 解除 FIC102 与 LIC101 的串级，将 FIC102 改为手动控制。
6.FIC101 改为手动控制。
7. 控制调节阀 FV102 的开度，使泵的出口压力为 9atm。
8. 当罐 V101 液位降至 10% 以下时，关闭调节阀 FV102。
9. 关闭调节阀 FV102 的前、后阀 V9、V10。
10. 关泵 P101A 出口阀 V7。
11. 停泵 P101A。
12. 关泵 P101A 前阀 V5。

### 二、停用中间贮槽V102

1. 当贮槽 V102 液位降到 10% 时，FFIC104 改为手动控制。
2. FIC103 投手动。
3. 控制调节阀 FV103 和 FV104 使流经两者液体流量比维持在 2.0 左右。

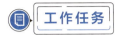

4. 当贮罐 V102 液位降到零时，关调节阀 FV103。
5. 关闭 FV103 后阀 V14。
6. 关闭 FV103 前阀 V13。
7. 关闭调节阀 FFV104。

## 三、停用产品贮槽 V103

1. 将 LIC103 改为手动控制。
2. 调节 LV103 开度，使贮槽 V103 液位缓慢下降（LV103 开度小于 50%）。
3. 当贮槽 V103 液位降为 0 时，关闭调节阀 LV103。

## 四、原料缓冲罐V101排凝和泄压

1. 打开罐 V101 排凝阀 V4。
2. 当罐 V101 液位降至 0 时，关闭 V4。
3. PIC101 投手动。
4. 控制 PIC101 输出值大于 50%，对 V101 进行泄压。
5. 当罐 V101 内与常压接近，关 PV101A 和 PV101B（PIC101 输出为 50%）。

### 实施记录

### 实施结果（成绩单）

| 正常停车 | 分值 |
|---|---|
| 总分 | 320 |
| 实际得分 | |
| 百分制得分 | |

### 总结与反思

为什么在停车时，要先排凝后泄压？

# 任务3　液位控制系统故障处理操作训练

## 工作任务

进行液位控制系统故障设置，根据故障现象判断故障产生原因，并进行液位控制单元故障的排除。

## 任务目标

1. 能根据故障现象正确判断液位控制系统单元故障产生原因。
2. 能正确进行液位控制系统单元故障的排除并调节工艺参数至正常值。

## 任务实施要点

| 故障名称 | 故障处理方法 |
|---|---|
| 泵P101A坏 | 1.关小P101A泵出口阀V7。<br>2.打开P101B泵入口阀V6。<br>3.启动P101B。<br>4.全开P101B泵出口阀V8。<br>5.待PI101压力达9.0atm时，关阀V7。<br>6.关闭P101A。<br>7.关闭P101A泵入口阀V5 |
| 调节阀FV102阀卡 | 1.调节FIC102旁路阀V11开度。<br>2.待FIC102流量正常后（20000），关闭FIC102前阀V9、V10。<br>3.待FIC102流量正常后（20000），关闭FIC102后阀V9、V10。<br>4.FIC102投手动。<br>5.关闭调节阀FIC102 |

## 实施记录

| 故障名称 | 故障现象 | 处理结果记录 |
|---|---|---|
| 泵P101A坏 | | |
| 调节阀FV102阀卡 | | |

## 实施结果（成绩单）

| 故障名称 | 总分 | 实际得分 | 百分制得分 |
|---|---|---|---|
| 泵P101A坏 | 120 | | |
| 调节阀FV102阀卡 | 100 | | |

## 总结与反思

在开、停车时，为什么要特别注意维持流经调节阀 FV103 和 FFV104 的液体流量比值为 2？

## 学习资源

物位是指存放在容器或工业设备中物质的高度或位置。液面的高低用液位来表征。物位的检测与控制在现代工业生产自动化中具有重要的地位。通过物位的测量，可以准确获知容器内储存原料、半成品或成品的数量（指体积或质量）。根据物位的高低，通过连续监视或控制容器内流入与流出物料的平衡情况，使物位保持在工艺要求的范围内，或对它的上下限位置进行报警。因此，物位测量与控制一般有两个目的：一是对物位测量的绝对值要求非常准确，用来确定容器内或储存库中的原料、辅料、半成品或成品的数量；二是对物位测量的相对值要求非常准确，要能快速、准确反映出某一特定水准面上物料的相对变化，用以连续控制生产过程。

多级液位控制和原料的比例混合，是化工生产中经常遇到的问题。要做到对其平稳准确地控制，一方面要准确分析液位控制流程，找出主副控制变量，按流程中主物料流向逐渐建立液位。另一方面要选择合理的自动控制方案，并进行正确的控制操作。

模块三

# 传热过程操作训练

## 学习指南

### 知识目标

了解工业换热器的操作原理。了解换热器的自动控制方案。掌握传热操作的基本知识。掌握传热过程的操作要领、常见事故及其处理方法。掌握热电阻、热电偶等常用温度测量仪表的使用方法。理解强化传热的方法与途径。

### 能力目标

能根据工艺要求对常用换热器实施基本操作。能正确使用各类常见的温度测量仪表和对换热器的换热操作实施自动控制，并能根据生产工艺与设备特点制定传热过程的安全操作规程。能运用传热基本理论与工程技术观点分析和解决传热操作中常见故障。

### 素质目标

培养敬业爱岗、勤学肯干的职业操守，专注、精益求精的工匠精神；培养化工职业需要的严格遵守操作规程的职业素质、安全生产的职业意识和沉着冷静的应急处置能力；养成理论联系实际的思维方式和独立思考的科学态度；树立节能、经济和可持续的发展理念。

传热，是自然界和工程技术领域中极普遍的一种传递过程，凡是有温度差存在的地方，就必然有热的传递。因此，在化工、能源、动力、冶金、机械、建筑等工业部门中，都会涉及到许多传热问题。

化学工业与传热的关系尤为密切，这是因为在化工生产过程中的许多过程和单元操作，都需要进行加热或冷却。此外，化工设备的保温、生产过程中热能的合理利用以及废热的回收等都涉及传热的问题。化工传热过程既可连续进行也可间歇进行。对于连续进行的过程，换热器中传热壁面各点温度仅随位置变化而不随时间变化，这种传热称为稳定传热。对于间歇过程，换热器中各点的温度既随位置变化又随时间变化，这种传热称为不稳定传热。连续生产过程中的传热一般可看作稳定传热。间歇生产过程中的传热和连续生产过程中的开、停车阶段的传热一般属于不稳定传热。

对化工等行业的操作技术人员来说，必须要熟悉换热过程和掌握换热操作。

# 项目一

# 换热器单元

## 工作情境

某企业来自界区外的温度为92℃的冷物流（沸点为198.25℃）经阀门VB01和泵P101A/B，送至换热器E101的壳程被流经管程的热物流加热至145℃，并有20%被汽化，冷物流的流量由流量控制器FIC101控制，正常流量为12000kg/h。来自另一设备的温度为225℃热物流经泵P102A/B送至换热器E101与流经壳程的冷物流进行热交换，热物流的出口温度（177℃）由调节阀TIC101进行控制。

为保证热物料的流量稳定，TIC101采用分层控制，TV101A和TV101B分别调节流经E101和副线的流量，TIC101输出1%～100%分别对应TV101A开度0%～100%，TV101B开度100%～0%。

列管换热器带控制点工艺流程图如图3-1所示，列管换热器DCS图如图3-2所示，列管换热器现场图如图3-3所示。

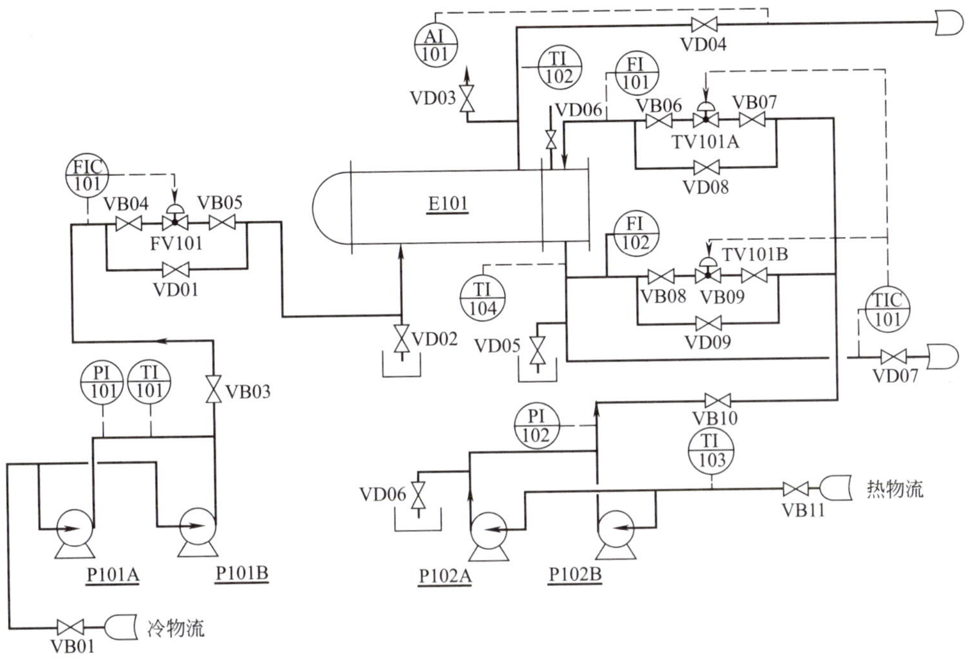


图3-1　列管换热器单元带控制点工艺流程图

P101A/B—冷物流进料泵/备用泵；P102A/B—热物流进料泵/备用泵；E101—列管式换热器

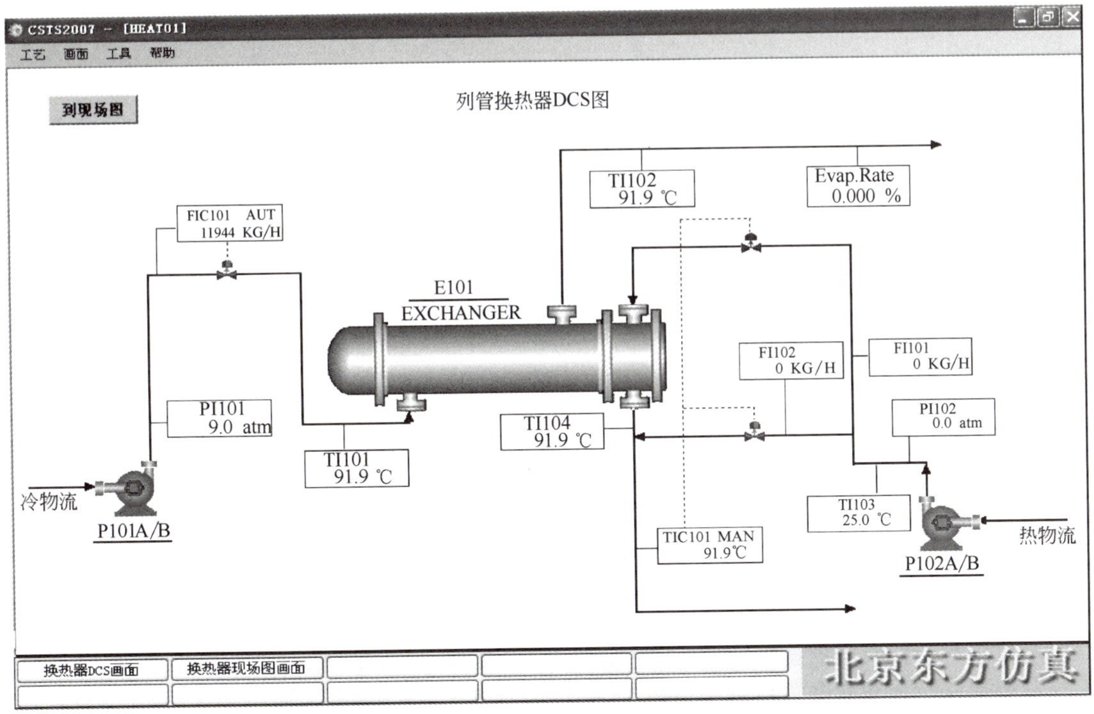


图3-2　列管换热器DCS图

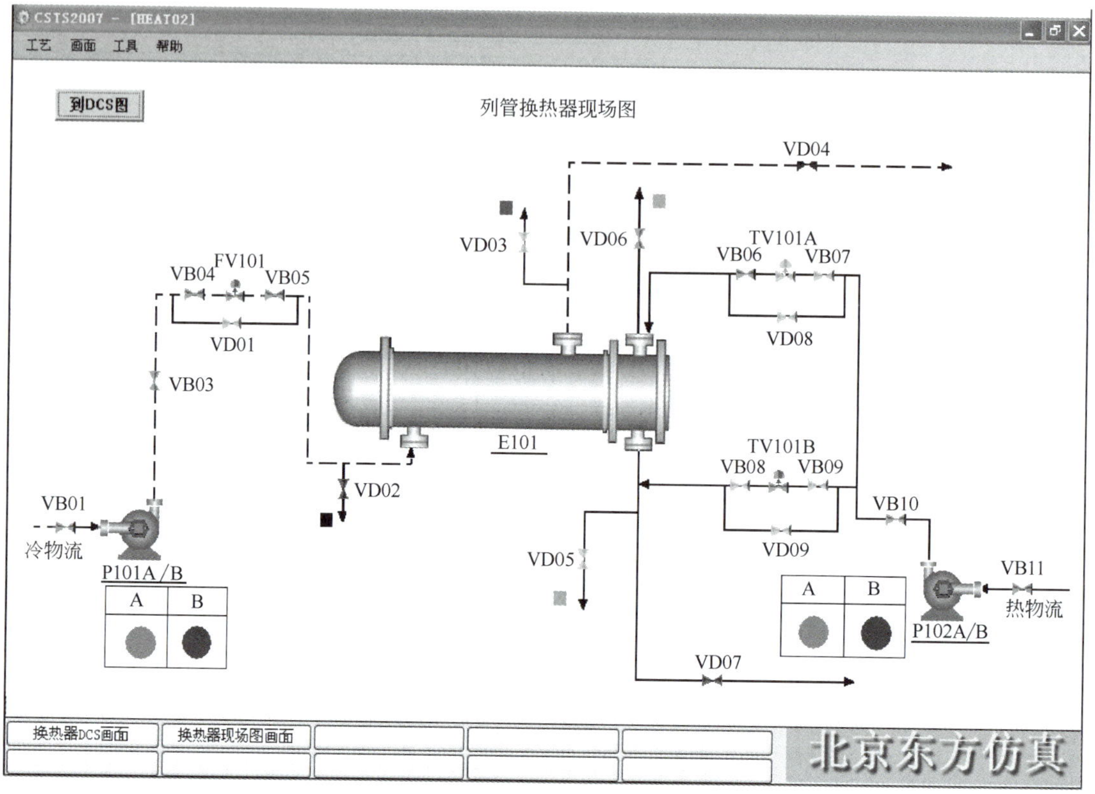


图3-3 列管换热器现场图

## 任务1 换热器单元开车操作训练

### 工作任务

完成换热器单元冷态开车操作，并将工艺参数控制在目标范围内。

| 位号 | 目标值 | 单位 |
|---|---|---|
| FIC101 | 12000.00 | kg/h |
| TI102 | 145.00 | ℃ |
| TIC101 | 177.00 | ℃ |

### 任务目标

1. 掌握列管换热器的换热原理。
2. 熟悉列管换热器的换热操作规程。
3. 能熟练进行列管换热器的开车操作。
4. 能熟练进行不凝性气体的排除操作。

## 任务实施要点

### 一、启动冷物流进料泵P101

1. 开换热器 E101 壳程排气阀 VD03，开度约 50%。
2. 打开 P101A 前阀 VB01。
3. 启动泵 P101A。
4. 当进料压力指示表 PI101 指示达 4.5atm 以上，打开 P101A 泵的出口阀 VB03。

### 二、冷物流进料

1. 打开 FIC101 的前阀 VB04。
2. 打开 FIC101 的后阀 VB05。
3. 打开调节阀 FIC101。
4. 观察壳程排气阀 VD03 的出口，当有液体溢出时（VD03 旁边标志变绿），标志着壳程已无不凝性气体，关闭壳程排气阀 VD03，壳程排气完毕。
5. 打开冷物流出口阀 VD04，将其开度设定为 50%。
6. 手动调节 FV101，使 FIC101 稳定在 12000kg/h 左右。
7. 将 FIC101 投自动，设定值为 12000kg/h。

### 三、启动热物流入口泵P102

1. 打开管程放空阀 VD06，开度为 50%。
2. 打开 P102A 泵的前阀 VB11。
3. 启动 P102A 泵。
4. 打开 P102A 泵的出口阀 VB10。

### 四、热物流进料

1. 打开 TV101A 的前阀 VB06 。
2. 打开 TV101A 的后阀 VB07。
3. 打开 TV101B 的前阀 VB08。
4. 打开 TV101B 的后阀 VB09。
5. 观察 E101 管程排气阀 VD06 的出口，当有液体溢出时（VD06 旁边标志变绿），标志着管程已无不凝性气体，此时关管程排气阀 VD06，E101 管程排气完毕。
6. 打开 E101 热物流出口阀 VD07。
7. 手动调节管程温度控制阀 TIC101 输出值，逐渐打开调节阀 TV101A 至开度至 50%。
8. 调节 TIC101 的显示值，使其出口温度稳定在 177℃左右。
9. 将调节阀 TIC101 投自动，设定值为 177℃。

## 实施记录

## 实施结果（成绩单）

| 冷态开车 | 分值 |
|---|---|
| 总分 | 370 |
| 实际得分 | |
| 百分制得分 | |

## 总结与反思

换热器开车时不排出不凝气会有什么后果?

# 任务2　换热器单元停车操作训练

## 工作任务

完成列管换热器正常停车操作。

## 任务目标

1. 掌握列管换热器的停车操作规程。
2. 能熟练进行列管换热器的停车操作。
3. 能正确进行列管换热器管程和壳程的泄液操作。

## 任务实施要点

### 一、停热物流进料泵P102

1. 关闭 P102 出口阀 VB10。
2. 停 P102A。
3. 关闭 P102 泵入口阀 VB11。

## 二、停热物流进料

1. 将 TIC101 改为手动控制。
2. 关闭 TV101A。
3. 关闭 TV101A 的前阀 VB07。
4. 关闭 TV101A 的后阀 VB06。
5. 关闭 TV101B 的前阀 VB09。
6. 关闭 TV101B 的后阀 VB08。
7. 关闭 E101 热物流出口阀 VD07。

## 三、停冷物流进料泵P101

1. 关闭 P101A 泵的出口阀 VB03。
2. 停泵 P101A。
3. 关闭泵 P101A 入口阀 VB01。

## 四、停冷物流进料

1. 将 FIC101 改为手动。
2. 关闭 FV101 的前阀 VB04。
3. 关闭 FV101 的后阀 VB05。
4. 关闭 FV101。
5. 关闭 E101 冷物流出口阀 VD04。

## 五、E101管程泄液

1. 打开管程泄液阀 VD05。
2. 当 VD05 的出口不再有液体泄出时，关闭泄液阀 VD05。

## 六、E101壳程泄液

1. 打开壳程泄液阀 VD02。
2. 待壳程泄液阀 VD02 的出口不再有液体泄出时，关闭泄液阀 VD02。

**实施记录**

## 实施结果（成绩单）

| 正常停车 | 分值 |
|---|---|
| 总分 | 220 |
| 实际得分 | |
| 百分制得分 | |

## 总结与反思

为什么停车后管程和壳程都要高点排气、低点泄液？

# 任务3 换热器单元故障处理操作训练

## 工作任务

进行故障设置，根据故障现象判断换热器单元故障产生原因，并进行列管换热器故障的排除。

## 任务目标

1. 能根据故障现象正确判断列管换热器故障产生原因。
2. 能正确进行列管换热器故障的排除并调节工艺参数至正常值。

## 任务实施要点

| 故障名称 | 故障处理方法 |
|---|---|
| FIC101阀卡 | 1.逐渐打开调节阀FV101的旁通阀VD01。<br>2.调节FV101的旁路阀VD01的开度，使指示值稳定在12000kg/h。<br>3.将调节阀FIC101置手动。<br>4.关闭FIC101。<br>5.关闭调节阀FIC101的前阀VB04。<br>6关闭调节阀FIC101的后阀VB05。<br>7.控制热物流出口温度控制在177℃左右 |
| 泵P101A坏 | 1.将FIC101改为手动控制。<br>2.关闭阀FV101。<br>3.关闭泵P101A 。<br>4.开启泵P101B 。<br>5.手动调节FV101，使流量控制在12000kg/h左右。<br>6.当流量稳定在12000kg/h时，将FIC101投自动，设定值为12000kg/h |

续表

| 故障名称 | 故障处理方法 |
| --- | --- |
| 泵P102A坏 | 1.将TIC101改为手动控制。<br>2.关闭阀TV101A。<br>3.关闭泵P102A 。<br>4.开启泵P102B 。<br>5.手动调节TV101A阀门开度，使热物流出口温度控制在177℃左右。<br>6.当热物流出口温度稳定在177℃左右时，将TIC101投自动，设定值为177℃ |
| TV101A阀卡 | 1.打开TV101A的旁通阀VD08。<br>2.关闭TV101A的前阀VB07。<br>3.关闭TV101A的后阀VB06。<br>4.调节TV101A的旁通阀VD08的开度，使冷热物流出口温度（145℃左右）和热物流流量稳定到正常值（177℃左右） |
| 部分管堵 | 1.关闭P102泵的出口阀VB10。<br>2.停泵P102A。<br>3.关闭P102A泵的前阀VB11。<br>4.将TIC101改为手动控制。<br>5.关闭TV101A。<br>6.关闭TV101A的前阀VB07。<br>7.关闭TV101A的后阀VB06。<br>8.关闭TV101B的前阀VB09。<br>9.关闭TV101B的后阀VB08。<br>10.关闭E101热物流出口阀VD07。<br>11.关闭P101泵的后阀VB03。<br>12.停泵P101A 。<br>13.关闭P101泵入口阀VB01。<br>14.将FIC101改为手动控制。<br>15.关闭FV101的前阀VB04。<br>16.关闭FV101的后阀VB05。<br>17.关闭FV101。<br>18.关闭E101冷物流出口阀VD04。<br>19.打开泄液阀VD05泄液。<br>20.待管程液排尽后，关闭泄液阀VD05。<br>21.打开泄液阀VD02。<br>22.等壳程液体排尽后，关闭泄液阀VD02 |
| 换热器结垢严重 | 同上 |

## 实施记录

| 故障名称 | 主要现象 | 故障处理记录 |
| --- | --- | --- |
| FIC101阀卡 | | |
| 泵P101A坏 | | |
| 泵P102A坏 | | |
| TV101A阀卡 | | |
| 换热器E101部分管堵 | | |
| 换热器E101壳程结垢严重 | | |

## 实施结果（成绩单）

| 故障名称 | 总分 | 实际得分 | 百分制得分 |
|---|---|---|---|
| FIC101阀卡 | 160 | | |
| 泵P101A坏 | 130 | | |
| 泵P102A坏 | 120 | | |
| TV101A阀卡 | 80 | | |
| 换热器E101部分管堵 | 220 | | |
| 换热器E101壳程结垢严重 | 220 | | |

## 总结与反思

开车时不排出不凝气会有什么后果?

# 学习资源

管壳式换热器也称为列管式换热器，是间壁式换热器的一种，是目前化工生产中应用最为广泛的一种通用标准换热设备。它的主要优点是单位体积具有的传热面积较大以及传热效果较好，结构简单、坚固、制造较容易、操作弹性较大、适应性强等。因此在高温、高压和大型装置上多采用管壳式换热器，在生产中使用的换热设备中占主导地位。

管壳式换热器中，一种流体在管内流动，其行程称为管程。另一种流体在管外流动，其行程称为壳程。金属的热胀冷缩特性使得换热器不能给予剧烈的温度变化，否则在局部上会产生热应力，而使扩管部分松开或管子破损等，因此温度升降时特别需要注意。开车时应先引入冷物流，后引入热物流。停车时先停热物流，后停冷物流。间壁上如果有气膜或污垢层，会降低传热效果，因此当发现管堵或严重结垢时，应及时停车检修、清洗。

化工生产中对物料进行加热（沸腾）、冷却（冷凝），由于加热剂、冷却剂等的不同，换热器具体的操作要点也有所不同。

1. 蒸汽加热　蒸汽加热必须下断排除冷凝水，否则会积于换热器中，部分或全部变为无相变传热，导致传热速率下降。同时还必须及时排放不凝性气体，以确保传热效果。

2. 热水加热　热水加热一般温度不高，加热速度慢，操作稳定，只要定期排放不凝性气体，就能保证正常操作。

3. 烟道气加热　烟道气一般用于生产蒸汽或加热、汽化液体。烟道气的温度较高，且温度不易调节。在操作过程中，必须时时注意被加热物料的液位、流量和蒸汽产量，还必须做到定期排污。

4. 导热油加热　导热油加热的特点是温度高、黏度较大、热稳定性差、易燃、温度调节困难。操作时必须严格控制进出口温度，定期检查进出管口及介质流道是否结垢，做到定期排污、定期放空、过滤或更换导热油。

5. 水和空气冷却　操作时注意根据季节变化调节水和空气的用量。用水冷却时，还要注意定期清洗。

6. 冷冻盐水冷却　其特点是温度低，腐蚀性较大。在操作时应严格控制进出口的温度防止结晶堵塞介质通道，要定期放空和排污。

7. 冷凝　冷凝操作需要注意的是定期排放蒸汽侧的不凝性气体，特别是减压条件下不凝性气体的排放。

# 项目二

## 管式加热炉

### 工作情境

某石油化工企业生产中工艺物料在流量调节器 FIC101 的控制下先进入加热炉 F101 的对流段，经对流加热升温后，再进入 F101 的辐射段，被加热至 420℃后出加热炉，送至下一工序，其炉出口温度由调节器 TIC106 通过调节燃料气流量或燃料油压力来控制。

采暖水在调节器 FIC102 控制下，经与加热炉 F101 的烟气换热至 210℃，回收余热后，返回采暖水系统。

燃料气管网的燃料气在压力调节器 PIC101 的控制下进入燃料气分液罐 V105，燃料气在 V105 中脱油脱水后，分两路送入加热炉，一路在 PCV01 控制下送入长明线点火。一路在 TV106 调节阀控制下送入油 - 气联合燃烧器进行燃烧。

来自燃料油罐 V108 的燃料油经 P101A/B 升压后，在 PIC109 控制压送至燃烧器火嘴前，用于维持火嘴前的油压，多余燃料油返回 V108。来自管网的雾化蒸汽在 PDIC112 的控制压与燃料油保持一定压差情况下送入燃料器。来自管网的吹热蒸汽直接进入炉膛底部。

管式加热炉带控制点工艺流程如图 3-4 所示，管式加热炉 DCS 图如图 3-5 所示，管式加热炉现场图如图 3-6 所示。

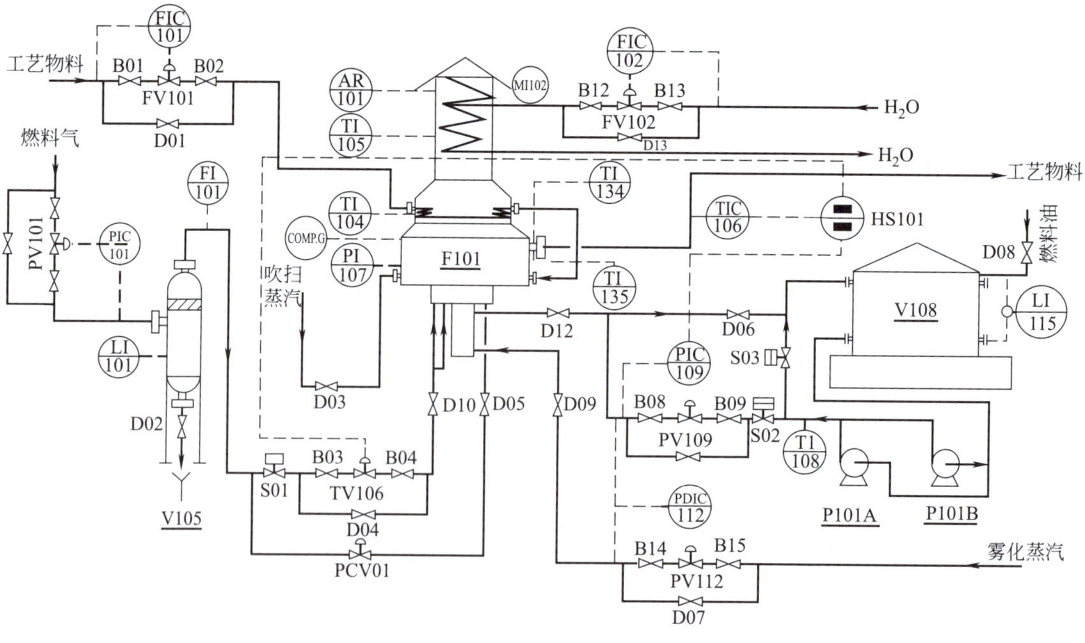


图3-4 加热炉单元带控制点工艺流程图

V105—燃料气分液罐；V108—燃料油贮罐；F101—管式加热炉；P101A/B—燃料油A泵/B泵

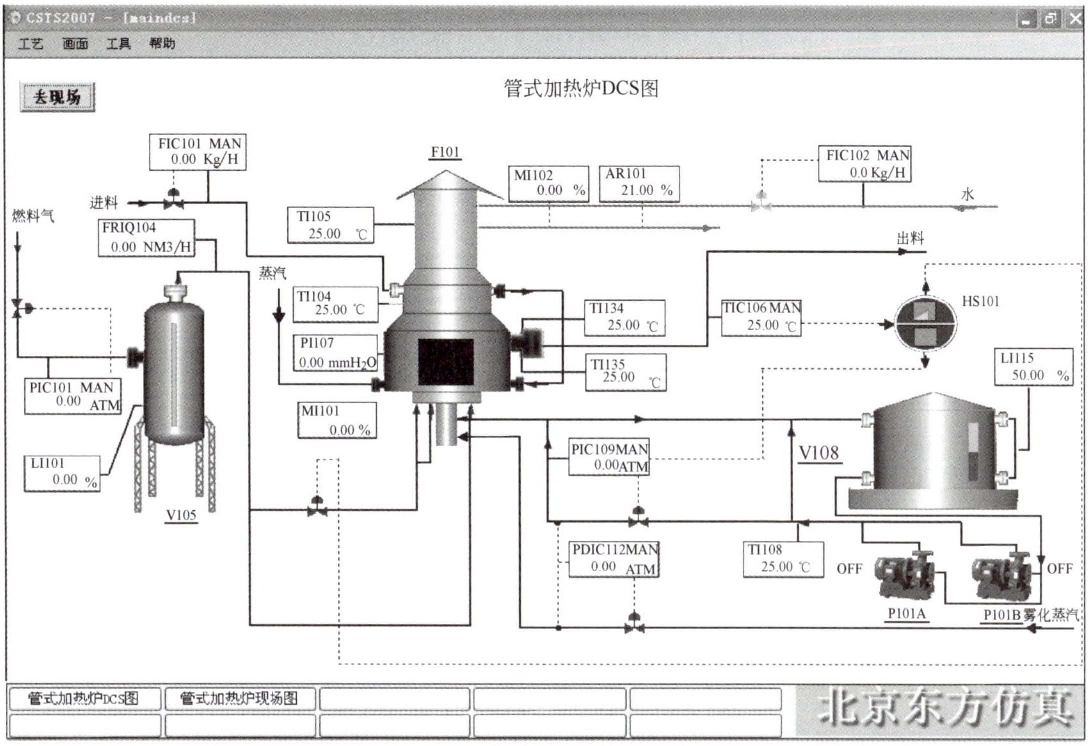


图3-5　管式加热炉DCS图

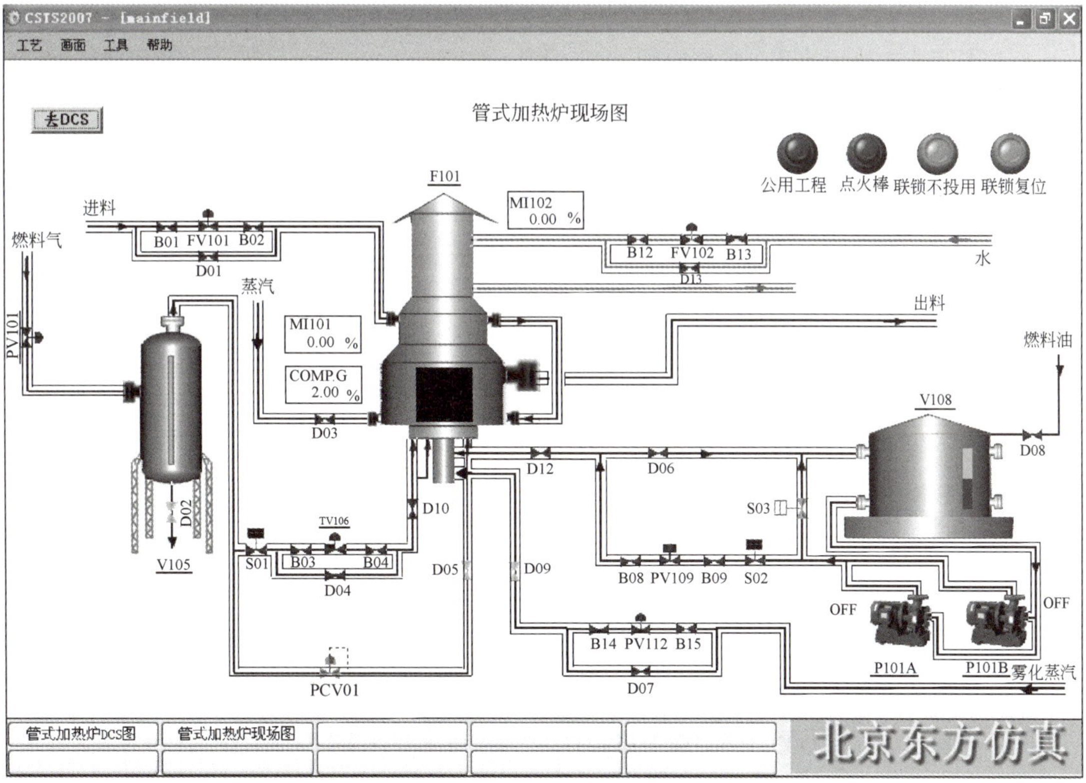


图3-6　管式加热炉现场图

# 任务1 管式加热炉开车操作训练

## 工作任务

完成管式加热炉冷态开车操作，并将工艺参数控制在目标范围内。

| 位号 | 目标值 | 单位 |
|---|---|---|
| TIC106 | 420.00 | ℃ |
| TI104 | 640.00 | ℃ |
| TI105 | 210.00 | ℃ |
| AR101 | 4.00 | % |
| PI107 | −2.00 | $mmH_2O$ |
| FIC101 | 3072.50 | kg/h |
| FIC102 | 9584.00 | kg/h |
| PIC101 | 2 | atm |
| PIC109 | 6.00 | atm |
| PDIC112 | 4.00 | atm |

## 任务目标

1. 掌握管式加热炉的开车操作规程。
2. 熟悉管式加热炉的开车与点火前的准备工作内容。
3. 能熟练进行管式加热炉的开车操作。
4. 能正确进行工艺参数设置和调节。

## 任务实施要点

### 一、开车前的准备工作

1. 开启公用工程。
2. 启动联锁不投用。
3. 联锁复位。

### 二、点火前的准备工作

1. 全开加热炉的烟道挡板 MI102。
2. 打开吹扫蒸汽阀 D03，使炉膛通风。
3. 待可燃气体的含量低于 0.5% 后，关闭吹扫蒸汽阀 D03。

4. 调节 MI101 开度至 30% 左右。
5. 同时调节 MI102 开度在 30% 左右，使炉膛正常通风。
6. 调节 PIC101，向罐 V105 充燃料气，使罐 V105 内压力 PI101 保持在 2atm 左右。

## 三、加热炉点火

1. 启动点火棒。
2. 待罐 V105 内压力大于 0.5atm 后，打开常明线根部阀 D05。

## 四、加热炉升温

1. 确认点火成功后，打开 TIC106 的前阀 B03、后阀 B04。
2. 稍开 TIC106 阀（＜ 10%）。
3. 全开根部阀 D10。
4. 调节阀 TIC106，使炉膛温度缓慢升至 180℃。

## 五、工艺物料进料

1. 当炉膛温度升至 180℃后，打开 FV101 的前阀 B01。
2. 打开 FV101 的后阀 B02。
3. 稍开调节阀 FV101（开度小于 10%），引进工艺物料。
4. 同时打开采暖水调节阀 FV102 的前阀 B13。
5. 打开 FV102 的后阀 B12。
6. 稍开调节阀 FV102（开度小于 10%），引进采暖水。
7. 在升温过程中，逐步调节 FIC101，使其流量指示达到正常，稳定进料在 3072.50kg/h 左右，投自动。
8. 在升温过程中，逐步调节 FIC102，使其流量指示达到正常，进水流量稳定在 9584.00kg/h 左右，投自动。

## 六、启动燃料油系统

1. 打开雾化蒸汽调节阀 PV112 的前阀 B15。
2. 打开雾化蒸汽调节阀 PV112 的后阀 B14。
3. 微开调节阀 PDIC112。
4. 打开雾化蒸汽根部阀 D09。
5. 开燃料油返回 V108 罐阀 D06。
6. 启动燃料油泵 P101A。
7. 打开燃料油调节阀 PV109 的前阀 B09。

8. 打开燃料油调节阀 PV109 的后阀 B08。
9. 微开燃料油调节阀 PIC109（开度小于 10%），建立燃料油循环系统。
10. 打开燃料油底部阀，引燃料油入火嘴。
11. 打开 V108 进料阀 D08，保持贮罐液位在 50%。
12. 调节 PIC109 使燃料油压力控制在 6atm 左右。
13. 调节 PDIC112 使雾化蒸汽压力控制在 4atm 左右。
14. 当 PIC109 压力稳定在 6atm 左右时，将 PIC109 投自动。
15. 当 PDIC112 压力稳定在 4atm 左右时，将 PDIC112 投自动。

## 七、调整与控制

1. 调节 TV106，逐步升温，使 TIC106 温度控制在 420℃左右。
2. 调节 TV106，逐步升温，使炉膛温度控制在 640℃左右。
3. 在升温过程中，逐步调整风门开度使烟气氧含量为 4% 左右。
4. 在升温过程中，调节 MI102 使炉膛负压为 −2.0mm$H_2O$ 左右。
5. 控制 TI105 在 210℃左右。
6. 将联锁投用。

### 实施记录

### 实施结果（成绩单）

| 冷态开车 | 分值 |
|---|---|
| 总分 | 480 |
| 实际得分 | |
| 百分制得分 | |

### 总结与反思

在点火前为什么要对加热炉的炉膛进行蒸汽吹扫？

# 任务2　管式加热炉停车操作训练

## 工作任务

完成管式加热炉正常停车操作，并将工艺参数控制在目标范围内。

| 位号 | 目标值 | 单位 |
|---|---|---|
| TIC106 | 60.00 | ℃ |
| TI104 | 80.00 | ℃ |
| TI105 | 60.00 | ℃ |

## 任务目标

1. 掌握管式加热炉的停车操作规程。
2. 能熟练进行管式加热炉的停车操作。
3. 能正确进行联锁摘除、炉膛吹扫操作。

## 任务实施要点

### 一、停车前的准备

摘除联锁。

### 二、降量

1. 逐步降低原料进料 FIC101 至正常的 70% 左右（2200kg/h）。
2. 同时逐步降低 PIC109 或 TIC106 开度使 TIC106 约为 420℃。
3. 同时逐步降低采暖水 FIC102 的流量，关小 FV102（< 35%）。

### 三、降温及停燃料油系统

1. 逐步关闭燃料油调节阀 PIC109。
2. 关闭调节阀 PV109 前阀 B09。
3. 关闭调节阀 PV109 后阀 B08。
4. 在降低油压的同时，逐步关闭雾化蒸汽调节阀 PDIC112。
5. 关闭 PV112 的前阀 B15。
6. 关闭 PV112 的后阀 B14。
7. 待 PIC109 全关后，关闭燃料油泵 P101A/B。
8. 关闭雾化蒸汽加热炉根部阀 D09。
9. 关闭 V108 进料阀 D08。

10. 关闭燃料油进加热炉根部阀 D12。

## 四、停燃料气及工艺物料

1. 待燃料油系统后，关闭 V105 燃料气入口调节阀 PIC101。
2. 待 V105 罐压力低于 0.2atm 后，关闭燃料气调节阀 TIC106。
3. 关闭调节阀 TV106 的前阀 B03。
4. 关闭调节阀 TV106 的后阀 B04。
5. 关闭燃料气进炉根部阀 D10。
6. 待 V105 罐压力降至 0.1atm 时，关闭燃料气常明线阀 D05。
7. 待炉膛温度低于 150℃后，关闭调节阀 FIC101。
8. 待炉膛温度低于 150℃后，关闭调节阀 FV101 前阀 B01。
9. 待炉膛温度低于 150℃后，关闭调节阀 FV101 后阀 B02。
10. 待炉膛温度低于 150℃后，关闭调节阀 FIC102。
11. 待炉膛温度低于 150℃后，关闭调节阀 FV102 前阀 B13。
12. 待炉膛温度低于 150℃后，关闭调节阀 FV102 后阀 B12。

## 五、炉膛吹扫

1. 灭火后，打开 D03 吹扫炉膛 5s。
2. 炉膛吹扫完成后，关闭 D03。
3. 全开风门 MI101、MI102 烟道挡板，使炉膛正常通风。

### 实施记录

### 实施结果（成绩单）

| 正常停车 | 分值 |
|---|---|
| 总分 | 340 |
| 实际得分 | |
| 百分制得分 | |

### 总结与反思

油气混合燃烧炉 / 停车时应注意哪些问题？

# 任务3　管式加热炉故障处理操作训练

## 工作任务

进行故障设置，根据现象分析判断管式加热炉故障产生原因，并进行管式加热炉故障的排除。

## 任务目标

1. 能根据故障现象正确判断管式加热炉故障产生原因。
2. 能正确进行管式加热炉故障的排除并调节工艺参数至正常值。

## 任务实施要点

| 故障名称 | 故障处理办法 |
|---|---|
| 燃料油火嘴堵 | 1.摘除联锁。<br>2.逐步降低原料进料FIC101至正常的70%。<br>3.同时逐步降低PIC109或TIC106的开度，使炉出口温度TIC106在420℃左右。<br>4.同时逐步降低采暖水FIC102的流量。<br>5.在降低油压的同时，逐步关闭雾化蒸汽调节阀PDIC112。<br>6.逐步关闭燃料油调节阀PIC109。<br>7.关闭燃料油调节阀PIC109的前手阀B09。<br>8.关闭燃料油调节阀PIC109的后手阀B08。<br>9.关闭燃料油泵P101A/B。<br>10.停燃料油系统后，关闭燃料气入口调节阀PIC101。<br>11.待V105罐压力低于0.2atm时，关闭燃料气调节阀TIC106。<br>12.关闭燃料气调节阀TIC106的前手阀B03。<br>13.关闭燃料气调节阀TIC106的后手阀B04。<br>14.待V105罐压力降至0.1atm时，关闭燃料气常明线根部阀D05。<br>15.待炉膛温度低于150℃后，关闭FIC101。<br>16.关闭工艺物料进料调节阀FIC101的前手阀B01。<br>17.关闭工艺物料进料调节阀FIC101的后手阀B02。<br>18.待炉膛温度低于150℃后，关闭调节阀FIC102。<br>19.关闭采暖水调节阀FIC102的前手阀B13。<br>20.关闭采暖水调节阀FIC102的后手阀B12。<br>21.灭火后，打开D03吹扫炉膛5s。<br>22.全开风门MI101、MI102烟道挡板开度，使炉膛正常通风。<br>23.调整原料炉的出口温度、炉膛温度、烟道气出口温度在规定值左右 |
| 炉管破裂 | 同上 |
| 燃料气压力低 | 开大燃料油调节阀PIC109，使炉膛温度TI104稳定在640℃左右，原料炉的出口温度TI106在420℃左右 |
| 燃料气调节阀卡 | 1.调节TIC106阀的旁路阀。<br>2.将TIC106设为手动模式。<br>3.关闭TIC106。<br>4.关闭TIC106前手阀B03。<br>5.关闭TIC106后手阀B04。<br>6.调节使炉膛温度TI104稳定在640℃左右，原料炉的出口温度TI106在420℃左右 |
| 燃料气带液 | 1.打开泄液阀D02，使V105泄液。<br>2.增大燃料气入炉量，使原料炉的出口温度TI106在420℃左右 |

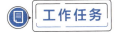

续表

| 故障名称 | 故障处理办法 |
|---|---|
| 燃料油带水 | 1.关闭燃料油根部阀。<br>2.开大燃料气入炉调节阀，使炉出口温度TI106在420℃左右 |
| 雾化蒸汽压力低 | 1.关闭雾蒸汽入炉根部阀。<br>2.关闭燃料油入炉根部阀。<br>3.调节燃料气调节阀TIC106，使炉膛温度TI104稳定在640℃左右 |
| 燃料油泵P101A停 | 1.现场启动备用泵P101B。<br>2.调节燃料气控制阀的开度，使炉膛温度TI104稳定在640℃左右 |

## 实施记录

| 事故名称 | 故障主要现象 | 故障处理记录 |
|---|---|---|
| 燃料油火嘴堵 | | |
| 燃料气压力低 | | |
| 炉管破裂 | | |
| 燃料气调节阀卡 | | |
| 燃料气带液 | | |
| 燃料油带水 | | |
| 雾化蒸汽压力低 | | |
| 燃料油泵P101A停 | | |

## 实施结果（成绩单）

| 故障名称 | 总分 | 实际得分 | 百分制得分 |
|---|---|---|---|
| 燃料油火嘴堵 | 310 | | |
| 燃料气压力低 | 90 | | |
| 炉管破裂 | 310 | | |
| 燃料气调节阀卡 | 90 | | |
| 燃料气带液 | 60 | | |
| 燃料油带水 | 60 | | |
| 雾化蒸汽压力低 | 80 | | |
| 燃料油泵P101A停 | 120 | | |

## 总结与反思

在点火失败后，应做些什么工作？为什么？

# 学习资源

管式加热炉是一种直接受热式加热设备，主要用于加热液体或气体化工原料，所用燃料通常有燃料油和燃料气。管式加热炉一般由辐射室、对流室、余热回收系统、燃烧器以及通风系统五部分所组成。

管式加热炉的传热方式以辐射传热为主。辐射室是通过火焰或高温烟气进行辐射传热的部分，也是热交换的主要场所（约占热负荷的 70% ～ 80%）。

对流室是靠辐射室出来的烟气进行以对流传热为主的换热部分，对流室一般担负全炉热负荷的 20% ～ 30%。对流室吸热量的比例越大，全炉的热效率越高。

余热回收系统是从离开对流室的烟气中进一步回收余热的部分。目前，炉子的余热回收系统以采用空气预热方式居多，通常只有高温管式炉和纯辐射炉才使用废热锅炉。安装余热回收系统后，整个炉子的总热效率能达到 88% ～ 90%。

燃料室是炉子的重要组成部分，燃烧室是将燃料雾化并混合空气使之燃烧的产热设备。

通风系统作用是将燃烧用空气引入燃烧器，并将烟气引出炉子。它分为自然通风和强制通风两种方式。过去，绝大多数炉子都采用自然通风方式，烟囱通常安装在炉顶。近年来，石油化工厂逐渐开始安设独立于炉群的超高型集体烟囱。

## 一、烘炉操作要点

① 为了保护炉管，防止炉管干烧，烘炉前要按照从对流管到辐射管的流程通入蒸汽并从辐射管放空处排出。

② 升温速度要严格按照升温曲线要求，防止温度突升、突降。

## 二、开炉操作要点

① 对炉子的零部件及附属设备、工艺管线、仪表等进行全面检查，确保工艺流程无误、设备及零部件完好齐全。

② 对炉子系统所属的工艺管线、设备须以蒸汽贯通，确保工艺管线畅通。贯通时，蒸汽量由小到大，逐渐增加，冷凝水要及时放出，防止水击。

③ 设备要进行试压。目的是检查施工质量，检查设备是否存在缺陷和隐患。

④ 试压合格后，将原料、燃料和雾化蒸汽分别引入炉子系统。引进燃料气前，管内空气含氧量要小于 1%，蒸汽引入时，要注意放冷凝水。

## 三、点火操作要点

① 点火前必须向炉膛吹蒸汽 10 ～ 15min，把残留在炉内的可燃气体赶走，直至烟囱冒水蒸气，停止吹汽。

② 用柴油浸透的点火棒点火。点火棒放在火嘴旁边，点燃料气时，稍开风门，先开蒸汽阀，再开油阀。火嘴点燃后，适当调节雾化油（或气）门、风门和雾化蒸汽阀门的开度，使火焰燃烧正常，火嘴数目应逐个增加，注意分布均匀。

## 四、停炉操作要点

正常停炉按照降量和降温要求，逐渐停烧火嘴，至剩下 1 ～ 2 个火嘴。在燃料用量减少的过程中，可适当开大燃料油的循环阀。停火嘴时，先停油（或气），并立即开蒸汽清扫火嘴。

# 项目三

# 锅炉单元

## 工作情境

某企业除氧器 DW101 通过水位调节器 LIC101 接受外界来水经热力除氧后，一部分经低压水泵 P102 供全厂各车间，另一部分经高压水泵 P101 供锅炉用水，除氧器压力由 PIC101 单回路控制。锅炉给水一部分经减温器回水至省煤器。一部分直接进入省煤器，两路给水调节阀通过过热蒸汽温度调节器 TIC101 分程控制，被烟气回热至 256℃饱和水进入上汽包，再经对流管束至下汽包，再通过下降管进入锅炉水冷壁，吸收炉膛辐射热使其在水冷壁里变成汽水混合物，然后进入上汽包进行汽水分离。锅炉总给水量由上汽包液位调节器 LIC102 单回路控制。256℃的饱和蒸汽经过低温段过热器（通过烟气换热）、减温器（锅炉给水减温）、高温段过热器（通过烟气换热），变成 447℃、3.77MPa 的过热蒸汽供给全厂用户。

燃料气包括高压瓦斯气和液态烃，分别通过压力控制器 PIC104 和 PIC103 单回路控制进入高压瓦斯罐 V101，高压瓦斯罐顶气通过过热蒸汽压力控制器 PIC102 单回路控制进入六个点火枪。燃料油经燃料油泵 P105 升压进入六个点火枪进料燃烧室。燃烧所用空气通过鼓风机 P104 增压进入燃烧室

CO 烟气系统由催化裂化再生器产生，温度为 500℃，经过水封罐进入锅炉，燃烧放热后再排至烟窗。锅炉排污系统包括连排系统和定排系统，用来保持水蒸气品质。

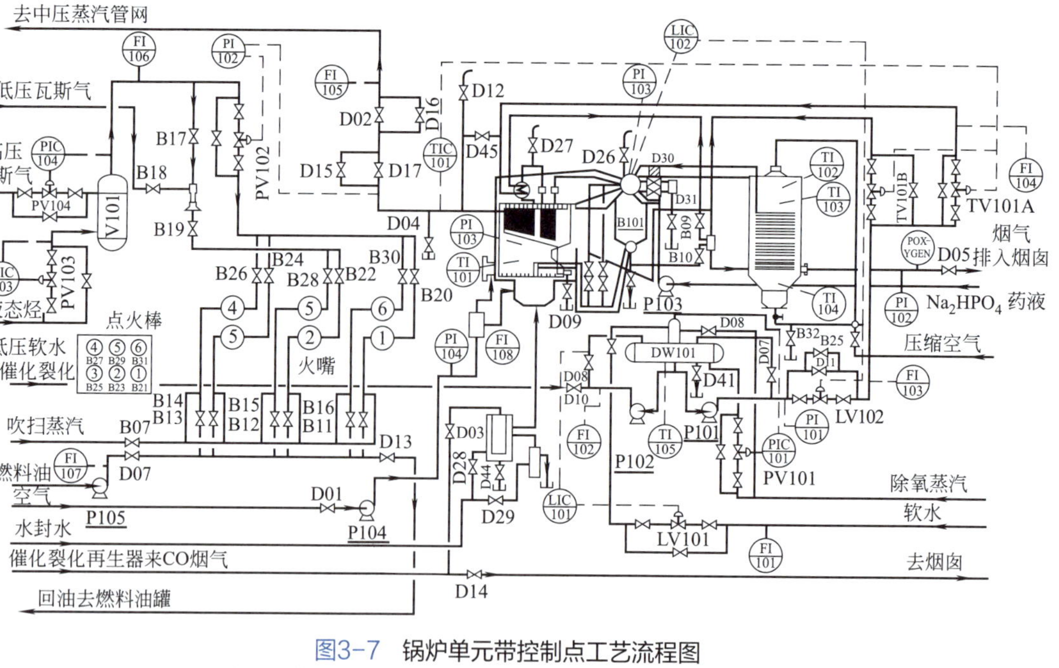


图3-7　锅炉单元带控制点工艺流程图

B101—锅炉主体；V101—高压瓦斯罐；DW101—除氧器；P101—高压水泵；P102—低压水泵；P103—$Na_2HPO_4$加药泵；P104—鼓风机；P105—燃料油泵

锅炉带控制点工艺流程如图 3-7 所示，锅炉供气系统 DCS 图如图 3-8 所示，锅炉供气系统现场图如图 3-9 所示，锅炉燃料气、燃料油系统 DCS 图如图 3-10 所示，锅炉燃料气、燃料油系统现场图如图 3-11 所示，锅炉公用工程图如图 3-12 所示。

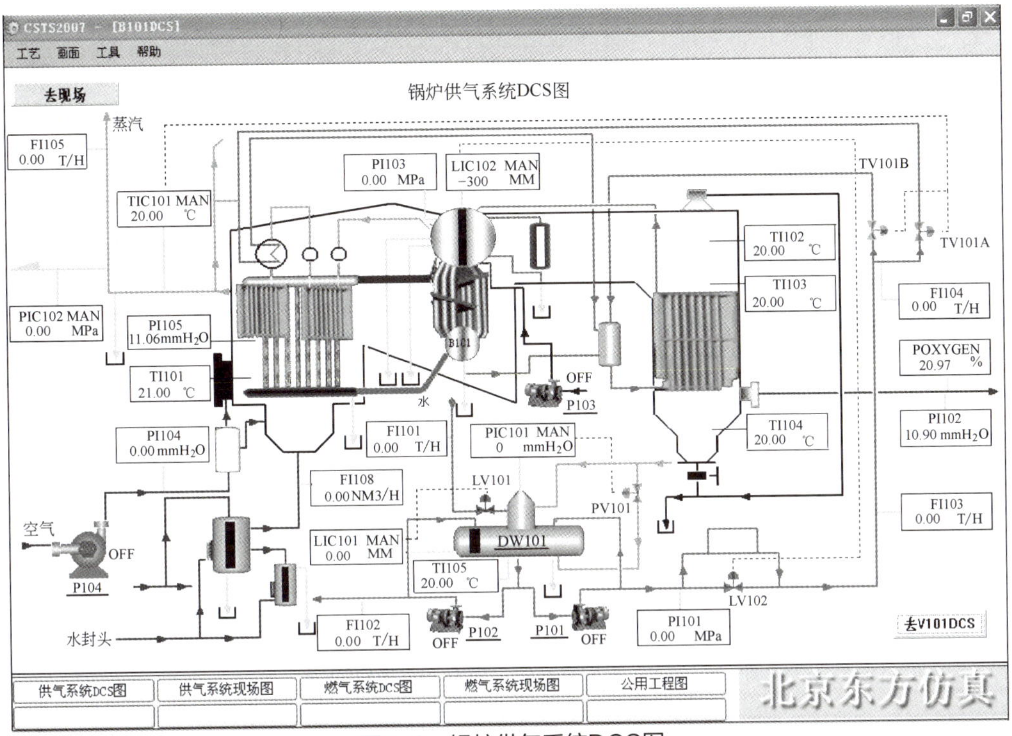


图3-8 锅炉供气系统DCS图

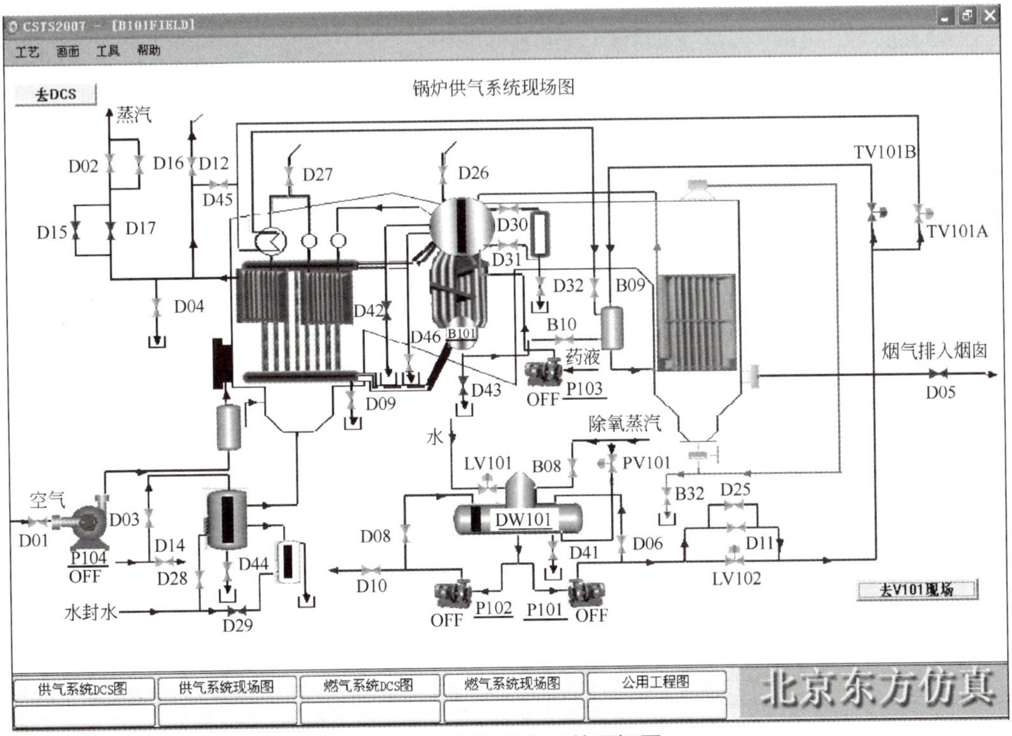


图3-9 锅炉供气系统现场图

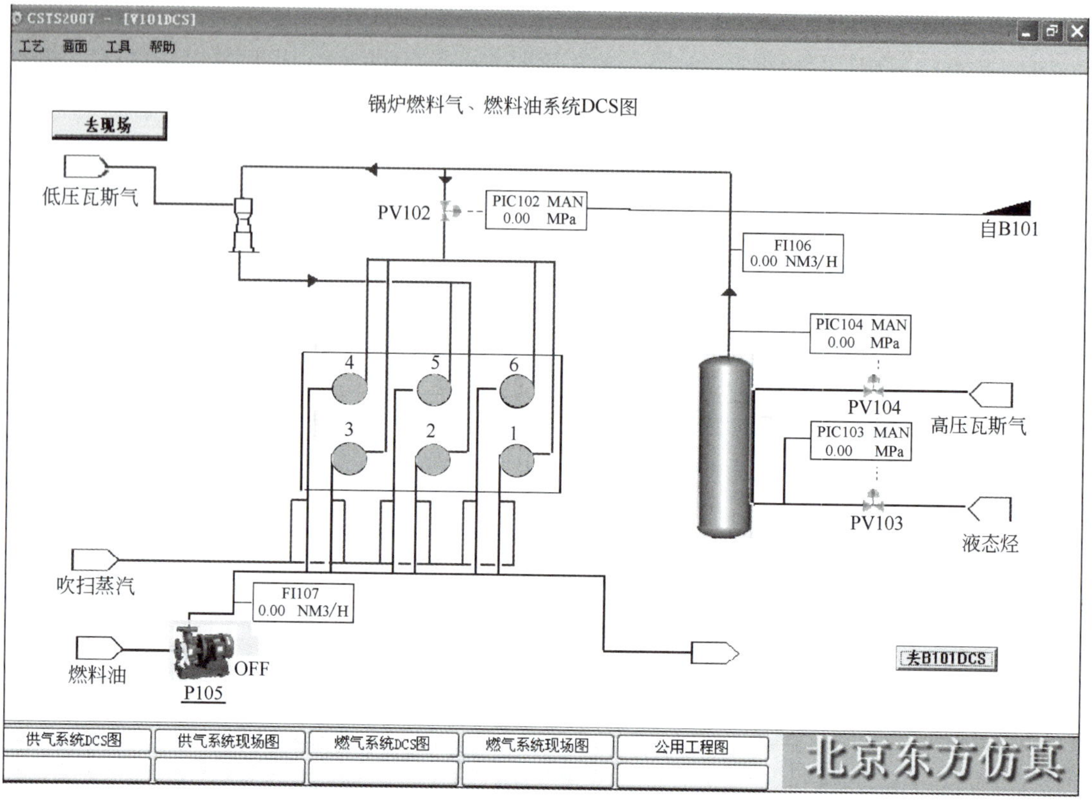


图3-10 锅炉燃料气、燃料油系统DCS图

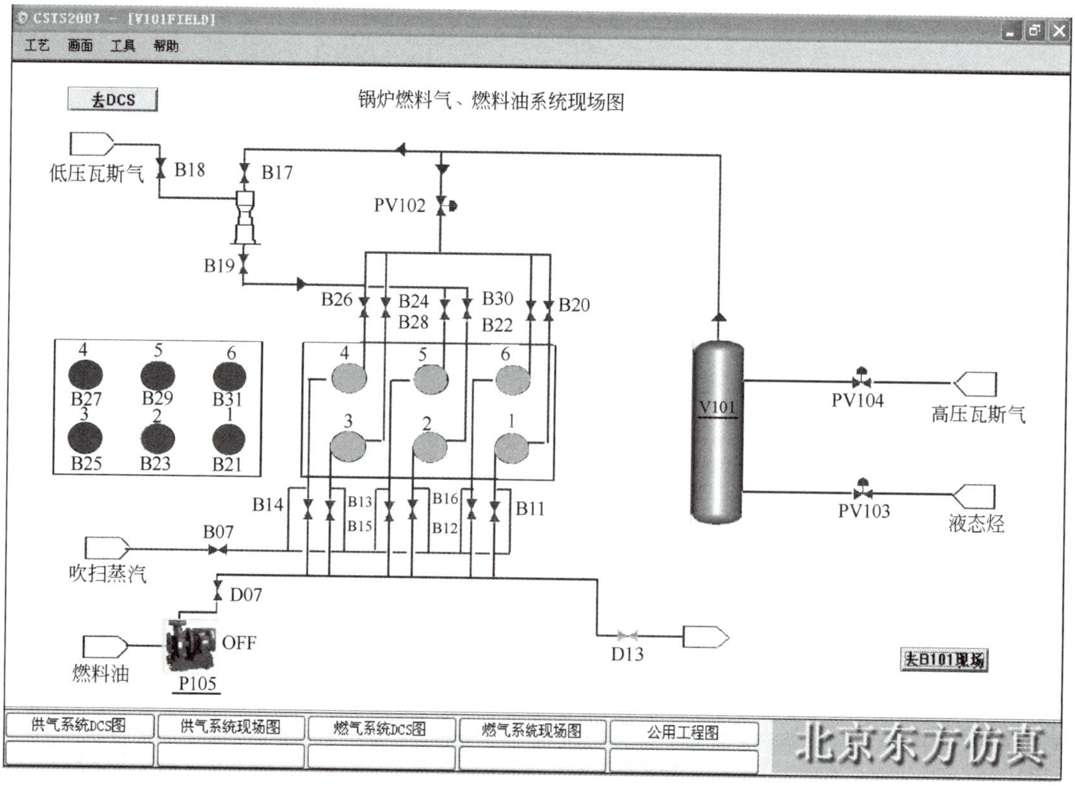


图3-11 锅炉燃料气、燃料油系统现场图

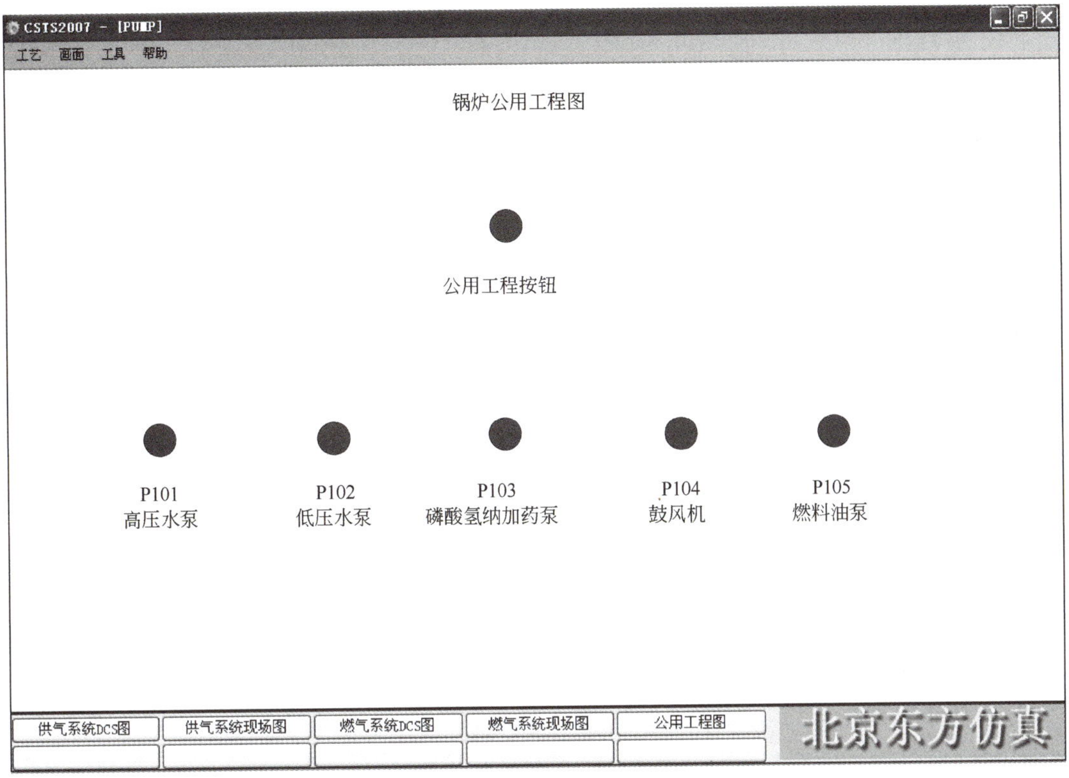


图3-12　锅炉公用工程图

# 任务1　锅炉单元开车操作训练

## 工作任务

完成锅炉单元冷态开车操作，并将工艺参数控制在目标范围内。

| 位号 | 正常值 | 单位 |
|---|---|---|
| FI105 | 65 | t/h |
| TIC101 | 440.00 | ℃ |
| LIC101 | 400.00 | mm |
| LIC102 | 0.0 | mm |
| POXYGEN | 0.9～3.0 | % |
| PIC101 | 2000.00 | $mmH_2O$ |
| PIC102 | 3.77 | MPa |
| PIC103 | 0.30 | MPa |
| FI102 | 100.00 | T/H |
| PIC104 | 0.30 | MPa |
| PI101 | 5.0 | MPa |
| PI105 | 200 | $mmH_2O$ |

## 任务目标

1. 掌握锅炉的开车操作规程。
2. 能熟练管式加热炉的开车操作。
3. 能正确进行工艺参数设置和调节。

## 任务实施要点

### 一、启动公用工程

开启“公用工程”按钮。

### 二、除氧器投运

1. 手动打开液位调节器 LIC101，向除氧器充水。
2. 当液位指示达到 400mm 时，将调节器 LIC101 投自动，设定值为 400mm。
3. 打开除氧器加热蒸汽压力调节阀 PV101。
4. 控制除氧器压力稳定在 2000mm$H_2O$ 左右，将压力调节器 PIC101 投自动，值设定为 2000mm$H_2O$。

### 三、锅炉上水

1. 打开上汽包液位计汽阀 D30。
2. 打开上汽包水位计水阀 D31。
3. 开启高压泵 P101。
4. 打开高压泵循环阀 D06 调节 P101 泵出口压力约为 5.0MPa。
5. 缓慢打开上汽包给水调节阀的小旁路阀 D25。
6. 待上汽包水位升至 −50mm 时，关闭 D25。
7. 开启省煤器和下汽包之间的再循环阀 B10。
8. 打开上汽包液位调节阀 LV102。
9. 小心调节 LV102 阀使上汽包液位控制在 0.0mm 左右。

### 四、燃料系统投运

1. 开烟气大水封进水阀 D28。
2. 打开高压瓦斯压力调节阀 PV104，使其压力控制在 0.3 MPa 左右。
3. 将调节器 PIC104 投自动，设定值为 0.3MPa。
4. 打开液态烃压力调节阀 PV103，使其压力控制在 0.3MPa 左右。
5. 将调节器 PIC103 投自动，设定值为 0.3MPa。
6. 打开喷射器高压入口阀 B17。

7. 打开喷射器出口阀 B19。
8. 打开喷射器低压入口阀 B18。
9. 打开回油阀 D13。
10. 打开火嘴蒸汽吹扫阀 B07，2min 后关闭。
11. 开启燃料油泵 P105。
12. 开启燃料油泵出口阀 D07，建立炉前油循环。
13. 关烟气大水封进水阀 D28。
14. 打开泄液阀 D44 将大水封中的水排空。

## 五、锅炉点火

1. 全开上汽包放空阀 D26。
2. 全开过热器排空阀 D27。
3. 全开过热器疏水阀 D04。
4. 全开过热蒸汽对空排气阀 D12。
5. 开连续排污阀 D09，开度为 50%。
6. 全开风机入口挡板 D01。
7. 全开烟道挡板 D05。
8. 开启引风机 P104 通风 5min 后，调节 D05 开度约为 20%。
9. 点燃 1 号火嘴。
10. 点燃 2 号火嘴。
11. 点燃 3 号火嘴。
12. 打开 1 号火嘴的根部阀 B20。
13. 打开 2 号火嘴的根部阀 B30。
14. 打开 3 号火嘴的根部阀 B24。
15. 打开过热蒸汽压力调节阀 PV102，手动控制升压速度。
16. 点燃 4 号火嘴。
17. 点燃 5 号火嘴。
18. 点燃 6 号火嘴。
19. 打开 4 号火嘴的根部阀 B26。
20. 打开 5 号火嘴的根部阀 B28。
21. 打开 6 号火嘴的根部阀 B22。

## 六、锅炉升压

1. 启动加药泵 P103，加 $Na_2HPO_4$ 溶液加入上气包。
2. 蒸汽压力 PI103 在 0.3 ～ 0.4MPa 时，开定期排污阀 D46。
3. 排污后关闭 D46（时间小于 30s）。
4. 过热蒸汽压力达到 0.7atm 时，关小放空阀 D26 和排空阀 D27。

5. 待过热蒸汽温度达到400℃时打开B09。

6. 待过热蒸汽温度达到400℃时，手动调节TIC101输出值至正常值440℃，逐渐开启调节阀TV101A投入减温器。

7. 过热蒸汽压力达到3.6MPa时，保持此压力平稳5min。

## 七、锅炉并汽

1. 缓开主汽阀旁路阀D15。
2. 缓慢打开隔离阀旁路阀D16。
3. 打开主汽阀D17约20%。
4. 待过热蒸汽压力达到3.7atm左右时，全开隔离阀D02。
5. 缓慢关闭隔离阀旁路阀D16。
6. 缓慢关闭主汽阀旁路阀D15。
7. 待过热蒸汽压力达到3.77MPa左右时，将PIC102投自动。
8. 关闭疏水阀D04。
9. 关闭对空排气阀D12。
10. 关闭省煤器与下汽包之间再循环阀B10。

## 八、锅炉负荷提升

1. 调节主汽阀D17使蒸汽负荷大于20t/h。
2. 调节减温器使过热蒸汽温度控制在447℃左右。
3. 调节主汽阀使蒸汽负荷升至35t/h左右。
4. 用烟道挡板调整烟气出口氧含量值POXYGEN为正常值0.9%～3.0%。
5. 缓慢调节主汽阀开度，使蒸汽负荷缓慢升至65t/h左右。
6. 打开燃油泵至1号火嘴阀B11，同时调节燃油泵出口阀和主气阀使压力PIC102稳定。
7. 打开燃油泵至2号火嘴阀B12，同时调节燃油泵出口阀和主气阀使压力PIC102稳定。
8. 开除尘阀B32，进行钢珠除尘。

## 九、至催化除氧水流量提升

1. 启动低压水泵P102。
2. 适当开启低压水泵出口再循环阀D08。
3. 逐渐调节D10，使去催化的除氧水流量为100t/h左右。

**实施记录**

## 实施结果（成绩单）

| 冷态开车 | 分值 |
|---|---|
| 总分 | 1010 |
| 实际得分 | |
| 百分制得分 | |

## 总结与反思

为什么点火前要对锅炉的炉膛分别进行蒸汽吹扫和空气吹扫?

# 任务2　锅炉停车操作训练

## 工作任务

完成锅炉单元正常停车操作，并将工艺参数控制在目标范围内。

| 位号 | 目标值 | 单位 |
|---|---|---|
| PIC102 | 3.77 | MPa |
| LIC102 | 30.00 | mm |

## 任务目标

1. 掌握锅炉停车操作规程。
2. 能熟练进行锅炉的停车操作。

## 任务实施要点

### 一、锅炉负荷降量

1. 开除尘阀 B32 彻底排灰一次。
2. 停开加药泵 P103。
3. 缓慢开大减温器开度，使蒸汽温度缓慢下降。
4. 缓慢调节主汽阀 D17，降低锅炉蒸汽负荷。
5. 打开主汽前疏水阀 D04。

## 二、关闭燃料系统

1. 逐渐关闭 D03 停用 CO 烟气。
2. 打开小水封上水 D28。
3. 缓慢关闭燃料油泵出口阀 D07。
4. 关闭燃料油后，关闭燃料油泵 P105。
5. 关闭燃料油后，打开 B07 对火嘴进行吹扫。
6. 吹扫一段时间（10s）后，关闭 B07。
7. 缓慢关闭液态烃压力调节阀 PV103。
8. 缓慢关闭高压瓦斯压力调节阀 PV104。
9. 缓慢关闭过热蒸汽压力调节阀 PV102。

## 三、冷却

1. 逐渐关闭主蒸汽阀门 D17。
2. 关闭隔离阀 D02。
3. 关闭连续排污阀 D09，并确认定期排污阀 D46 已关闭。
4. 缓慢开过热蒸汽疏水阀 D04，控制蒸汽压力平衡下降。
5. 关闭引风机挡板 D01。
6. 停引风机 P104。
7. 关闭烟道挡板 D05。

## 四、停上汽包上水

1. 手动控制 LIC102 的输出值，缓慢关闭 LIC102（输出值为 0.0mm 说明已停止上水）。
2. 打开再循环阀 B10。
3. 主汽阀 D17 关闭后，可随时关闭除氧器加热蒸汽压力调节阀 PV101。
4. 关闭低压水泵 P102。
5. 待过热蒸汽压力小于 0.1 ～ 0.3atm 后，打开上汽包放空阀 D26。
6. 开过热器放空阀 D27。
7. 打开给水小旁通阀 D25。
8. 使上汽包水位升至 30mm 后关闭 D25。
9. 待炉膛温度降为 100℃后，关闭高压水泵 P101。

## 五、泄液

1. 除氧器温度 TI105 降至 80℃后，打开 D41 泄液。
2. 炉膛温度 TI101 降至 80℃后，打开 D43 泄液。
3. 开启鼓风机入口挡板 D01。

4. 打开鼓风机 P104。
5. 打开烟道挡板 D05 对炉膛进行吹扫。
6. 关闭 D01。
7. 关闭 P104。
8. 关闭 D05。

## 实施记录

## 实施结果（成绩单）

| 正常停车 | 分值 |
| --- | --- |
| 总分 | 450 |
| 实际得分 | |
| 百分制得分 | |

## 总结与反思

运行中对锅炉进行监视和调节的主要任务是什么？

# 任务3　锅炉单元故障处理操作训练

## 工作任务

进行故障设置，根据现象分析判断锅炉单元故障产生原因，并进行锅炉故障的排除。

## 任务目标

1. 能根据故障现象正确判断锅炉故障产生原因。
2. 能正确进行锅炉故障的排除并调节工艺参数至正常值。

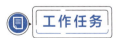

## 任务实施要点

| 故障名称 | 故障处理办法 |
|---|---|
| 锅炉满水 | 1.关闭燃料油泵出口阀D07。<br>2.关闭过热蒸汽调节阀PV102。<br>3.关闭喷射器入口阀B17。<br>4.打开吹扫阀B07对火嘴进行吹扫5～10min，关闭B07。<br>5.关闭烟道挡板D05和引风机挡板D01。<br>6.关闭主蒸汽阀D17。<br>7.打开过热器放空阀D12。<br>8.打开上汽包放空阀D26。<br>9.停加药泵P103。<br>10.关闭上汽包液位调节阀LV102。<br>11.打开下汽包泄液阀D43 |
| 锅炉缺水 | 1.开启给水调节阀的旁路阀D11。<br>2.开启给水调节阀的旁路阀D25。<br>3.关闭燃料油泵出口阀D07。<br>4.关闭过热蒸汽调节阀PV102。<br>5.关闭喷射器入口阀B17。<br>6.打开吹扫阀B07对火嘴进行吹扫5～10min，关闭B07。<br>7.关闭烟道挡板D05和引风机挡板D01。<br>8.关闭主蒸汽阀D17。<br>9.打开过热蒸汽放空阀D12。<br>10.打开上汽包放空阀D26。<br>11.停加热泵P103。<br>12.关闭上汽包液位调节阀LV102。<br>13.打开下汽包泄液阀D43 |
| 对流管坏 | 1.关闭燃料油泵出口阀D07。<br>2.关闭过热蒸汽调节阀PV102。<br>3.关闭喷射器入口阀B17。<br>4.打开吹扫阀B07对火嘴进行吹扫5～10min，关闭B07。<br>5.关闭烟道挡板D05和引风机挡板D01。<br>6.关闭主蒸汽阀D17。<br>7.打开过热蒸汽放空阀D12。<br>8.打开上汽包放空阀D26。<br>9.停加热泵P103。<br>10.关闭上汽包液位调节阀LV102。<br>11.打开下汽包泄液阀D43 |
| 减温器坏 | 1.关小主汽阀D17。<br>2.关闭减温器TIC101。<br>3.打开过热器疏水阀D04 |
| 蒸汽管坏 | 1.关闭燃料油泵出口阀D07。<br>2.关闭过热蒸汽调节阀PV102。<br>3.关闭喷射器入口阀B17。<br>4.打开吹扫阀B07对火嘴进行吹扫5～10min，关闭B07。<br>5.关闭烟道挡板D05和引风机挡板D01。<br>6.关闭主蒸汽阀D17。<br>7.打开过热蒸汽放空阀D12。<br>8.打开上汽包放空阀D26。<br>9.停加热泵P103。<br>10.关闭上汽包液位调节阀LV102。<br>11.打开下汽包泄液阀D43 |
| 给水管坏 | 操作同上 |
| 二次燃烧 | 操作同上 |
| 电源中断 | 操作同上 |

## 实施记录

| 故障名称 | 主要现象 | 故障处理记录 |
|---|---|---|
| 锅炉满水 | | |
| 锅炉缺水 | | |
| 对流管坏 | | |
| 减温器坏 | | |
| 蒸汽管坏 | | |
| 给水管坏 | | |
| 二次燃烧 | | |
| 电源中断 | | |

## 实施结果（成绩单）

| 故障名称 | 总分 | 实际得分 | 百分制得分 |
|---|---|---|---|
| 锅炉满水 | 130 | | |
| 锅炉缺水 | 150 | | |
| 对流管坏 | 130 | | |
| 减温器坏 | 30 | | |
| 蒸汽管坏 | 130 | | |
| 给水管坏 | 130 | | |
| 二次燃烧 | 130 | | |
| 电源中断 | 130 | | |

## 总结与反思

锅炉用水有什么要求？炉水为什么要进行定期排污和连续排污？

# 学习资源

锅炉是将燃料燃烧放出的热能传递给水，使其成为具有一定压力和温度的蒸汽或水的动力设备。锅炉设备结构分为本体设备和辅助设备两大部分。本体设备包括（上、下）汽包、对流管束、下降管、水冷壁、（上、下）联箱、蒸汽过热器、减温器、省煤器、空气预热器、燃烧室、火嘴（喷燃器）等部分。辅助设备包括通风设备、给水设备、除灰设备和锅炉附件等部分。上汽包接受省煤器输送来的给水，由部分对流管束、下降管送入下汽包和水冷壁供蒸发用。同时，将水冷壁等上升管送来的汽水分离，把饱和蒸汽送给蒸汽过热器。为保证蒸汽的质量和锅炉的安全运行，上汽包设有汽水分离器、水位计、压力表、安全阀、加药口和连续排污管等部件。锅炉运行的好坏，在很大程度上决定着整个锅炉运行的安全性和经济性。

锅炉运行必须与外界负荷相适应，由于外界负荷的变化，锅炉内部工况的变化，以及锅炉设备完好程度的变动，要求操作人员必须经常进行维护，及时而准确地进行调节。

为保证锅炉的安全运行，锅炉用水要求十分严格，在炉外要除去固体杂质、胶体杂质、可溶性盐（主要是指钙、镁等离子的可溶性盐）和溶解氧气。在炉内，随着水的不断蒸发，未除净的可溶性钙、镁离子盐的浓度增高，为减少或避免其结垢，要通过上汽包加药口连续用泵加入磷酸氢二钠药液，将其沉淀后定期自排污口排出。烟气中含有许多飞灰微粒，应及时吹扫、清理。锅炉运行必须与外界负荷相适应。由于锅炉外界负荷和内部状况的变化，以及锅炉设备完好程度的变动，要求操作人员必须经常进行维护，及时、准确地进行调节，并进行严格的科学管理，使锅炉运行既安全又经济。

模块四

# 传质过程操作训练

## 学习指南

### 知识目标

了解传质过程在化学工业中的应用和不同传质过程的特点。了解常见传质设备的类型、结构、特点及适用范围。了解传质过程的自动控制方案。熟悉不同传质过程的操作原理。掌握典型传质过程的操作要领、常见事故产生原因及事故处理方法。

### 能力目标

能正确理解操作规程并能根据操作规程要求对精馏、吸收、萃取等传质过程实施基本操作和工艺控制。能熟练运用传质基本理论与工程技术观点分析和解决精馏、吸收、萃取等传质操作过程中常见的故障。能对精馏、吸收、萃取等传质设备进行日常维护和保养。

### 素质目标

培养敬业爱岗、勤学肯干的职业操守，专注、精益求精的工匠精神；培养化工职业需要的严格遵守操作规程的职业素质、安全生产的职业意识和沉着冷静的应急处置能力；养成理论联系实际的思维方式和独立思考的科学态度；树立节能和减排的绿色发展理念。

化工生产过程中所处理的原料、中间产物、粗产品等几乎都是由若干个组分所组成的混合物，而且其中大部分是均相物系。生产中为了满足贮存、运输、加工和使用的要求，经常要将这些混合物进行分离。

对于均相物系，必须要造成一个两相物系，才能将均相混合物进行分离，并且要根据物系中不同组分间某种物性的差异，使其中某一个组分从一相向另一相转移以达到分离的目的。化学工业中常见的传质过程有蒸馏、吸收、萃取及干燥等单元操作。熟悉这些单元过程的操作对生产合格的化工产品具有重要的意义。

# 项目一

# 精馏塔单元

## 工作情境

某企业利用精馏方法在脱丁烷塔中将丁烷从脱丙烷塔釜混合物中分离出来。温度为67.8℃脱丙烷塔塔釜混合液（主要有$C_4$、$C_5$、$C_6$、$C_7$等）作为原料，其流量由流量调节器FIC101控制为14056kg/h，从精馏塔DA405的第16块板进料（全塔共32块板）。灵敏板温度由调节器TC101通过调节再沸器加热蒸汽的流量来控制。塔顶的上升蒸汽经冷凝器EA419冷凝为液体后进入回流罐FA408，从而控制丁烷的分离质量。

回流罐液位由液位控制器LC103和FC103构成的串级回路控制，通过调节塔顶产品采出量来维持恒定。回流罐中的液体一部分作为塔顶产品送下一工序，另一部分液体由回流泵（GA412A/B）抽出送回精馏塔DA405塔顶第32块塔板作为回流，回流量（9664kg/H）由流量控制器FC104控制。

精馏塔的塔釜液的一部分作为产品采出，另一部分经再沸器EA408A/B部分汽化回精馏塔。塔釜的液位和塔釜产品采出量由LC101和FC102组成的串级控制器控制。再沸器采用低压蒸汽加热。塔釜蒸汽缓冲罐（FA414）液位由液位调节器LC102通过控制底部采出量来调节。

塔顶压力PC102采用分程控制：在正常的压力波动下，通过调节塔顶冷凝器的冷却水量来调节压力，当压力超高时，压力报警系统发出报警信号，PC102调节塔顶至回流罐的排气量来控制塔顶压力调节气相出料。操作压力4.25atm（表），高压控制器PC101将调节回流罐的气相排放量，来控制塔内压力稳定。冷凝器以冷却水为载热体。

精馏塔带控制点工艺流程图如图4-1所示，精馏塔DCS图如图4-2所示，精馏塔现场图如图4-3所示，精馏塔组分分析图如图4-4所示。

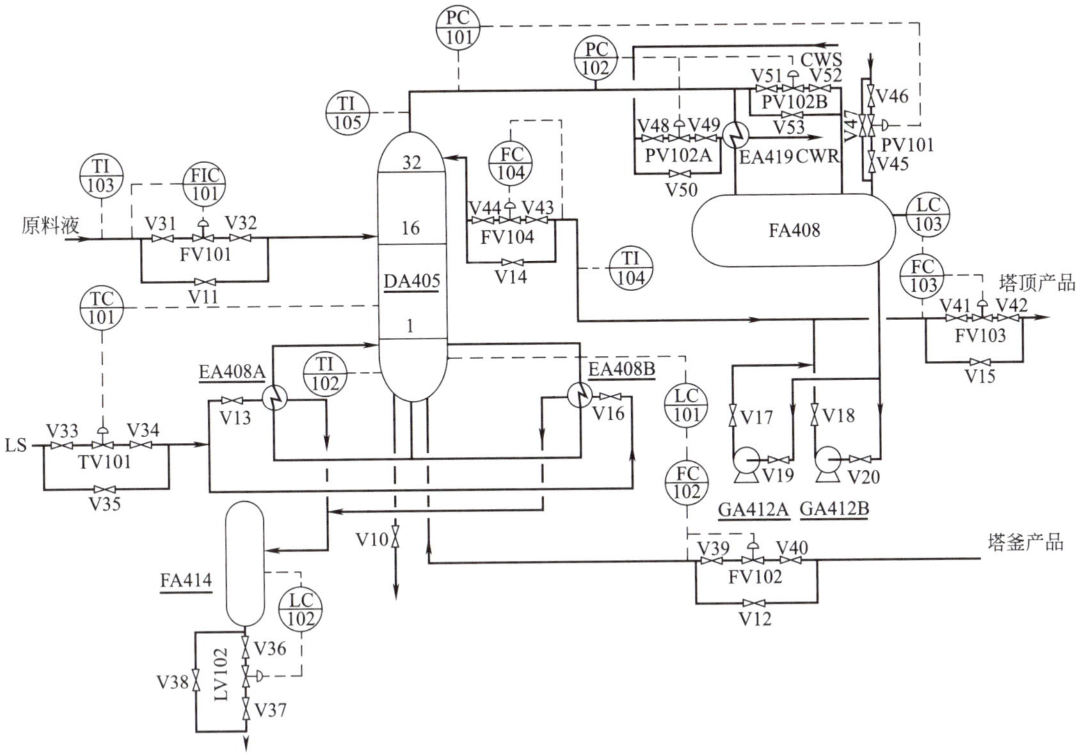


图4-1　精馏塔带控制点工艺流程图

DA405—精馏塔；EA419—精馏塔塔顶冷凝器；FA408—精馏塔塔顶回流罐；

GA412A/B—回流泵/备用；EA408A/B—塔釜再沸器/备用；FA414—精馏塔塔釜蒸汽缓冲罐

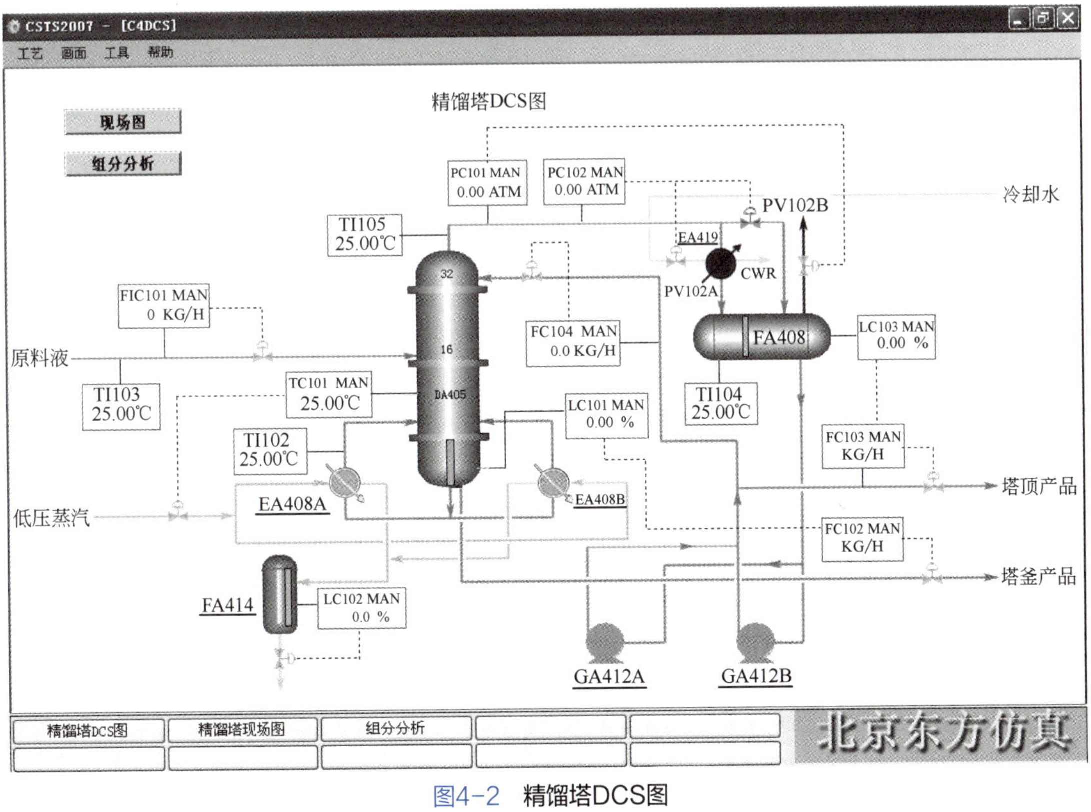


图4-2　精馏塔DCS图

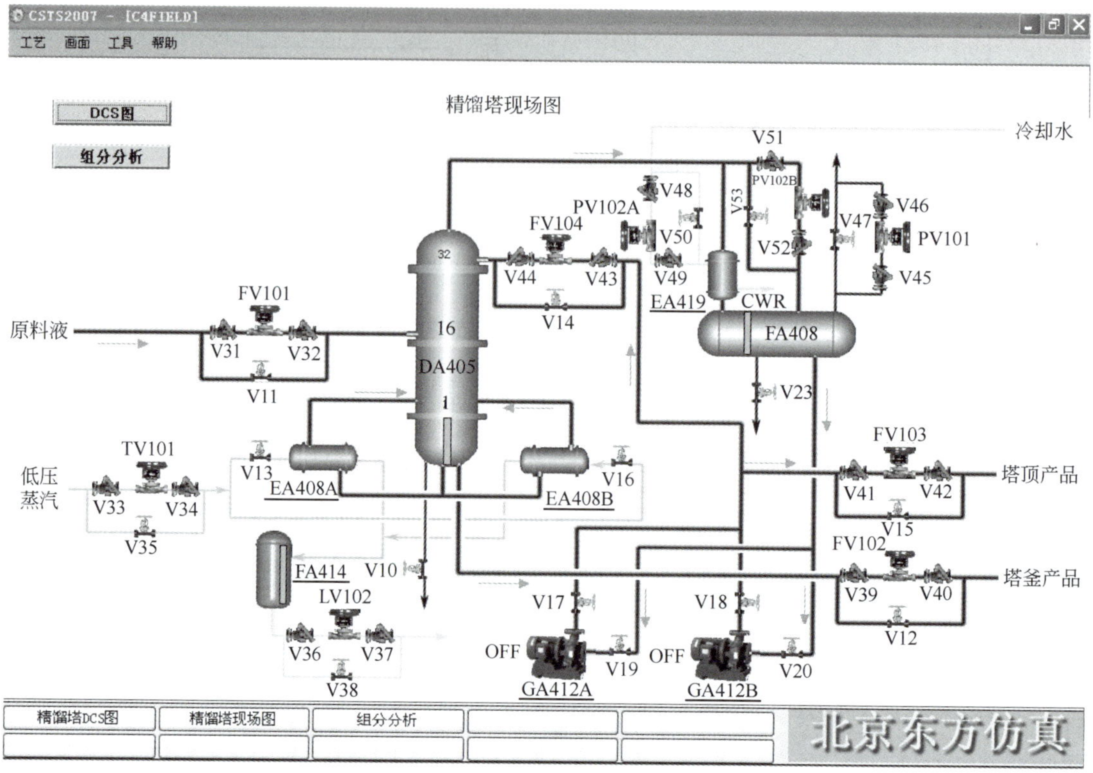


图4-3 精馏塔现场图

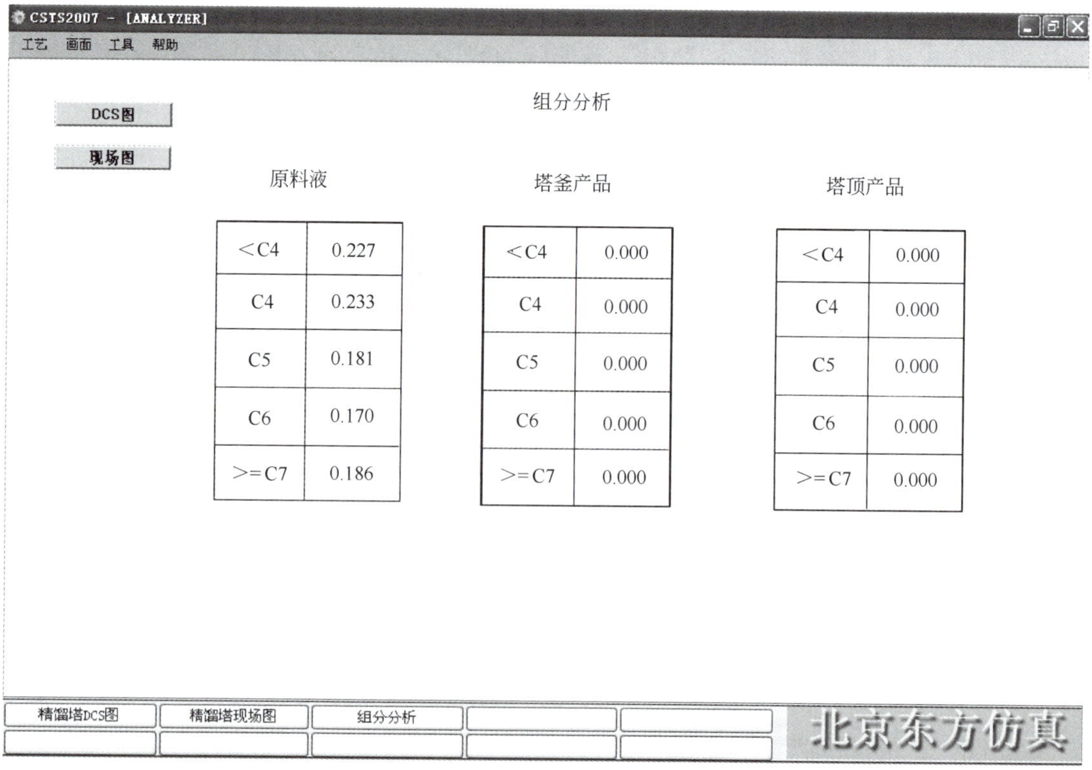


原料液

| | |
|---|---|
| <C4 | 0.227 |
| C4 | 0.233 |
| C5 | 0.181 |
| C6 | 0.170 |
| >=C7 | 0.186 |

塔釜产品

| | |
|---|---|
| <C4 | 0.000 |
| C4 | 0.000 |
| C5 | 0.000 |
| C6 | 0.000 |
| >=C7 | 0.000 |

塔顶产品

| | |
|---|---|
| <C4 | 0.000 |
| C4 | 0.000 |
| C5 | 0.000 |
| C6 | 0.000 |
| >=C7 | 0.000 |

图4-4 精馏塔组分分析图

# 任务1 精馏塔的开车操作训练

## 工作任务

完成精馏塔的冷态开车操作，并将工艺参数控制在目标范围内。

| 位号 | 目标值 | 单位 |
|---|---|---|
| FIC101 | 14056 | kg/h |
| FC102 | 7349 | kg/h |
| FC103 | 6707 | kg/h |
| FC104 | 9664 | kg/h |
| PC102 | 4.25 | atm |
| PC101 | 5.0 | atm |
| TC101 | 89.30 | ℃ |
| TI102 | 109.3 | ℃ |
| LC101 | 50 | % |
| LC102 | 50 | % |
| LC103 | 50 | % |

## 任务目标

1. 掌握精馏塔冷态开车的操作规程。
2. 能熟练进行精馏塔的开车操作。
3. 能熟练进行精馏塔工艺参数设置和调节。

## 任务实施要点

### 一、进料及排放不凝气

1. 打开 PV102B 前后阀 V51、V52。
2. 打开 PV101 前后阀 V45、V46。
3. 微开 PV101 排放塔 EA419 内不凝气。
4. 打开 FV101 前后阀 V31、V32。
5. 缓慢打开调节阀 FIC101，直至开度大于 40%，向精馏塔进料。
6. 当压力 PC101 升至 0.5atm（表）时，关闭 PV101 阀。

### 二、启动再沸器

1. 打开 PV102A 的前后阀 V48、V49。
2. 当待塔顶压力 PC101 升至 0.5atm（表）后，逐渐打开冷凝水调节阀 PV102A 至开度为

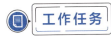

50%。

3. 待塔釜液位 LC101 升至 20% 以上时，全开加热蒸汽入口阀 V13。
4. 打开 TV101 前后阀 V33、V34。
5. 稍开调节阀 TC101，给再沸器缓慢加热。
6. 打开 LV102 前后阀 V36、V37。
7. 将蒸汽冷凝水贮罐 FA414 的液位控制阀 LC102 设自动，设定值为 50%。
8. 逐渐开大 TV101 至 50%，使塔釜温度逐渐上升到 100℃，灵敏板温度升至 75℃。

## 三、建立回流

1. 全开回流泵 GA412A 前阀 V19。
2. 启动回流泵 GA412A。
3. 打开回流泵 GA412A 后阀 V17。
4. 打开 FV104 前后阀 V43、V44。
5. 调节阀门 FV104 的开度（＞ 40%），维持回流罐液位升到 40% 以上。

## 四、调节至正常

1. 待塔内压力稳定后，将 PC101 设置为自动，设定值为 4.25atm。
2. 将 PC102 设置为自动，设定值为 4.25atm。
3. 塔压完全稳定后，将 PC101 值设为 5.0atm。
4. 待进料量稳定在 14056kg/h 后，将 FIC101 设为自动，设定值为 14056kg/h。
5. 通过 TC101 调节再沸器加热量使灵敏板温度 TC101 稳定在 89.3℃，塔釜温度 TI102 稳定在 109.3℃后，将 TC101 投自动。
6. 调整调节阀 FV104 的开度至 50%。
7. 当 FC104 流量稳定在 9664kg/h 后，将其设为自动，设定值为 9664kg/h。
8. 打开 FV102 的前后阀 V39、V40。
9. 当塔釜液位无法维持时（大于 35%），逐渐打开 FV102，采出塔釜产品。
10. 当塔釜产品采出量稳定在 7349kg/h 左右时，将 FC102 投自动，设定值为 7349kg/h。
11. 将 LC101 投自动，设定值为 50%。
12. 将 FC102 设置为串级。
13. 打开 FV103 的前后阀 V41、V42。
14. 当回流罐的液位无法维持时，逐渐打开 FV103，采出塔顶产品。
15. 当塔顶产出稳定在 6707kg/h 后，将 FC103 设置为自动，设定值为 6707kg/h。
16. 将 LC103 投自动，设定值为 50%。
17. 将 FC103 设置为串级。

## 实施记录

## 实施结果（成绩单）

| 冷态开车 | 分值 |
|---|---|
| 总分 | 990 |
| 实际得分 | |
| 百分制得分 | |

## 总结与反思

根据本单元的实际，结合精馏操作的原理，说明回流比的作用。

# 任务2　精馏塔停车操作训练

## 工作任务

完成精馏塔正常停车操作，并将工艺参数控制在目标范围内。

| 位号 | 目标值 | 单位 |
|---|---|---|
| PC102 | 4.25 | atm |
| TC101 | 89.3 | ℃ |
| LC102 | 0.00 | mm |
| FIC101 | 9839.00 | kg/h |

## 任务目标

1. 掌握精馏塔的停车操作规程。
2. 能熟练进行精馏塔的停车操作。
3. 能正确进行降负荷、降压、降温操作。

## 任务实施要点

### 一、降负荷

1. 逐步关小调节阀 FV101，降低进料至正常进料量的 70%。
2. 解除 LC103 和 FC103 的串级，开大 FV103，使液位 LC103 降到 20%。
3. 解除 LC101 和 FC102 的串级，开大 FV102，使液位 LC103 降到 30%。

### 二、停进料和再沸器

1. 关闭 FV101，停精馏塔进料。
2. 关闭 FV101 前后阀 V31、V32。
3. 关闭 TV101。
4. 关闭 TV101 的前后阀 V33、V34。
5. 关闭加热蒸汽阀 V13，停加热蒸汽。
6. 关闭 FV102，停止产品采出。
7. 关闭 FV102 的前后阀 V39、V40。
8. 关闭 FV103。
9. 关闭 FV103 的前后阀 V41、V42。
10. 打开塔釜泄液阀 V10，排出不合格产品。
11. 将调节阀 LC102 改为手动控制。

### 三、停回流

1. 开大 FV104 阀，将回流罐中的液体全部通过回流泵打入塔，以降低塔内温度。
2. 当回流罐液位至 0% 时，关调节阀 FV104 停回流。
3. 关闭 FV104 前后阀 V43、V44。
4. 关闭泵出口阀 V17。
5. 停泵 GA412A。
6. 关闭泵入口阀 V19。

### 四、降压、降温

1. 塔内液体排完后，打开调节阀 PV101 进行降压。
2. 当塔压降至常压后，关闭 PV101。
3. 关闭 PV101 的前后阀 V45、V46。
4. 当灵敏板温度降到 50℃以下，PC102 改为手动控制。
5. 关闭阀 PV102A，关闭塔顶冷凝器冷凝水。
6. 关闭 PV102A 的前后阀 V48、V49。

7. 当塔釜液位降至零后，关闭泄液阀 V10。

## 实施记录

## 实施结果（成绩单）

| 正常停车 | 分值 |
|---|---|
| 总分 | 460 |
| 实际得分 | |
| 百分制得分 | |

## 总结与反思

试简述本流程是如何通过分程控制来调节精馏塔正常操作压力的。

# 任务3　精馏塔故障处理操作训练

## 工作任务

进行精馏塔故障设置，根据故障现象判断故障产生原因，并进行精馏塔故障的排除。

## 任务目标

1. 能根据故障现象正确判断精馏塔故障产生原因。
2. 能正确进行精馏塔故障的排除并调节工艺参数至正常值。

## 任务实施要点

| 故障名称 | 故障处理办法 |
|---|---|
| 加热蒸汽压力过高 | 1.将TC101改为手动调节。<br>2.减小调节阀TV101的开度。<br>3.待温度稳定后，将TC101改为自动调节，温度设定为89.3℃ |
| 加热蒸汽压力过低 | 同上 |

续表

| 故障名称 | 故障处理办法 |
|---|---|
| 冷凝水中断 | 1.将PC101改为手动控制。<br>2.打开回流罐放空阀PV101。<br>3.将FIC101改为手动控制。<br>4.关闭FIC101停止进料。<br>5.关闭FV101前、后阀V31、V32。<br>6.将TC101改为手动控制。<br>7.关闭TC101停止加热蒸汽。<br>8.关闭TV101前、后阀V33、V34。<br>9.将FC102改为手动控制。<br>10.关闭FC102，停止产品采出。<br>11.关闭FC102的前后阀V39、V40。<br>12.将FC103改为手动控制。<br>13.关闭FC103，停止产品采出。<br>14.关闭FC103的前、后阀V41、V42。<br>15.打开塔釜泄液阀V10。<br>16.打开回流罐泄液阀V23排出不合格产品。<br>17.将LC102改为手动控制。<br>18.打开LV102，对FA414泄液。<br>19.当回流罐液位为零，关闭V23。<br>20.关闭回流泵GA412A出口阀V17。<br>21.停泵GA412。<br>22.关回流泵前阀V19。<br>23.当塔釜液位为0时，关闭V10。<br>24.当塔顶压力降至常压，关闭冷凝器。<br>25.关闭PV102A前、后阀V48、V49 |
| 停电<br>停蒸汽 | 同上 |
| 回流泵GA412A故障 | 1.开备用泵入口阀V20。<br>2.启动备用泵GA412B。<br>3.开备用泵出口阀V18。<br>4.关泵GA412A后阀V17。<br>5.停泵GA412A。<br>6.关泵GA412A前阀V19 |
| 回流量调节阀FV104阀卡 | 1.将FC104改为手动控制。<br>2.关闭FV104前阀V43。<br>3.关闭FV104后阀V44。<br>4.打开旁通阀V14，保持回流 |
| 塔釜出料调节阀卡 | 1.将FC102改为手动控制。<br>2.关闭FV102前阀V39。<br>3.关闭FV102后阀V40。<br>4.打开FV102旁通阀V12，维持塔釜液位50% |
| 再沸器严重结垢 | 1.打开备用再沸器EA408B蒸汽入口阀V16，控制灵敏板的温度TC101为89.3℃。<br>2.关闭再沸器EA408A蒸汽入口阀V13 |

续表

| 故障名称 | 故障处理办法 |
| --- | --- |
| 仪表风停 | 1.打开FV101的旁通阀V11。<br>2.打开TV101的旁通阀V35。<br>3.打开LV102的旁通阀V38。<br>4.打开FV102的旁通阀V12。<br>5.打开PV102A的旁通阀V50。<br>6.打开FV104的旁通阀V14。<br>7.打开FV103的旁通阀V15。<br>8.关闭气闭阀PV102A的前截止阀V48。<br>9.关闭气闭阀PV102A的后截止阀V49。<br>10.关闭气闭阀PV101的前阀V45。<br>11.关闭气闭阀PV101的后阀V46。<br>12.调节旁通阀使PI101为4.25atm。<br>13.调节旁通阀使FA408液位LC103为50%。<br>14.调节旁通阀使精馏塔液位LC101为50%。<br>15.调节旁通阀使FA414液位LC102为50%。<br>16.调节旁通阀使灵敏板的温度TC101为89.3℃。<br>17.调节旁通阀使精馏塔进料FIC101为14056kg/h。<br>18.调节旁通阀使精馏塔回流流量FC104为9664kg/h |
| 进料压力突然增大 | 1.将FIC101改为手动控制。<br>2.调节FV101，使原料液进料达到正常值。<br>3.原料液进料量FIC101稳定在14056kg/h左右，将FIC101投自动，设定值为14056kg/h |
| 再沸器积水 | 1.调节LV102，降低罐FA414的液位。<br>2.罐FA414液位维持在50%左右，将LC102投自动，设定值为50%。<br>3.控制灵敏板的温度TC101为89.3℃ |
| 回流罐液位超高 | 1.将FC103改为手动控制。<br>2.开大FV102阀。<br>3.打开泵GA412B前阀V20，开度为50%。<br>4.启动泵GA412B。<br>5.打开泵GA412B后阀V18，开度为50%。<br>6.将FC104改为手动控制。<br>7.不断调节FV104，使FC104流量稳定在9664kg/h。<br>8.当FA408液位接近正常值时，关闭泵GA412B后阀V18。<br>9.关闭泵GA412B。<br>10.关闭泵GA412B前阀V20。<br>11.不断调节FV103，使回流罐液位LC103维持在50%。<br>12.待LC103稳定在50%后，将FC103投串级。<br>13.FC104最后稳定在9664kg/h后，将FC104设为自动，FC104的设定值设为9664kg/h |
| 塔釜轻组分含量偏高 | 1.手动调节回流阀FV104。<br>2.当回流流量稳定在9664kg/h时，将FC104投自动，设定值为9664kg/h。<br>3.控制塔釜轻组分含量小于0.002 |
| 原料液进料调节阀卡 | 1.将FC101改成手动控制。<br>2.关闭FV101前后阀V31、V32。<br>3.打开FV101旁通阀V11，控制原料液流量在14056kg/h，维持塔釜液位在50% |

## 实施记录

| 故障名称 | 故障主要现象 | 故障处理记录 |
|---|---|---|
| 加热蒸汽压力过高 | | |
| 加热蒸汽压力过低 | | |
| 冷凝水中断 | | |
| 停电 | | |
| 停蒸汽 | | |
| 回流泵GA412A故障 | | |
| 回流量调节阀FV104阀卡 | | |
| 塔釜出料调节阀卡 | | |
| 再沸器严重结垢 | | |
| 仪表风停 | | |
| 进料压力突然增大 | | |
| 再沸器积水 | | |
| 回流罐液位超高 | | |
| 塔釜轻组分含量偏高 | | |
| 原料液进料调节阀卡 | | |

## 实施结果（成绩单）

| 故障名称 | 总分 | 实际得分 | 百分制得分 |
|---|---|---|---|
| 加热蒸汽压力过高 | 60 | | |
| 加热蒸汽压力过低 | 60 | | |
| 冷凝水中断 | 300 | | |
| 停电 | 290 | | |
| 停蒸汽 | 300 | | |
| 回流泵GA412A故障 | 100 | | |
| 回流量调节阀FV104阀卡 | 70 | | |
| 塔釜出料调节阀卡 | 60 | | |
| 再沸器严重结垢 | 40 | | |
| 仪表风停 | 250 | | |
| 进料压力突然增大 | 50 | | |
| 再沸器积水 | 60 | | |
| 回流罐液位超高 | 220 | | |
| 塔釜轻组分含量偏高 | 50 | | |
| 原料液进料调节阀卡 | 80 | | |

### 总结与反思

若精馏塔灵敏板温度过高或过低，则意味着分离效果如何？应通过改变哪些变量来调节至正常？

## 学习资源

精馏是利用各组分相对挥发度的不同，通过液相和气相间的质量传递来实现液体混合物分离的典型单元操作。由于板式塔的空塔速度高，因而生产能力大，塔板效率较高且稳定，造价低，清洗检修方便，工业生产上广泛采用。

要保持精馏塔的平稳操作，物料进料温度、塔顶、塔釜及回流液温度都应严加控制。进料温度变化时，有可能改变进料状态，破坏全塔的热平衡，使塔内气、液分布及热负荷发生改变，从而影响塔的平稳操作和产品质量。进料温度不变，而回流量、回流温度、馏出物数量等发生变化也会破坏塔内热平衡。最灵敏反映热平衡变化的是塔顶温度，塔顶温度主要受塔顶回流液的影响，一般用调节冷却剂的用量和温度的办法，来控制塔顶温度。而塔釜温度可通过调节塔底再沸器的低压蒸汽量来确保塔釜温度的稳定。

影响塔压变化的主要有冷却剂的流量、温度、塔顶采出量及不凝气体的积聚等。如塔顶冷凝器超负荷或冷凝效率低，使回流液温度升高，引起压力上升时，应加大冷却水量或降低水温，使回流液温度降低。

一般精馏塔回流比的大小由全塔物料衡算决定。随着塔内温度等条件变化，适当改变回流量可维持塔顶温度平衡，从而调节产品质量。精馏塔适宜的回流比为最小回流比的1.1～2.0倍。

# 项目二

# 吸收与解吸单元

## 工作情境

某企业以 $C_6$ 油为吸收剂来分离气体混合物（其中 $C_4$ 25.13%，CO 和 $CO_2$ 6.26%，$N_2$ 64.58%，$H_2$ 3.5%，$O_2$ 0.53%）中的 $C_4$ 组分（吸收质）。

从界区外来的富气从底部进入吸收塔 T101。界区外来的纯 $C_6$ 油吸收剂贮存于 $C_6$ 油贮罐 D101 中，由 $C_6$ 油泵 P101A/B 送入吸收塔 T101 的顶部，$C_6$ 流量由 FRC103 控制。吸收剂 $C_6$ 油在吸收塔 T101 中自上而下与富气逆向接触，富气中 $C_4$ 组分被溶解在 $C_6$ 油中。不溶解的贫气自 T101 顶部排出，经盐水冷却器 E101 被 −4℃的盐水冷却至 2℃进入尾气分离罐 D102。吸收了 $C_4$ 组分的富油（$C_4$ 8.2%，$C_6$ 91.8%）从吸收塔底部排出，经贫富油换热器 E103 预热至 80℃进入解吸塔 T102。由 LIC101 和 FIC104 通过串级控制调节塔釜富油采出量来实现对吸收塔塔釜液位的控制。

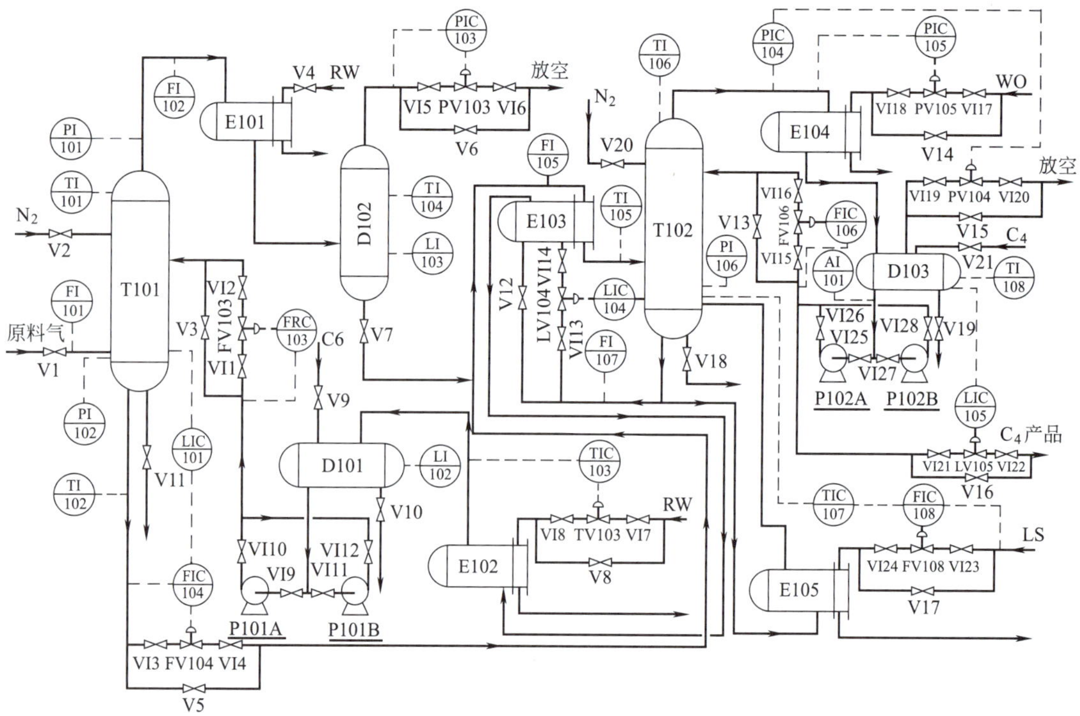


图4-5 吸收与解吸岗位带控制点工艺流程图

T101—吸收塔；D101—$C_6$油贮罐；D102—气液分离罐；E101—吸收塔顶冷凝器；E102—循环油冷却器；P101A/B—$C_6$油供给泵；P102A/B—解吸塔顶回流、塔顶产品采出泵；T102—解吸塔；D103—解吸塔顶回流罐；E103—贫富油换热器；E104—解吸塔顶冷凝器；E105—解吸塔釜再沸器

来自吸收塔顶部的贫气在尾气分离罐 D102 中回收冷凝的 $C_4$，$C_6$ 后，不凝气在 D102 压力控制器 PIC103［1.2MPa（表）］控制下排入放空总管进入大气。回收的冷凝液（$C_4$，$C_6$）与吸收塔釜排出的富油一起进入解吸塔 T102。

预热后的富油进入解吸塔 T102 进行解吸分离。塔顶气相出料（$C_4$ 95%）经全冷器 E104 换热降温至 40℃全部冷凝进入塔顶回流罐 D103，其中一部分冷凝液由 P102A/B 泵打回流至解吸塔顶部，回流量 8.0t/h，其他部分作为 $C_4$ 产品由 P102A/B 泵抽出。塔釜 $C_6$ 油经贫富油换热器 E103 和盐水冷却器 E102 降温至 5℃后返回至 $C_6$ 油贮罐 D101 再利用，返回的 $C_6$ 油的温度由温度控制器 TIC103 通过调节 E102 循环冷却水流量控制。

T102 塔釜温度由 TIC104 和 FIC108 通过调节塔釜再沸器 E105 的蒸汽流量串级控制，控制温度为 102℃。塔顶压力由 PIC105 通过调节塔顶冷凝器 E104 的冷却水流量来控制，另设有一塔顶压力保护控制器 PIC104，在塔顶凝气压力过高时可通过调节 D103 的放空量来降压。

因为塔顶 $C_4$ 产品中含有部分 $C_6$ 油及其他 $C_6$ 油损失，所以随着生产的进行，要定期观察 $C_6$ 油贮罐 D101 的液位，补充新鲜 $C_6$ 油。

吸收与解吸岗位带控制点工艺流程图如图 4-5 所示，吸收系统 DCS 图如图 4-6 所示，吸收系统现场图如图 4-7 所示，解吸系统 DCS 图如图 4-8 所示，解吸系统现场图如图 4-9 所示。

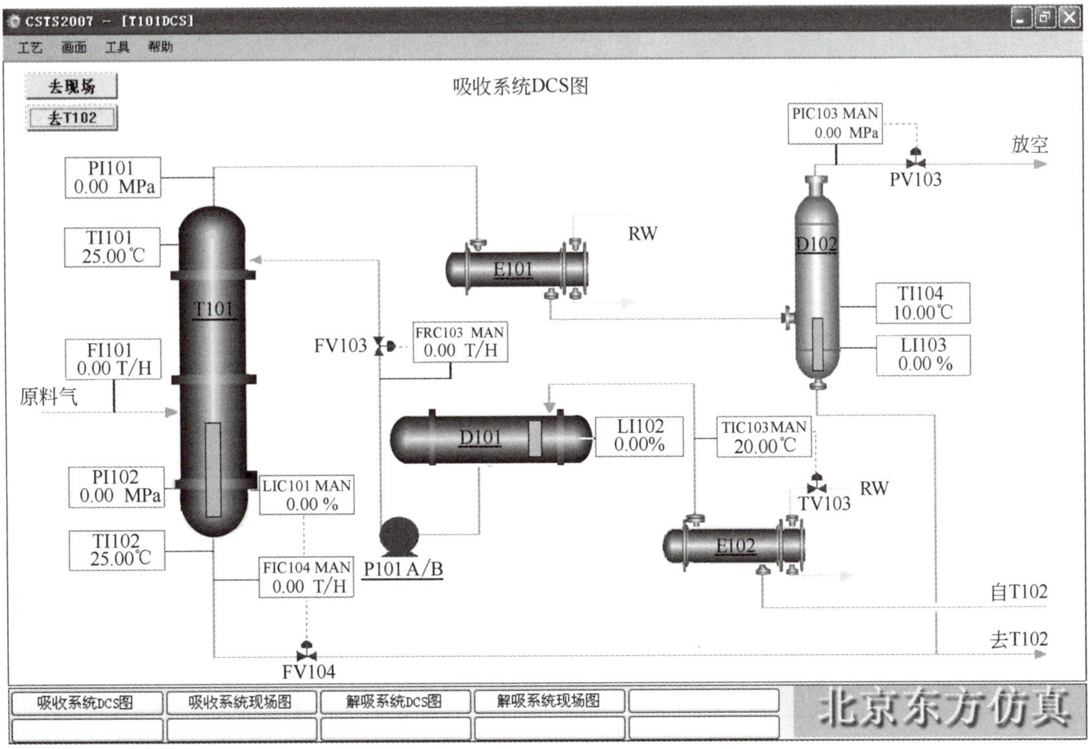


图4-6　吸收系统DCS图

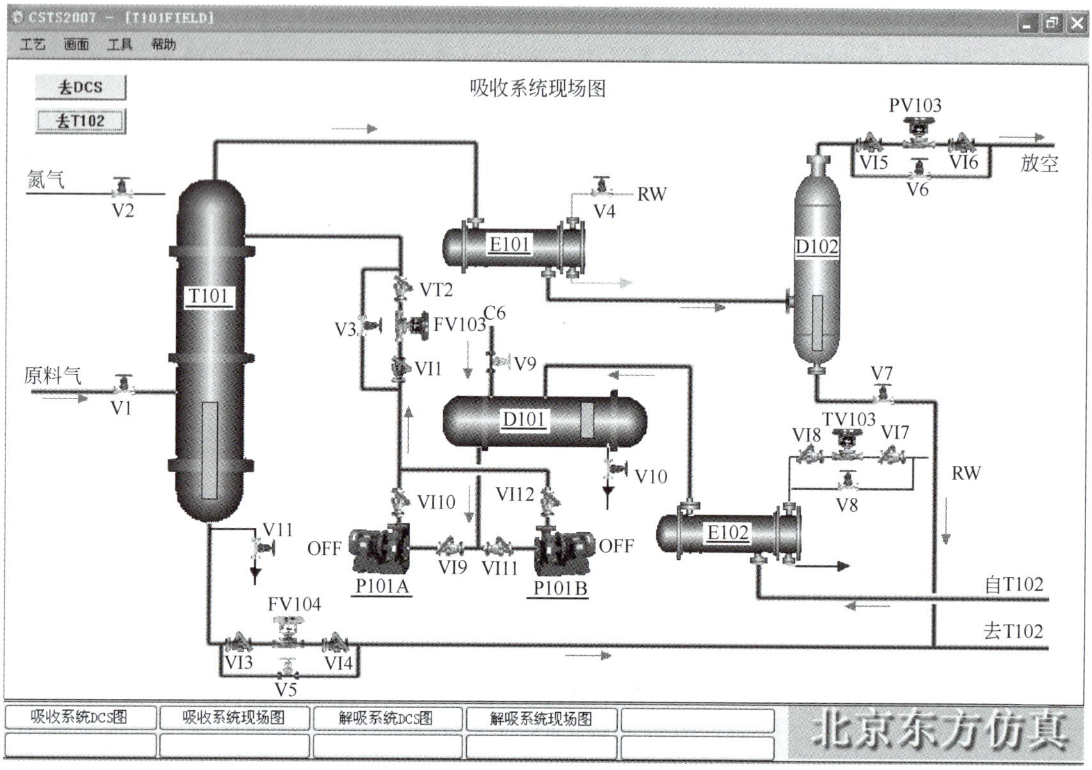


图4-7　吸收系统现场图

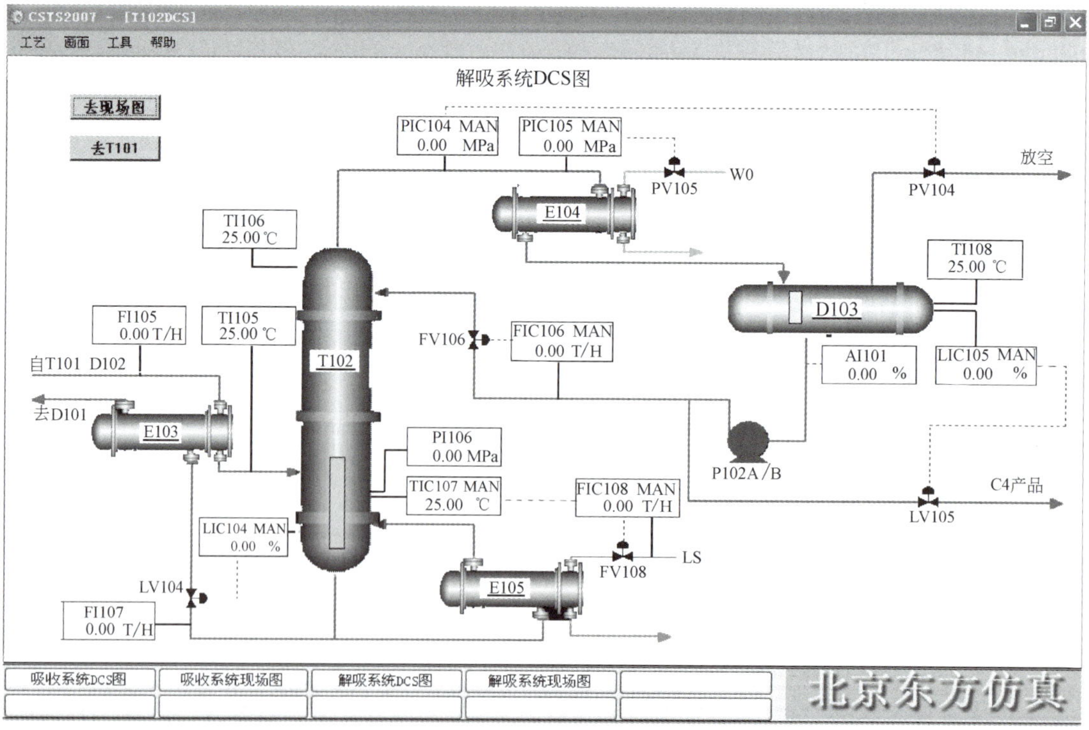


图4-8　解收系统DCS图

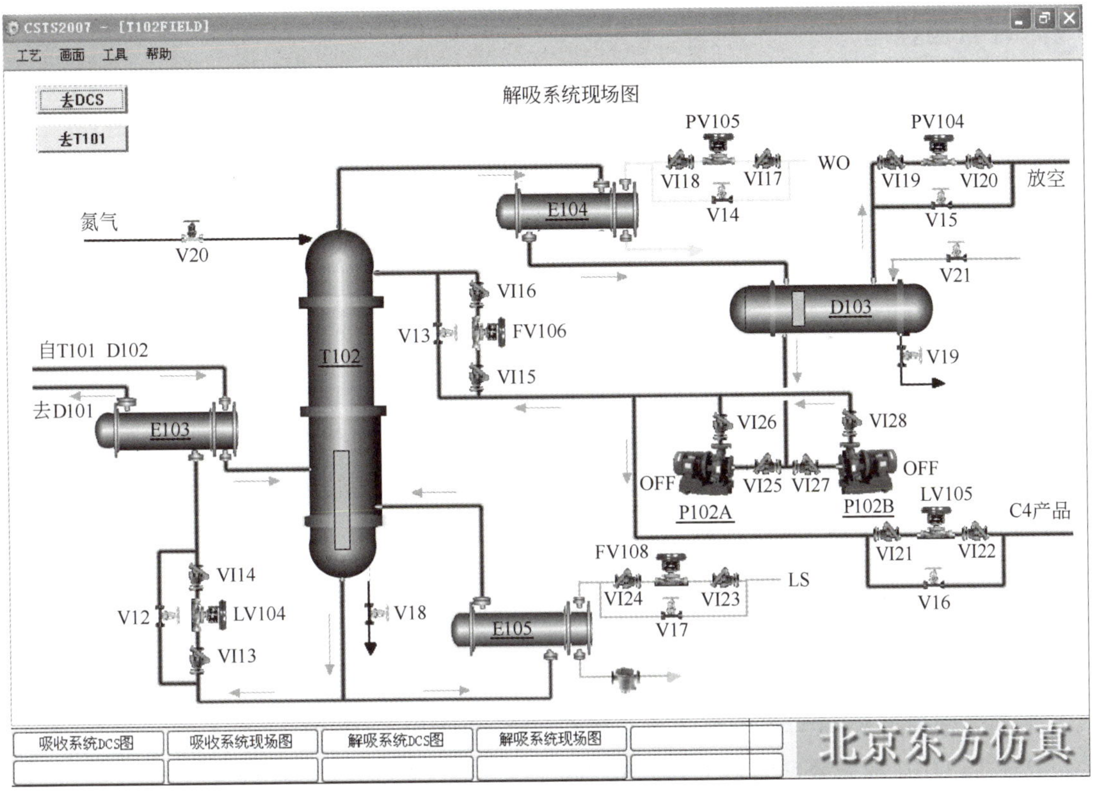


图4-9　解吸系统现场图

# 任务1　吸收解吸系统开车操作训练

## 工作任务

完成吸收解吸系统冷态开车操作，并将工艺参数控制在目标范围内。

| 位号 | 目标值 | 单位 |
|---|---|---|
| PIC104 | 0.55 | MPa |
| FRC103 | 13.5 | t/h |
| FIC104 | 14.7 | t/h |
| FIC106 | 8.0 | t/h |
| FIC108 | 3.0 | t/h |
| LIC101 | 50 | % |
| LIC104 | 50 | % |
| LIC105 | 50 | % |
| PIC103 | 1.20 | MPa |
| TIC103 | 5.0 | ℃ |
| PIC105 | 0.50 | MPa |
| TI106 | 51.0 | ℃ |
| TIC107 | 102.0 | ℃ |

## 任务目标

1. 掌握吸收解吸系统的开车操作规程。
2. 能熟练进行吸收解吸系统的开车操作。
3. 能正确进行氮气充压、工艺参数设置和调节。

## 任务实施要点

### 一、氮气充压

1. 打开氮气充压阀 V2，给吸收段系统充压。
2. 当吸收塔系统压力 PI101 升至 1.0MPa 左右时，关闭氮气充压阀 V2。
3. 打开氮气充压阀 V20，给解吸塔系统充压。
4. 当吸收塔系统压力 PIC104 升至 0.5MPa 左右时，关闭 V20 阀。

### 二、吸收塔进吸收油

1. 打开引油阀 V9 至开度 50% 左右，给 $C_6$ 油贮罐 D101 充 $C_6$ 油。
2. 贮罐 D101 液位至 50% 以上后，关闭阀 V9。
3. 打开泵 P101A 的前阀 VI9。
4. 启动 P101A。
5. 打开泵 P101A 的后阀 VI10。
6. 打开调节器 FV103 前后阀 VI1、VI2。
7. 打开调节阀 FV103（开度为 30% 左右）给吸收塔 T101 进 $C_6$ 油。

### 三、解吸塔进吸收油

1. 当 T101 液位 LIC101 升至 50% 以上后，打开调节阀 FV104 前阀 VI3。
2. 打开调节阀 FV104 后阀 VI4。
3. 打开调节阀 FV104 至开度为 50%。
4. 调节 FV103、FV104 的阀门开度，使 T101 液位在 50% 左右。

### 四、$C_6$油冷循环

1. 打开调节阀 LV104 前阀 VI13。
2. 打开调节阀 LV104 前阀 VI14。
3. 逐渐打开调节阀 LV104，向 D101 倒油。
4. 调节 FV104 以保持 T101 液位在 50% 左右。
5. 将 LIC104 投自动，设定值为 50%。
6. 将 LIC101 投自动，设定值为 50%。

7. 调节 FV103，使其流量 FRC103 稳定在 13.50t/h 左右。
8. 将 FRC103 投自动，设定值为 13.50t/h。

## 五、向D103进$C_4$物料

1. 打开阀 V21，向 D103 灌 C4 至液位 LI105 在 40% 以上。
2. 关闭阀 V21。

## 六、T102再沸器投用使用

1. D103 液位大于 40% 后，打开调节阀 TV103 前阀 VI7。
2. 打开调节阀 TV103 的后阀 VI8。
3. 将 TIC103 投自动，设定值为 5℃。
4. 打开调节阀 PV105 的前阀 VI17。
5. 打开调节阀 PV105 的后阀 VI18。
6. 打开调节阀 PV105 至开度 70%。
7. 打开调节阀 FV108 的前阀 VI23。
8. 打开调节阀 FV108 的后阀 VI24。
9. 打开调节阀 FV108 开度至 50%。
10. 打开 PV104 的前阀 VI19。
11. 打开 PV104 的后阀 VI20。
12. 调节 PV104 开度，控制塔压 PIC105 在 0.5MPa。

## 七、T102回流的建立

1. 当塔顶温度 TI106 高于 45℃时，打开 P102A 泵的前阀 VI25。
2. 启动泵 P102A。
3. 打开泵 P102A 的后阀 VI26。
4. 打开调节阀 FV106 的前阀 VI15。
5. 打开调节阀 FV106 的后阀 VI16。
6. 手动调节 FV106 至合适开度（流量＞ 2t/h），维持塔顶温度高于 51℃。
7. 塔顶温度高于 51℃后，控制温度稳定在 55℃。
8. 将 TIC107 温度指示达到 102℃时，将 TIC107 投自动，值设定在 102℃。
9. 将 FIC108 投串级。

## 八、进富气

1. 打开阀 V4，启用冷凝器 E101。
2. 逐渐打开富气进料阀 V1，开始富气进料。
3. 打开 PV103 的前阀 VI5。

4. 打开 PV103 的后阀 VI6。
5. 手动调节 PV103 使压力恒定在 1.2MPa（表）。
6. 当富气进料达到正常值后，设定 PIC103 于 1.2MPa（表），投自动。
7. 手动调节 PV105 阀（还可以同时调节 PV104），维持塔压 PIC105 稳定在 0.5MPa（表）。
8. 将 PIC105 投自动，设定值为 0.5MPa。
9. 将 PIC104 投自动，设定值为 0.55MPa。
10. 当 T102 温度、压力稳定后，手动调节 FV106 使回流量达到正常值 8.0t/h，将 FIC106 投自动，设定值为 8.0t/h。
11. 观察 D103 液位 LI105 高于 50% 后，打开 LV105 的前阀 VI21。
12. 打开 LV105 的后阀 VI22。
13. 手动调节 LV105 维持回流罐液位稳定在 50%。
14. 将 LIC105 投自动，设定值为 50%。

### 实施记录

### 实施结果（成绩单）

| 冷态开车 | 分值 |
|---|---|
| 总分 | 1120 |
| 实际得分 | |
| 百分制得分 | |

### 总结与反思

吸收岗位的操作是在高压、低温的条件下进行的，为什么说这样的操作条件对吸收过程的进行有利？

## 任务2　吸收与解吸系统停车操作训练

### 工作任务

完成吸收与解吸系统正常停车操作，并将工艺参数控制在目标范围内。

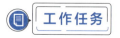

| 位号 | 目标值 | 单位 |
|---|---|---|
| PI102 | 1.00 | MPa |
| PI106 | 0.20 | MPa |
| LI102 | 0.00 | % |

## 任务目标

1. 熟悉吸收与解吸系统停车操作规程。
2. 能熟练进行吸收与解吸系统停车操作。
3. 能正确进行泄油、泄压操作。

## 任务实施要点

### 一、停富气进料和$C_4$产品出料

1. 关富气进料阀 V1。
2. 将调节器 LIC105 置手动。
3. 并闭调节阀 LV105。
4. 关闭 LV105 阀的前阀 VI21。
5. 关闭 LV105 阀的后阀 VI22。
6. 将压力控制器 PIC103 改为手动控制。
7. 调节 PV103，维持吸收塔 T101 压力不小于 1.0MPa。
8. 将压力控制器 PIC104 改为手动控制。
9. 调节 PIC104，维持解吸塔 T102 压力在 0.2MPa 左右。

### 二、停$C_6$油进料

1. 关闭 P101A 泵的出口阀 VI10。
2. 关闭 P101A 泵。
3. 关闭 P101A 泵的入口阀 VI9。
4. 关闭 FV103 前后阀 VI2，VI1。
5. 关闭 FV103 阀。
6. 关闭 FV103 前阀 VI1。
7. 关闭 FV103 后阀 VI2。
8. 维持吸收塔 T101 压力不小于 1.0MPa，如果压力太低，可打开 V2 充压。

### 三、吸收塔系统泄油

1. 将 FIC104 解除串级置手动状态。

2. FIC104 开度保持 50%，向 T102 泄油。
3. 当 LIC101 液位降至 0 时，关闭 FIC104。
4. 关闭 FV104 前阀 VI3。
5. 关闭 FV104 后阀 VI4。
6. 打开阀 V7（开度＞ 10%），将 D102 中的冷凝液排至 T102 中。
7. 当 D102 液位指示降至零时，关 V7 阀。
8. 关 V4 阀，中断冷却盐水，停 E101。
9. 手动打开 PV103（开度＞ 10%），吸收塔系统泄压。
10. 当 PI101 为零时，关闭 PV103。
11. 关闭 PV103 的前阀 VI5。
12. 关闭 PV103 的后阀 VI6。

## 四、T102降温

1. 将 TIC107 改为手动控制。
2. 将 FIC108 改为手动控制。
3. 关闭 E105 蒸汽阀 FV108。
4. 关闭 E105 蒸汽阀 FV108 的前阀 VI23。
5. 关闭 E105 蒸汽阀 FV108 的后阀 VI24，停再沸器 E105。
6. 手动调节 PV105 和 PV104，保持解吸塔压力为 0.2MPa。

## 五、停T102回流

1. 当 LIC105 指示小于 10% 时，停回流泵 P102A 后阀 VI26。
2. 停泵 P102A。
3. 关闭 P102A 前阀 VI25。
4. 手动关闭 FV106。
5. 关闭 FV106 前阀 VI15。
6. 关闭 FV106 后阀 VI16。
7. 打开 D103 泄液阀 V19（开度为 10%）。
8. 当 D103 液位指示下降至零时，关 V19 阀。

## 六、T102泄油

1. 将 LIC104 改为手动控制。
2. 调节 LV104 开度为 50%，将 T102 中的油倒入 D101。
3. 当 T102 液位 LIC104 指示下降至 10% 时，关闭 LV104 阀。
4. 关闭 LV104 前阀 VI13。
5. 关闭 LV104 后阀 VI14。

6. 将 TIC103 改为手动控制。
7. 关闭 TV103。
8. 关闭 TV103 前阀 VI7。
9. 关闭 TV103 后阀 VI8。
10. 打开 T102 泄油阀 V18（开度＞ 10%）。
11. T102 液位 LIC104 下降至零时，关 V18。

## 七、T102泄压

1. 手动打开 PV104 至开度 50%，T102 系统泄压。
2. 当 T102 系统压力降至常压时，关闭 PV104。

## 八、吸收油贮罐D101排油

1. 当停 T101 吸收油进料后，D101 液位上升，打开 D101 排油阀 V10 排污油。
2. 直至 T102 中油倒空，D101 液位下降至 0%，关 V10。

### 实施记录

________________________________________
________________________________________
________________________________________
________________________________________
________________________________________
________________________________________
________________________________________
________________________________________

### 实施结果（成绩单）

| 正常停车 | 分值 |
|---|---|
| 总分 | 570 |
| 实际得分 | |
| 百分制得分 | |

### 总结与反思

$C_6$ 油贮罐进料阀为一手操阀，有没有必要在此设一个调节阀，使进料操作自动化？为什么？

# 任务3　吸收与解吸系统故障处理操作训练

## 工作任务

进行故障设置，根据故障现象分析判断吸收与解吸系统故障产生原因，并进行系统故障的排除。

## 任务目标

1. 能根据故障现象正确判断吸收与解吸系统故障产生原因。
2. 能正确进行吸收与解吸系统故障的排除并调节工艺参数至正常值。

## 任务实施要点

| 故障名称 | 故障处理办法 |
|---|---|
| 冷却水中断 | 1.手动打开PV104保压。<br>2.关闭FV108，停用再沸器。<br>3.关闭阀V1。<br>4.关闭PV105。<br>5.关闭PV105前阀VI17。<br>6.关闭PV105后阀VI18。<br>7.手动关闭PV103保压。<br>8.手动关闭FV104停止向解吸塔进料。<br>9.关闭LV105，停出产品。<br>10.关闭FV103。<br>11.关闭FV106，停吸收塔贫油进料和解吸塔回流。<br>12.关闭LV104，保持液位 |
| 加热蒸汽中断 | 1.关V1阀，停止进料。<br>2.关闭FV106，停吸收解吸塔回流。<br>3.关闭LV105，停产品采出。<br>4.关闭FV104，停止向解吸塔进料。<br>5.关闭PV103保压。<br>6.关闭LV104保持液位。<br>7.关闭FV108。<br>8.关闭FV108的前阀VI23。<br>9.关闭FV108的后阀VI24 |
| 仪表风中断 | 1.打开FRC103旁路阀V3。<br>2.打开FV104旁路阀V5。<br>3.打开PV103旁路阀V6。<br>4.打开TV103旁路阀V8。<br>5.打开LV104旁路阀V12。<br>6.打开FV106旁路阀V13。<br>7.打开PV105旁路阀V14。<br>8.打开PV104旁路阀V15。<br>9.打开LV105旁路阀V16。<br>10.打开FV108旁路阀V17 |
| 停电 | 1.打开泄液阀V10，保持LI102液位在50%左右。<br>2.打开泄液阀V19，保持LI105液位在50%左右。<br>3.停止进料，关V1阀 |

续表

| 故障名称 | 故障处理办法 |
| --- | --- |
| P101A泵坏 | 1.关闭P101A后阀VI10。<br>2.关泵P101A。<br>3.关闭P101A泵前阀VI9。<br>4.打开P101B泵前阀VI11。<br>5.开启泵P101B。<br>6.打开P101B后阀VI12。<br>7. FRC103维持在13.50t/h左右 |
| 调节阀LV104卡 | 1.关闭LV104前阀VI13。<br>2.关闭LV104后阀VI14。<br>3.开LV104旁路阀V12至60%左右。<br>4.调整旁路阀V12开度，使液位保持50% |
| 再沸器E105结垢严重 | 1.关闭进料阀V1，停富气进料。<br>2.将调节器LIC105改为手动控制。<br>3.关闭阀LV105。<br>4.关闭LV105前阀VI21。<br>5.关闭LV105后阀VI22。<br>6.将压力控制器PIC103改为手动控制。<br>7.调节PV103阀门开度，维持T101压力不小于1.0MPa。<br>8.将压力控制器PIC104改为手动控制。<br>9.调节PV104阀门开度，维持解吸塔T102压力在0.2MPa左右。<br>10.关闭泵P101A的出口阀VI10。<br>11.关闭泵P101A。<br>12.关闭泵P101A的入口阀VI9。<br>13.关闭阀FV103。<br>14.关闭FV103前阀VI1。<br>15.关闭FV103后阀VI2。<br>16.维持T101压力不小于1.0MPa（必要时可打开阀V2充压）。<br>17.解除FIC104的串级，改为手动控制。<br>18.打开FV104（开度为50%）向T102进油。<br>19.当LIC101为0，关闭FV104。<br>20.关闭FV104前阀VI3。<br>21.关闭FV104后阀VI4。<br>22.打开阀门V7，开度为10%，将D102中的凝液排到T102中。<br>23.当D102中的液位降到0时，关闭V7。<br>24.关闭阀门V4，中断冷却盐水，停E101。<br>25.手动打开PV103，开度为10%，吸收塔系统进行泄压。<br>26.当PI101指示为零时，关闭PV103。<br>27.关闭PV103的前阀VI5。<br>28.关闭PV103的后阀VI6。<br>29.将TIC107改为手动控制。<br>30.将FIC108改为手动控制。<br>31.关闭E105蒸汽阀FV108。<br>32.关闭E105蒸汽阀FV108的前阀VI23。<br>33.关闭E105蒸汽阀FV108的后阀VI24，停再沸器E105。<br>34.手动调节PV104、PV105，保持解吸塔压力为0.2MPa。<br>35.当LIC105液位小于10%时，关闭P102A的后阀VI26。<br>36.停泵P102A。<br>37.关闭P102A前阀VI25。<br>38.手动关闭FV106。<br>39.关闭FV106前阀VI15。<br>40.关闭FV106后阀VI16。<br>41.打开D103泄液阀V19，开度为10%。<br>42.当液位指示下降为零时，关闭泄液阀V19 |

续表

| 故障名称 | 故障处理办法 |
|---|---|
| 再沸器E105结垢严重 | 43.手动调节LV104开度为50%，将T102中的油倒入D101中。<br>44.当T102液位LIC104指示下降至10%时，关闭LV104。<br>45.关闭LV104前阀VI13。<br>46.关闭LV104后阀VI14。<br>47.关闭TV103阀。<br>48.关闭TV103前阀VI7。<br>49.关闭TV103后阀VI8。<br>50.打开T102泄油阀V18（开度＞10%）。<br>51.当T102的液位LIC104下降为0%时，关闭V18。<br>52.手动调节PV104至开度为50%，开始向T102系统泄压。<br>53.当T102系统压力降至常压时，关闭PV104。<br>54.当停T101吸收油进料后，打开D101排油阀V10。<br>55.当T102中油倒空，D101液位降为零时，关V10 |
| 解吸塔釜加热蒸汽压力高 | 1.将FIC108改为手动控制。<br>2.关小FV108阀，当FIC107稳定在102℃左右时，将FIC107投串级 |
| 解吸塔釜加热蒸汽压力低 | 1.将FIC108改为手动控制。<br>2.开大FV108阀，当FIC107稳定在102℃左右时，将FIC107投串级 |
| 解吸塔超压 | 1.开大PV105。<br>2.将PIC104改为手动控制。<br>3.调节PIC104以使解吸塔塔顶压力稳定在0.5MPa。<br>4.当PIC105稳定在0.5MPa左右时，将PIC105投自动，设定值为0.5MPa。<br>5.当PIC105稳定在0.5MPa左右时，将PIC104设为自动模式，设定值为0.55MPa |
| 吸收塔超压 | 1.关小原料气进气阀V1，使吸收塔塔顶压力PI101控制在1.22MPa左右。<br>2.将PIC103改为手动控制。<br>3.调节PV103使吸收塔塔顶压力PI101稳定在1.22MPa后。<br>4.将原料气进料阀V1置为50%。<br>5.当PI101稳定在1.22MPa后，将PIC103设为自动模式，设定值1.22MPa |
| 解吸塔塔釜温度指示坏 | 1.将FIC108设为手动模式，手动调整FV108。<br>2.将LIC104设为手动模式，手动调整LV104。<br>3.待LIC104稳定在50%左右后，将LIC104投自动。<br>4.解吸塔入口温度TI105稳定在80℃，解吸塔塔顶温度TI106稳定在51℃ |

## 实施记录

| 故障名称 | 故障主要现象 | 处理结果记录 |
|---|---|---|
| 冷却水中断 | | |
| 加热蒸汽中断 | | |
| 仪表风中断 | | |
| 停电 | | |
| P101A泵坏 | | |
| 调节阀LV104卡 | | |
| 再沸器E105结垢严重 | | |
| 解吸塔釜加热蒸汽压力高 | | |
| 解吸塔釜加热蒸汽压力低 | | |
| 解吸塔超压 | | |
| 吸收塔超压 | | |
| 解吸塔塔釜温度指示坏 | | |

## 实施结果（成绩单）

| 故障名称 | 总分 | 实际得分 | 百分制得分 |
|---|---|---|---|
| 冷却水中断 | 120 | | |
| 加热蒸汽中断 | 90 | | |
| 仪表风中断 | 100 | | |
| 停电 | 50 | | |
| P101A泵坏 | 100 | | |
| 调节阀LV104卡 | 40 | | |
| 再沸器E105结垢严重 | 550 | | |
| 解吸塔釜加热蒸汽压力高 | 60 | | |
| 解吸塔釜加热蒸汽压力低 | 60 | | |
| 解吸塔超压 | 100 | | |
| 吸收塔超压 | 90 | | |
| 解吸塔塔釜温度指示坏 | 90 | | |

## 总结与反思

操作时若发现富油无法进入解吸塔，会由哪些原因导致？应如何调整？

# 学习资源

吸收解吸是化工生产过程中用于分离提取混合气体组分的单元操作。提高压力、降低温度有利于溶质吸收。降低压力、提高温度有利于溶质解吸。

吸收解吸过程通常在填料塔中进行。填料塔是以塔内的填料作为气液两相间接触构件的传质设备。填料塔的塔身是一直立式圆筒，底部装有填料支承板，填料以乱堆或整砌的方式放置在支承板上。填料的上方安装填料捱板，以防被上升气流吹动。液体从塔顶经液体分布器喷淋到填料上，并沿填料表面流下。气体从塔底送入，经气体分布装置（小直径塔一般不设气体分布装置）分布后，与液体呈逆流连续通过填料层的空隙，在填料表面上，气液两相密切接触进行传质。填料塔属于连续接触式气液传质设备，两相组成沿塔高连续变化，在正常操作状态下，气相为连续相，液相为分散相。填料塔具有生产能力大、分离效率高、压降小、持液量小、操作弹性大等优点。填料塔的不足之处在于填料造价高。当液体负荷较小时不能有效地润湿填料表面，导致传质效率降低。不能直接用于有悬浮物或容易聚合的物料等。

## 一、吸收塔

1. 原料进气量的调节　原料进气量由上一工段送来，一般不宜随意变动。如果在吸收塔前有缓冲气柜，可允许在短时间内作幅度不大的调节，通过开大或关小进气管线上的调节阀来调节进气量。控制原料进气量，是稳定填料吸收塔操作的一个重要措施。

2. 吸收剂流量的调节　操作中发现吸收塔中尾气的浓度增加，应开大阀门，增大吸收剂用量。但吸收剂用量增加，使吸收剂的消耗和回收费用也会相应增加。

3. 吸收剂温度的调节　吸收剂的温度越低，气体的溶解度越大，有利于提高吸收率。吸收剂的温度可通过调节冷却剂用量来调节。但温度过低，会使冷剂消耗量增加，而且液体温度过低，会造成输送液体黏度增大，输送液体的能量消耗增加，严重的会使流体在塔内流动不畅，造成操作困难。

4. 吸收塔塔压的维持　在日常操作中，塔的压力由压缩机及吸收前各个设备的压降所决定的。多数情况下，塔的压力很少是可调的，在操作时应注意，防止其降低。

5. 塔底液位的维持　液位是吸收塔操作中能否维持吸收塔稳定操作的关键因素。液位可用液体出口阀来控制。液位过高，开大阀门，反之应关小阀门。

## 二、解吸塔

解吸塔操作的温度、压力的选择正好与吸收操作相反，高温、低压有利于溶质的解吸。吸收率的高低除受吸收塔操作影响外，还与解吸塔的操作有关。吸收剂是来自解吸塔的再生液，解吸不好，必然会导致入塔吸收剂浓度增大，降低吸收率。而且入塔吸收剂的温度也受解吸操作的影响，如再生液冷却不好将使吸收剂入塔温度升高，从而影响吸收塔的操作。所以应根据对再生液浓度及温度的要求控制解吸塔的操作条件。

# 项目三

# 萃取塔单元

## 工作情境

某企业用萃取剂（水）来萃取丙烯酸丁酯生产中的催化剂（对甲苯磺酸）。首先将自来水（FCW）通过阀V4001（或通过泵P425输送）进入萃取塔C421，当液位到达50%时，关闭进料阀V4001（或泵P425）。含有产品和催化剂的R412B的流出物在经E415冷却后，经泵P413送入催化剂萃取塔C421的塔底。来自D411的溶剂水通过泵P412A从塔C421的顶部加入。萃取后的丙烯酸丁酯主物流从塔顶排出后进入塔C422。塔底排出的含有大部分催化剂和未反应丙烯酸的水相一部分返回反应器R411A循环使用，另一部分去重组分分解器R460作为分解用的催化剂。

萃取塔带控制点的工艺流程图如图4-10所示，催化剂萃取控制DCS图如图4-11所示，催化剂萃取控制现场图如图4-12所示，催化剂萃取控制组分分析图如图4-13所示。

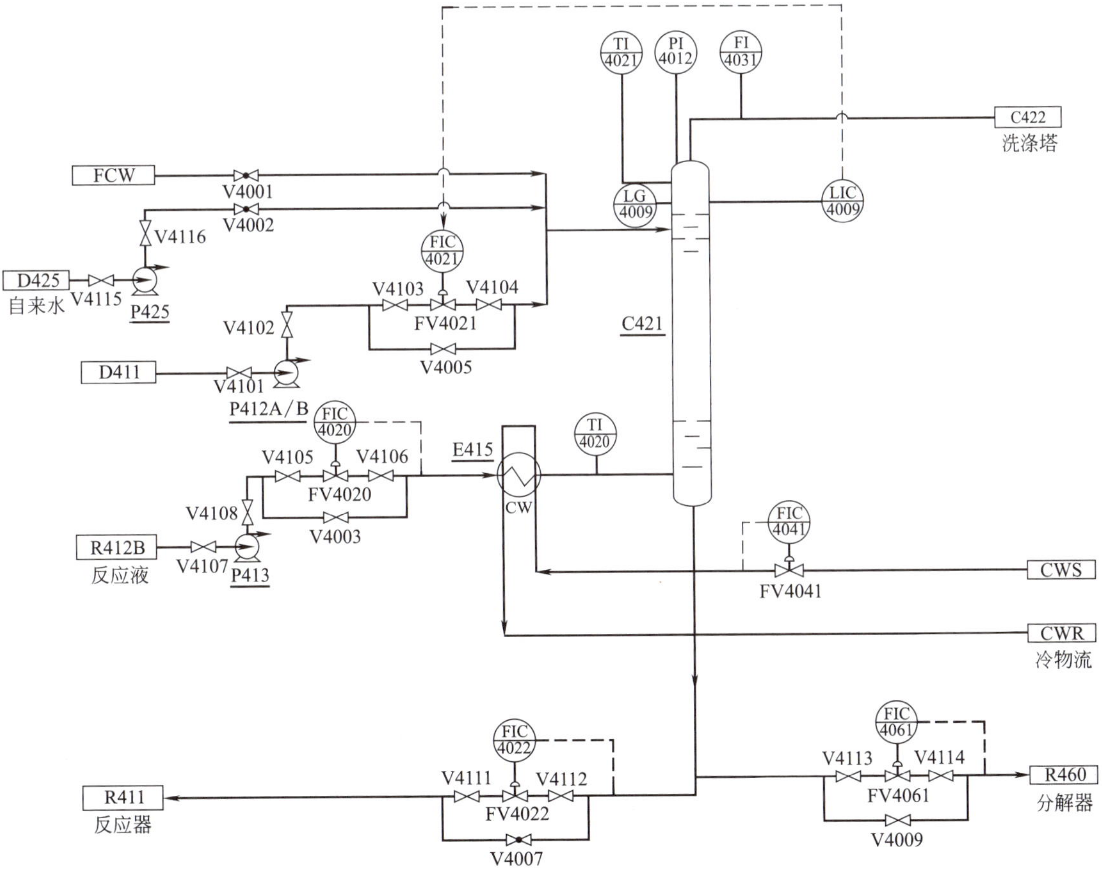


图4-10　萃取塔单元带控制点流程图

P425—进水泵；P412A/B—溶剂进料泵；P413—主物流进料泵；E415—冷却器；C421—萃取塔

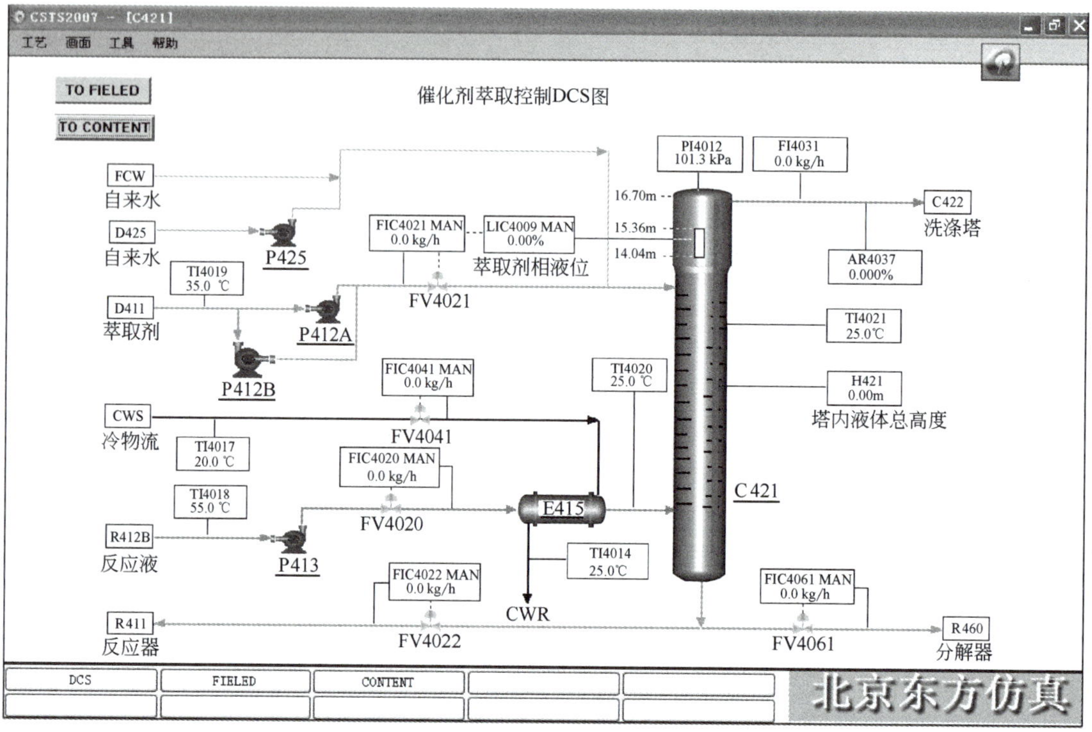


图4-11 催化剂萃取控制DCS图

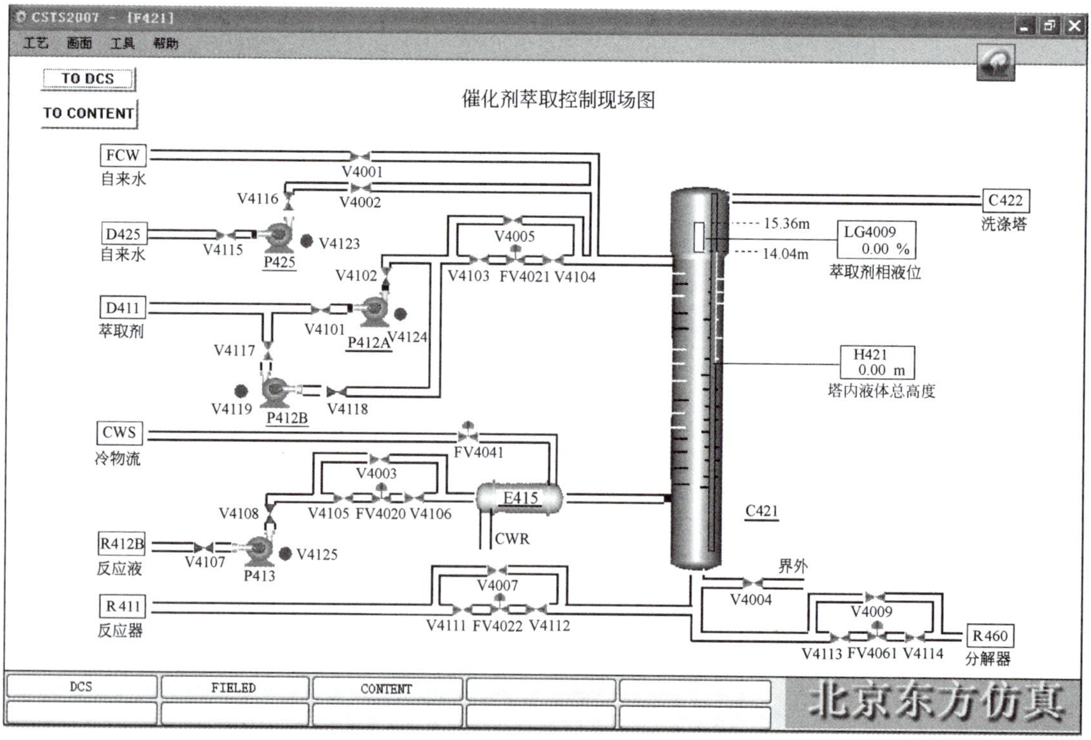


图4-12 催化剂萃取控制现场图

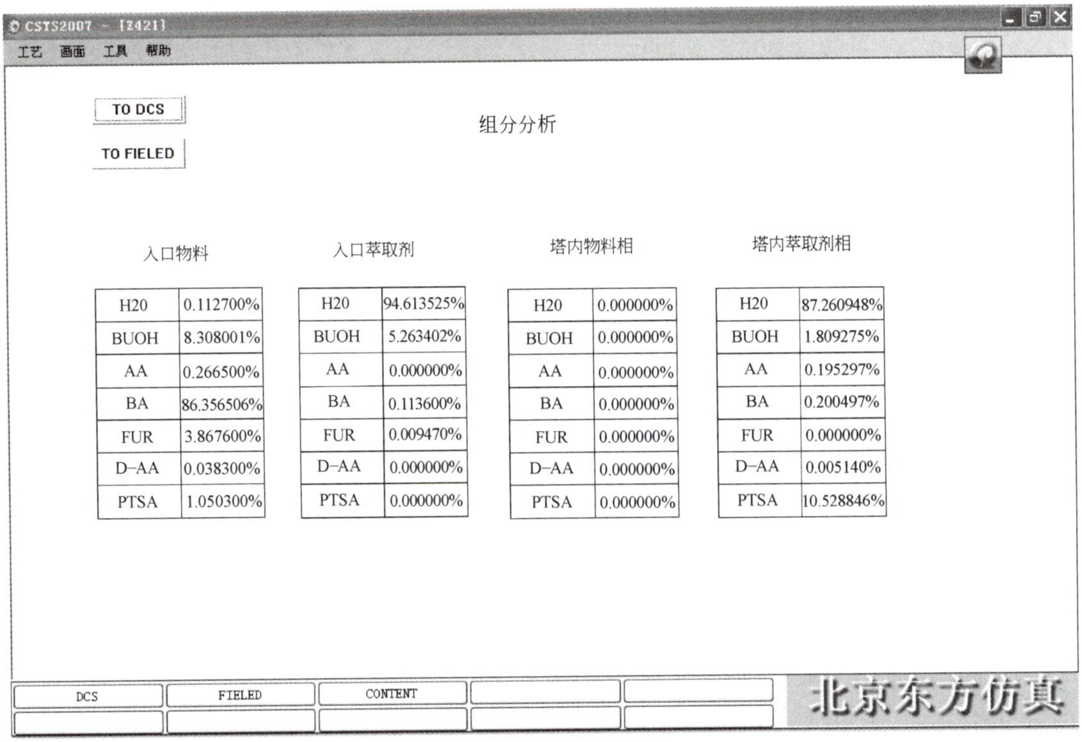


图4-13　萃取控制组分分析图

# 任务1　萃取塔开车操作训练

## 工作任务

完成萃取塔冷态开车操作，并将工艺参数控制在目标范围内。

| 位号 | 目标值 | 单位 |
|---|---|---|
| FIC4021 | 2112.70 | kg/h |
| FIC4020 | 21126.60 | kg/h |
| FIC4022 | 1868.40 | kg/h |
| FIC4061 | 77.10 | kg/h |
| LIC4009 | 50.00 | kg/h |
| PI4012 | 101.3 | kPa |
| TI4020 | 35.00 | ℃ |
| FI4031 | 21293.80 | kg/h |

## 任务目标

1. 熟悉萃取塔的开车操作原理。

2. 能熟练进行萃取塔的开车操作。
3. 能熟练进行工艺参数设置和调节。

### 任务实施要点

## 一、灌水

1. 打开泵 P425 前阀 V4115。
2. 开启泵 P425 开关阀 V4123。
3. 打开泵 P425 后阀 V4116。
4. 打开 V4002 阀，使其开度大于 50%。
5. 当界面液位 LIC4009 的显示值接近 50% 时，关闭阀 V4002。
6. 关闭泵 P425 后阀 V4116。
7. 关闭泵 P425 开关阀 V4123。
8. 关阀泵 P425 前阀 V4115。

## 二、启动换热器

开启阀 FV4041，使其开度为 50%。

## 三、引反应液

1. 打开泵 P413 前阀 V4107。
2. 打开泵 P413 开关阀 V4125。
3. 打开泵 P413 后阀 V4108。
4. 打开调节阀 FV4020 前阀 V4105。
5. 打开调节阀 FV4020 后阀 V4106。
6. 打开调节阀 FV4020，使其开度为 50%。

## 四、引萃取剂

1. 打开泵 P412 前阀 V4101。
2. 打开泵 P412 开关阀 V4124。
3. 打开泵 P412 后阀 V4102。
4. 打开调节阀 FV4021 前阀 V4103。
5. 打开调节阀 FV4021 后阀 V4104。
6. 打开调节阀 FV4021，使其开度为 50%。

## 五、放萃取液

1. 打开调节阀 FV4022 前阀 V4111。

2. 打开调节阀 FV4022 后阀 V4112。
3. 打开调节阀 FV4022，使其开度为 50%。
4. 打开调节阀 FV4061 前阀 V4113。
5. 打开调节阀 FV4061 后阀 V4114。
6. 打开调节阀 FV4061，使其开度为 50%。

## 六、调至平衡

1. 当 FIC4021 显示值接近 2112.7kg/h 时，将 FIC4021 投自动，设定值为 2112.7kg/h。
2. 当 FIC4020 显示值接近 21126.6kg/h 时，将 FIC4020 投自动，设定值为 21126.6kg/h。
3. 当 FIC4022 的流量接近 1868.4kg/h 时，将 FIC4022 投自动，设定值为 1868.4kg/h。
4. 当 FIC4061 的流量达到 77.1kg/h 时，将 FIC4061 投自动，设定值为 77.1kg/h。
5. 将 FIC4041 投自动，设定值为 20000kg/h。

### 实施记录

### 实施结果（成绩单）

| 冷态开车 | 分值 |
| --- | --- |
| 总分 | 410 |
| 实际得分 | |
| 百分制得分 | |

### 总结与反思

在冷态开车中，为什么要首先对萃取塔 C421 进行灌水？

# 任务2 萃取塔停车操作训练

### 工作任务

完成萃取塔正常停车操作，并将工艺参数控制在目标范围内。

| 位号 | 目标值 | 单位 |
|---|---|---|
| BA | <0.9 | % |
| LIC4009 | <0.1 | % |

## 任务目标

1. 熟悉萃取塔停车操作步骤。
2. 能熟练进行萃取塔的停车操作。

## 任务实施要点

### 一、关闭进料

1. 将 FIC4020 改为手动控制。
2. 将调节阀 FV4020 的开度设为零。
3. 关闭调节阀 FV4020 后阀 V4106。
4. 关闭调节阀 FV4020 前阀 V4105。
5. 关闭泵 P413 开关阀 V4125。
6. 关闭泵 P413 后阀 V4108。
7. 关闭泵 P413 前阀 V4107。

### 二、停换热器

1. 将 FIC4041 改为手动控制。
2. 关闭 FIC4041 阀。

### 三、灌自来水

1. 打开进自来水阀 V4001，使其开度为 50%。
2. 当罐内物料相中的 BA 的含量小于 0.9% 时，关闭 V4001。

### 四、停萃取剂

1. 将 LIC4009 改为手动，关闭。
2. 将 FIC4021 改为手动，关闭。
3. 关闭调节阀 FV4021 的后阀 V4104。
4. 关闭控制阀 FV4021 的前阀 V4103。
5. 关闭泵 P412A 的开关阀 V4124。
6. 关闭泵 P412A 的后阀 V4102。
7. 关闭泵 P412A 的前阀 V4101。

## 五、放塔内水相

1. 将 FIC4022 改为手动控制。
2. 将 FV4022 的开度调节为 100%。
3. 打开调节阀 FV4022 的旁通阀 V4007。
4. 将 FIC406 改为手动控制，开度调为 100%。
5. 打开调节阀 FV4061 的旁通阀 V4009。
6. 打开阀 V4004。
7. 泄液结束后，关闭调节阀 FV4022。
8. 关闭调节阀 FV4022 后阀 V4112。
9. 关闭调节阀 FV4022 前阀 V4111。
10. 关闭现场阀 V4007。
11. 关闭调节阀 FV4061。
12. 关闭调节阀 FV4061 后阀 V4114。
13. 关闭调节阀 FV4061 前阀 V4113。
14. 关闭旁通阀 V4009。
15. 关闭阀 V4004。

### 实施记录

### 实施结果（成绩单）

| 正常停车 | 分值 |
|---|---|
| 总分 | 340 |
| 实际得分 | |
| 百分制得分 | |

### 总结与反思

如何判断和控制萃取过程的结束？

# 任务3 萃取塔故障处理操作训练

## 工作任务

进行故障设置，根据故障现象分析判断萃取塔故障产生原因，并进行萃取塔故障的排除。

## 任务目标

1. 能根据故障现象正确判断萃取塔故障产生原因。
2. 能正确进行萃取塔故障的排除并调节工艺参数至正常值。

## 任务实施要点

| 故障名称 | 故障处理办法 |
|---|---|
| P412A泵坏 | 1.停泵P412A后阀V4102。<br>2.关闭泵P412A。<br>3.关闭泵P412A前阀V4101。<br>4.打开泵P412B前阀V4117。<br>5.打开泵P412B。<br>6.打开泵P412B后阀V4118 |
| 调节阀FV4020阀卡 | 1.打开调节阀FV4020的旁通阀V4003，使其开度为50%。<br>2.关闭调节阀FV4020前阀V4105。<br>3.关闭调节阀FV4020后阀V4106 |

## 实施记录

| 故障名称 | 主要现象 | 处理结果记录 |
|---|---|---|
| P412A泵坏 | | |
| 调节阀FV4020阀卡 | | |

## 实施结果（成绩单）

| 故障名称 | 总分 | 实际得分 | 百分制得分 |
|---|---|---|---|
| P412A泵坏 | 60 | | |
| 调节阀FV4020阀卡 | 30 | | |

## 总结与反思

什么是液泛现象？应如何避免？

## 学习资源

萃取塔是工业上常用的萃取设备，为了达到萃取的工艺要求，萃取塔内设有分散装置，如喷嘴、筛孔板、填料或机械搅拌装置，塔顶塔底均应有足够的分离段，以保证两相间很好地分层。工业上常用的萃取塔有喷洒萃取塔、填料萃取塔、筛板萃取塔、脉冲筛板塔、往复振动筛板塔、转盘萃取塔等。

1. 注意维持两相的流速。萃取塔正常操作时，两相的流速必须低于液泛速度。在填料萃取塔中，连续相的适宜操作速度一般为液泛速度的 50% ～ 60%。

2. 控制好塔内两相的滞留量。在萃取塔开车时，尤其要注意控制好两相的滞留量。要先将连续相注满塔中，然后打开分散相进口阀，逐渐加大流量至分散相在分层段聚集，两相界面达到规定的高度后，才打开分散相出口阀，并调节流量使界面高度稳定。如果以轻相为分散相，则控制塔顶分层，段内两相界面高度。如果以重相为分散相，则控制塔底两相界面高度。

在萃取塔的操作中，应保持连续相在塔内有较大的滞留量，分散相在塔内有较小的滞留量。如果分散相在塔内的滞留量过大，会导致液滴相互碰撞聚集的机会增多，两相的传质面积减少，甚至出现分散相转化为连续相。

3. 应保持萃取剂用量与原料液的比例稳定，否则操作不易稳定。

4. 萃取塔能否维持稳定操作的关键在塔顶两相分界面是否稳定。在稳定操作条件下，若萃取剂和原料液的流量比恒定，则两相界面处于一稳定位置，此位置可以通过塔上部的玻璃视镜来观察。

5. 对有外加能量的设备，如脉动萃取塔等，要控制好输入能量的大小，并由实验或经验值选择好脉动的频率及振幅等条件，生产中不用做过多的调节。

# 模块五

# 反应设备操作训练

## 学习指南

### 知识目标

了解化学反应在化工生产中的地位。了解化学反应器的种类、结构、特点及适用范围。掌握釜式反应器、流化床反应器和固定床反应器操作的基本知识。掌握釜式反应器、流化床反应器和固定床反应器的操作要领、常见事故及其处理方法。

### 能力目标

能熟练进行釜式反应器、固定床反应器、流化床反应器等反应设备的基本操作。能对利用釜式反应器、固定床反应器、流化床反应器等进行化工生产中出现的故障进行分析判断和处理。能对釜式反应器、流化床反应器和固定床反应器进行日常维护和保养。能根据生产任务和设备特点制定简单的反应设备的安全操作规程。

### 素质目标

培养敬业爱岗、勤学肯干的职业操守，专注、精益求精的工匠精神；培养化工职业需要的严格遵守操作规程的职业素质、安全生产的职业意识和沉着冷静的应急处置能力；养成理论联系实际的思维方式和独立思考的科学态度；树立节能和减排的绿色发展理念。

一个典型的化工生产过程大致由三个部分组成，即原料的预处理、化学反应和产物的分离，其中化学反应是化工生产过程的核心，而用来进行化学反应的化学反应器，则是化工生产装置中的关键设备。化工行业的生产涉及到的化学产品种类繁多，而每一个产品都有各自的反应过程及反应设备。

化学反应器的分类方法很多，按结构原理可分为管式反应器、釜式反应器、塔式反应器、固定床式反应器、流化床式反应器等。按操作方式可分为间歇式、连续式和半连续式三种。对化工生产而言，能对化学反应器进行熟练操作具有重要的意义。

# 项目一

# 间歇反应釜单元

## 工作情境

某企业生产的2—巯基苯并噻唑产品由多硫化钠（$Na_2Sn$）、邻硝基氯苯（$C_6H_4ClNO_2$）及二硫化碳（$CS_2$）三种原料经缩合反应得到。

主反应：

$$2C_6H_4NClO_2+Na_2Sn \longrightarrow C_{12}H_8N_2S_2O_4+2NaCl+(n-2)S$$

$$C_{12}H_8N_2S_2O_4+2CS_2+2H_2O+3Na_2Sn \longrightarrow 2C_7H_4NS_2Na+2H_2S+3Na_2S_2O_3+(3n+4)S$$

副反应：

$$C_6H_4NClO_2+Na_2Sn+H_2O \longrightarrow C_6H_6NCl+Na_2S_2O_3+S$$

原料$C_6H_4ClNO_2$、CS分别经阀V5、V1进入计量罐VX02、VX01计量后利用位差进入反应釜RX01。$Na_2Sn$经阀V9进入计量罐VX03计量后由泵PUMP1输入反应釜RX01中。经过夹套蒸汽加入适度的热量后，三种原料在反应釜中发生复杂的化学反应。釜温由夹套中的蒸汽、冷却水及蛇管中的冷却水控制，设有分程控制TIC101（只控制冷却水），通过控制反应釜温来控制反应速度及副反应速度，来获得较高的收率及确保反应过程安全。

在本工艺流程中，主反应的活化能要比副反应的活化能要高，因此升温后更利于提高主反应的收率。在90℃的时候，主反应和副反应的速度比较接近，因此，要尽量延长反应温度在90℃以上的时间，以获得更多的主反应产物。

间歇反应釜带控制点工艺流程图如图5-1所示，间歇反应釜DCS图如图5-2所示，间歇反应釜现场图如图5-3所示，间歇反应釜组分分析图如图5-4所示。

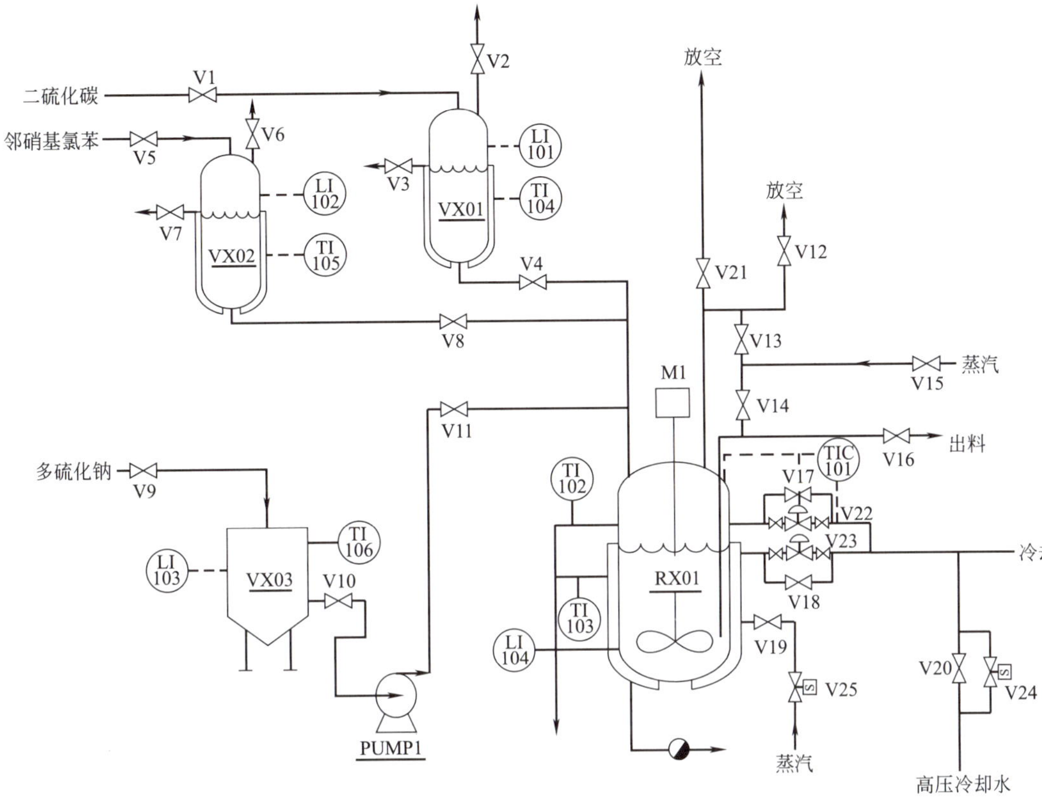


图5-1　间歇反应釜带控制点工艺流程图

RX01—间歇反应釜；VX01—$CS_2$计量罐；VX02—邻硝基氯苯计量罐；VX03—$Na_2Sn$沉淀罐；PUMP1—离心泵

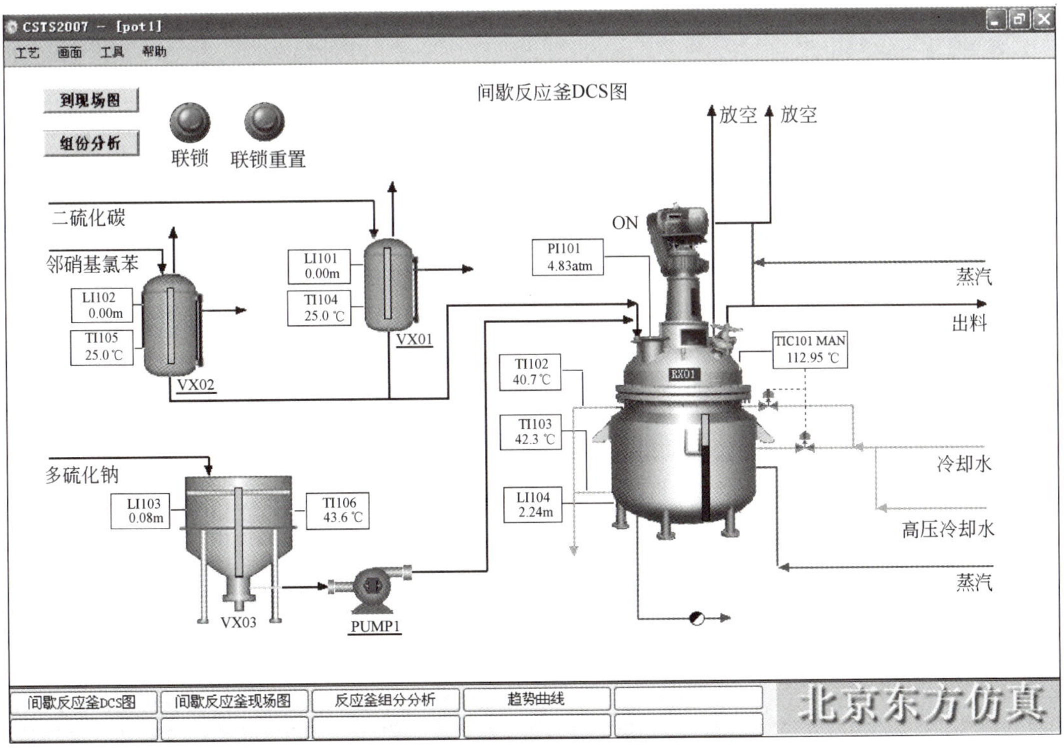


图5-2　间歇反应釜DCS图

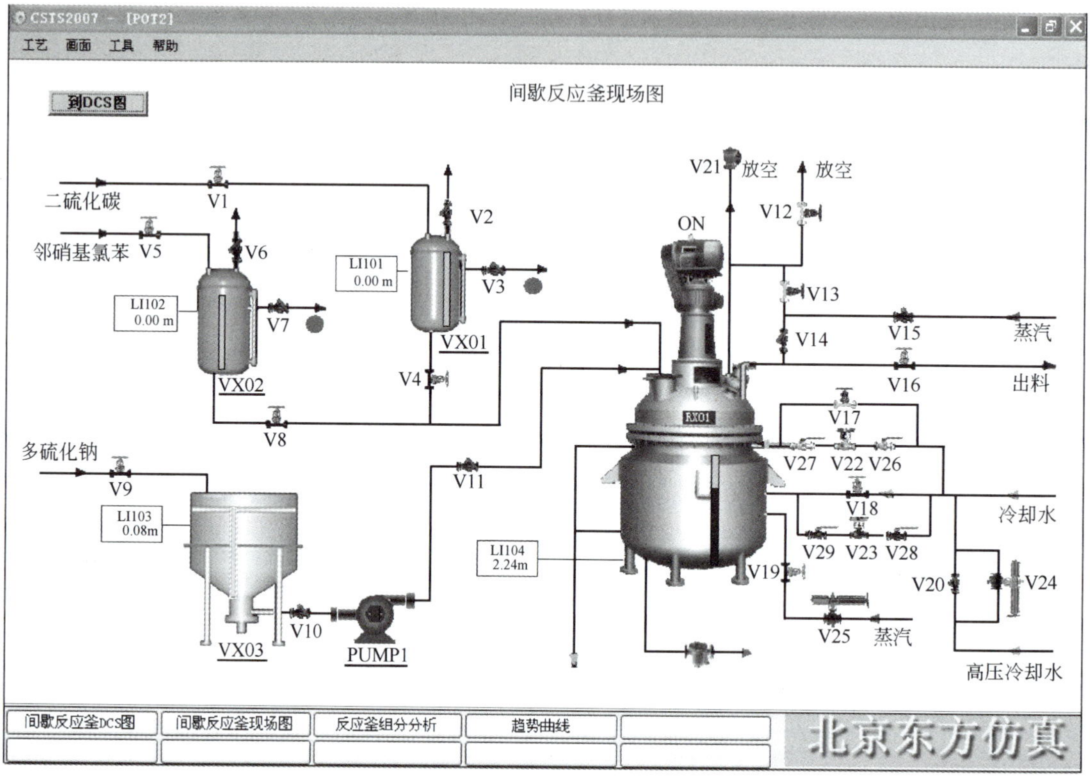


图5-3　间歇反应釜现场图

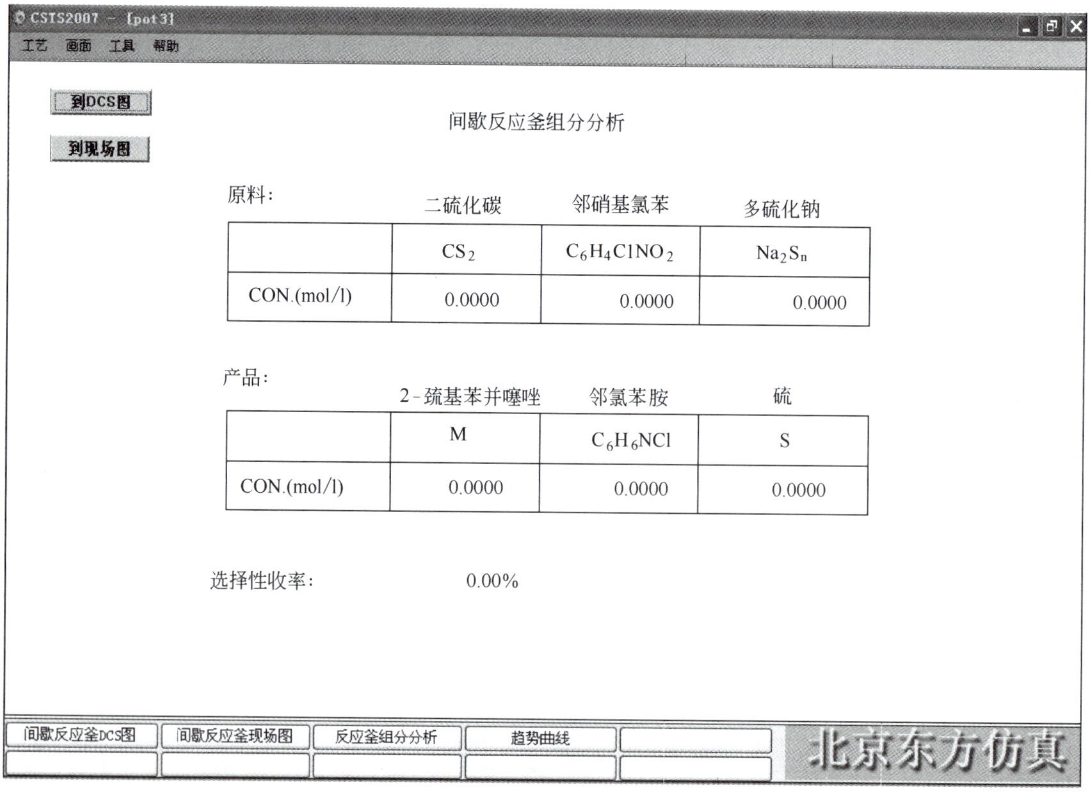

CSTS2007 - [pot3]

工艺 画面 工具 帮助

到DCS图

到现场图

间歇反应釜组分分析

原料：

| | 二硫化碳 | 邻硝基氯苯 | 多硫化钠 |
|---|---|---|---|
| | $CS_2$ | $C_6H_4ClNO_2$ | $Na_2S_n$ |
| CON.(mol/l) | 0.0000 | 0.0000 | 0.0000 |

产品：

| | 2-巯基苯并噻唑 | 邻氯苯胺 | 硫 |
|---|---|---|---|
| | M | $C_6H_6NCl$ | S |
| CON.(mol/l) | 0.0000 | 0.0000 | 0.0000 |

选择性收率：　0.00%

间歇反应釜DCS图　间歇反应釜现场图　反应釜组分分析　趋势曲线

北京东方仿真

图5-4　间歇反应釜组分分析图

# 任务1　间歇反应釜单元开车操作训练

## 工作任务

完成间歇反应釜单元冷态开车操作，并将工艺参数控制在目标范围内。

| 位号 | 目标值 | 单位 |
|---|---|---|
| PI101 | >8 | atm |
| TI101 | 110 | ℃ |
| TI102 | >60 | ℃ |
| 2-巯基苯并噻唑浓度 | >0.1 | mol/L |
| 邻硝基氯苯浓度 | <0.1 | mol/L |
| 选择性 | >58 | % |

## 任务目标

1. 理解温度对 2- 巯基苯并噻唑主副反应的影响。
2. 熟悉间歇反应釜的操作规程。
3. 能熟练进行间歇反应釜的开车操作。
4. 能根据工艺要求正确进行工艺参数设置和温度调节。

## 任务实施要点

### 一、向沉淀罐VX03进料（$Na_2S_n$）

1. 开沉淀罐 VX03 进料阀 V9。
2. 当 VX03 液位接近 3.60m 时，关小 V9，至 3.60m 时关闭 V9。
3. 静置 4min 备用。

### 二、向计量罐VX01进料（$CS_2$）

1. 开放空阀 V2。
2. 开 VX01 溢流阀 V3。
3. 开 VX01 进料阀 V1，向罐 VX01 充液。
4. 溢流标志变绿后，迅速关闭 V1。

### 三、向计量罐VX02进料（邻硝基氯苯）

1. 开 VX02 放空阀 V6。

2. 开 VX02 溢流阀 V7。
3. 开 VX02 进料阀 V5，向罐 VX01 充液。
4. 溢流标志变绿后，迅速关闭 V5。

## 四、从VX03中向反应器RX01中进料

1. 开反应器 RX01 放空阀 V12。
2. 开进料泵 PUMP1 前阀 V10。
3. 开进料泵 PUMP1。
4. 开进料泵 PUMP1 后阀 V11，向 RX01 中进料（$Na_2Sn$）。
5. 进料完毕，关闭 PUMP1 泵后阀 V11。
6. 关泵 PUMP1。
7. 关泵前阀 V10。

## 五、从VX01中向反应器RX01中进料

1. 打开进料阀 V4 向 RX01 中进料。
2. 待进料完毕（LI101 为 0.00m），关闭 V4。

## 六、从VX02中向反应器RX01中进料

1. 打开进料阀 V8 向 RX01 中进料。
2. 待进料完毕（LI102 为 0.00m），关闭 V8。
3. 所有进料完毕后，关闭放空阀 V12。

## 七、反应初始阶段

1. 打开阀门 V26。
2. 打开阀门 V27。
3. 打开阀门 V28。
4. 打开阀门 V29。
5. 开联锁 LOCK。
6. 开启反应釜搅拌电机 M1。
7. 打开夹套蒸汽加热阀 V19，通入加热蒸汽，保持适当的升温速度。

## 八、反应阶段

1. 关闭加热蒸汽阀 V19。
2. 当温度升至 75℃时，.打开 TIC101（开度略大于 50%），向反应釜通冷却水。
3. 调节 TIC101 的温度在 110 ～ 128℃之间（如温度继续上升，则打开高压冷却水阀 V20）。

4. 2- 巯基苯并噻唑浓度大于 0.1mol/L，邻硝基氯苯浓度小于 0.1mol/L。
5. 控制反应的选择性在 58% 左右。

## 九、反应结束

当邻硝基氯苯浓度小于 0.1mol/L，关闭搅拌器 M1。

## 十、出料准备

1. 开放空阀 V12，放可燃气体。
2. 开 V12 阀 5 ～ 10s 后关放空阀 V12。
3. 打开阀门 V13 和 V15，通入增压蒸汽。
4. 打开蒸汽出料预热阀 V14，片刻后关闭 V14。

## 十一、出料

1. 打开出料阀 V16。
2. 出料完毕（LI104 为 0.00m），保持吹扫 10s，关闭 V16。
3. 关闭蒸汽阀 V15 和 V13。

## 实施记录

## 实施结果（成绩单）

| 冷态开车 | 分值 |
|---|---|
| 总分 | 710 |
| 实际得分 | |
| 百分制得分 | |

## 总结与反思

本单元应如何操作来减少副产物的生成？

# 任务2　间歇釜停车操作训练

## 工作任务

完成间歇釜正常停车操作，并将工艺参数（经济指标）控制在目标范围内。

| 位号 | 目标值 | 单位 |
|---|---|---|
| LIC104 | 0.00 | m |
| 低压蒸汽单耗 | ＜1.6 | t/kW・h |
| 冷却水单耗 | ＜45 | t/kW・h |
| 电单耗 | ＜0.5 | t/kW・h |

## 任务目标

1. 掌握间歇釜的停车操作规程。
2. 能熟练进行间歇釜停车操作。
3. 能正确进行蒸汽吹扫操作。

## 任务实施要点

### 一、出料准备

1. 关闭搅拌器 M1。
2. 开放空阀 V12 5 ～ 10s，放掉釜内残存的可燃气体。
3. 关闭放空阀 V12 5 ～ 10s 后关放空阀 V12。
4. 开 V15 向釜内通增压蒸汽。
5. 开 V13 向釜内通增压蒸汽。
6. 开蒸汽出料预热阀 V14。
7. 片刻后关闭 V14。

### 二、出料

1. 开出料阀门 V16。
2. 出料完毕（LI104 为 0.00m）后，保持吹扫 10s，关阀门 V16。
3. 关蒸汽阀 V15。
4. 关阀门 V13

## 实施记录

## 实施结果（成绩单）

| 正常停车 | 分值 |
|---|---|
| 总分 | 230 |
| 实际得分 | |
| 百分制得分 | |

## 总结与反思

如何提高反应的选择性？

# 任务3 间歇釜故障处理操作训练

## 工作任务

进行间歇釜故障设置，根据故障现象判断故障产生原因，并进行间歇釜故障的排除。

## 任务目标

1. 能根据故障现象正确判断间歇釜故障产生原因。
2. 能正确进行间歇釜故障的排除并调节工艺参数至正常值。

## 任务实施要点

| 故障名称 | 故障处理办法 |
|---|---|
| 反应釜温度超温 | 1.开高压冷却水阀V20进行降温。<br>2.开大冷却水量至最大。<br>3.关闭搅拌器M1。<br>4.控制反应釜温度在110℃。 |
| 搅拌器M1故障停转 | 1.关闭搅拌器M1。<br>2.开放空阀V12 5～10s，放可燃气。<br>3.关放空阀V12。<br>4.开阀V15通增压蒸汽。<br>5.开阀V13通增压蒸汽。<br>6.开蒸汽出料预热阀V14片刻后，关闭V14。<br>7.开出料阀V16。<br>8.出料完毕（LI104为0.00m），保持吹扫10s，关V16。<br>9.关闭蒸汽阀V15。<br>10.关闭阀V13。 |
| 冷却水阀V22、23卡住（堵塞） | 打开冷却水旁路阀V17进行调节（如仍不能控温，则同时打开阀门V18），控制反应釜温度TI101在115.00℃左右 |

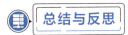

续表

| 故障名称 | 故障处理办法 |
| --- | --- |
| 出料管堵塞 | 1.关闭搅拌器M1。<br>2.开放空阀V12，放可燃气，5～10s后关放空阀V12。<br>3.开蒸汽阀V15。<br>4.打开阀V13通增压蒸汽。<br>5.开出料预热蒸汽阀V14，吹扫5min以上。<br>6.出料管不再堵塞后，关闭出料预热阀V14。<br>7.开出料阀V16。<br>8.出料完毕，保持吹扫10s，关闭V16。<br>9.关蒸汽阀V15。<br>10.关阀门V13。 |
| 反应釜测温电阻连线故障 | 改用压力显示对反应进行调节（调节冷却水用量），保持压力在5atm（表）左右，控制邻氯苯浓度小于0.1mol/L |

## 实施记录

| 故障名称 | 故障主要现象 | 故障处理记录 |
| --- | --- | --- |
| 反应釜温度超温 | | |
| 搅拌器M1故障停转 | | |
| 冷却水阀V22、V23卡住（堵塞） | | |
| 出料管堵塞 | | |
| 反应釜测温电阻连线故障 | | |

## 实施结果（成绩单）

| 故障名称 | 总分 | 实际得分 | 百分制得分 |
| --- | --- | --- | --- |
| 反应釜温度超温 | 125 | | |
| 搅拌器M1故障停转 | 230 | | |
| 冷却水阀V22、V23卡住（堵塞） | 60 | | |
| 出料管堵塞 | 150 | | |
| 反应釜测温电阻连线故障 | 90 | | |

## 总结与反思

反应超压后，应如何进行处理？

# 学习资源

釜式反应釜也称为槽式反应器或锅炉反应器，是一种低高径比的圆筒形反应器，也是最常用的一种用于间歇反应的设备。由于釜式反应釜具有适用温度和压力范围宽、操作弹性大、连续操作时温度、浓度易控制、产品质量均一等特点，因此釜式反应釜能用于多种化工产品的生产。

釜式反应釜内常设有搅拌（机械搅拌、气流搅拌等）装置。在高径比较大时，也可用多层搅拌桨叶。在反应过程中物料需加热或冷却时，可在反应器壁处设置夹套，或在器内设置换热面，也可通过外循环进行换热。

反应系统操作的关键是反应温度的控制，反应温度的控制一般有以下三种方法。

① 通过夹套冷却水换热。

② 通过反应釜组成气相外循环系统，调节循环气体的温度，并使其中的易冷凝气相冷凝，冷凝液流回反应釜，从而实现控制反应温度的目的。

③ 料液循规泵、料液换热器和反应釜组成料液外循环系统，通过料液换热器能够调节循环料液的温度，从而达到反应温度的控制。

在反应温度恒定、反应物料为气相时，主要通过催化剂的加料量和反应物料的加料量来控制反应压力，如反应物料为液相时，反应釜压力主要决定物料的蒸汽分压，也就是反应温度。反应釜气相中，不凝性惰性气体的含量过高是造成反应釜压力超高的原因之一。此时需放火炬，以降低反应釜的压力。

反应釜液位应该严格控制。一般反应釜液位控制在 70% 左右，通过料液的出料速率来控制。连续反应时反应釜必须有自动料位控制系统，以确保液位准确控制。液位控制过低反应产率低。液位控制过高，甚至满釜，就会造成物料浆液进入换热器、风机等设备中造成事故。

料液过浓，会造成搅拌器电机电流过高，引起超负载跳闸，停转，就会造成釜内物料结块，甚至引发飞温，出现事故。停止搅拌是造成事故的主要原因之一。控制料液浓度主要通过控制溶剂的加入量和反应物产率来实现的，有些反应过程还要考虑加料速度，催化剂用量的控制。

# 项目二

# 固定床反应器

## 工作情境

某企业利用催化加氢脱乙炔，反应原理如下：

主反应：　　$n\,C_2H_2+2n\,H_2 \longrightarrow (C_2H_6)_n+Q$

副反应：　　$2n\,C_2H_4 \longrightarrow (C_2H_8)_n+Q$

反应原料分两股，一股为约 -15℃的以 $C_2$ 为主的烃原料，进料量由流量控制器 FIC1425 控制；另一股为 $H_2$ 与 $CH_4$ 的混合气，温度约 10℃，进料量由流量控制器 FIC1427 控制。FIC1425 与 FIC1427 为比值控制，两股原料按一定比例在管线中混合后经原料气 / 反应气换热器 EH423 预热，再经原料预热器 EH424 预热到 38℃，进入固定床反应器 ER424A/B。预热温度由温度控制器 TIC1466 通过调节预热器 EH424 加热蒸汽（S3）的流量来控制。

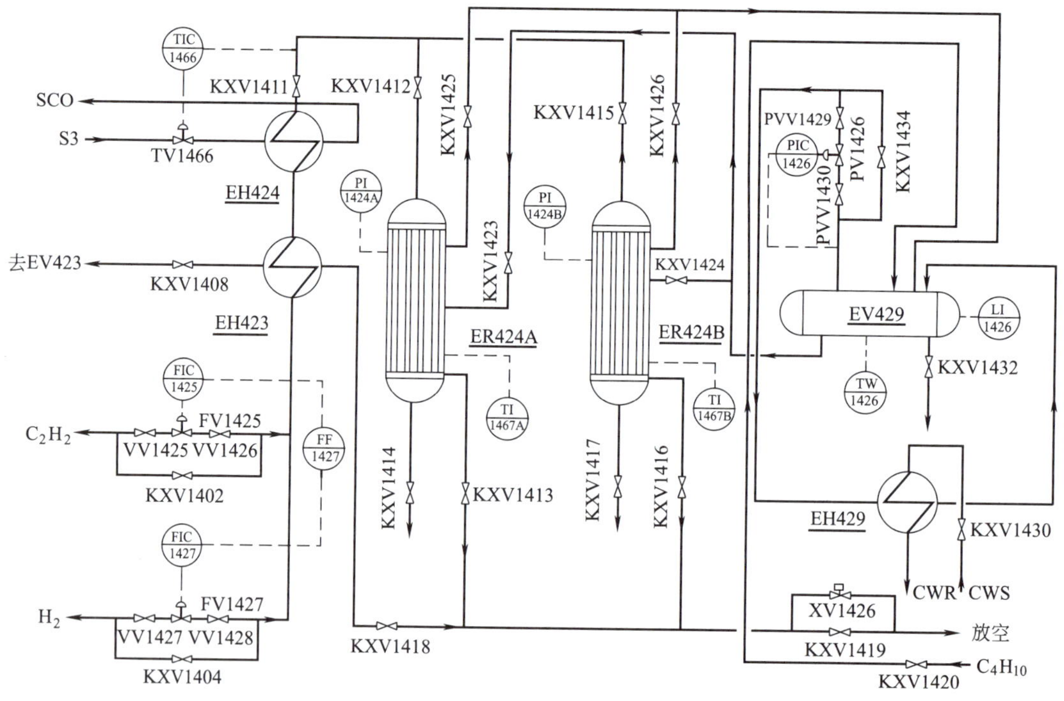


图5-5　固定床反应器带控制点工艺流程图

EH423—原料气/反应气换热器；EH424—原料气预热器；EH429—$C_4$蒸汽冷凝器；
ER424A/B—加氢反应器；EV429—$C_4$闪蒸罐

ER424A/B 中的反应原料在 2.523MPa、44℃下反应生成 $C_2H_6$。当温度过高时会发生 $C_2H_4$ 聚合生成 $C_4H_8$ 的副反应。反应器中的热量由反应器壳侧循环的加压 $C_4$ 冷剂蒸发带走。$C_4$ 蒸汽在水冷器 EH-429 中由冷却水冷凝，而 $C_4$ 冷剂的压力由压力控制器 PIC1426 通过调节 $C_4$ 蒸汽冷凝回流量来控制在 0.4MPa 左右，从而保持 $C_4$ 冷剂的温度为 38℃。

为了生产安全，本单元设有一联锁，联锁动作是：①关闭 $H_2$ 进料，FIC 设手动；②关闭加热器 EH424 蒸汽进料，TIC1466 设手动；③闪蒸器冷凝回流控制 PIC1426 设手动，开度 100%；④自动打开电磁阀 XV1426。另该联锁有一复位按钮，联锁发生后，在联锁复位前，应首先确定反应器温度已降回正常，同时处于手动状态的各控制点的设定应设成最低值。

固定床反应器带控制点工艺流程图如图 5-5 所示，固定床反应器 DCS 图如图 5-6 所示，固定床反应器现场图如图 5-7 所示，固定床反应器组分分析图如图 5-8 所示。

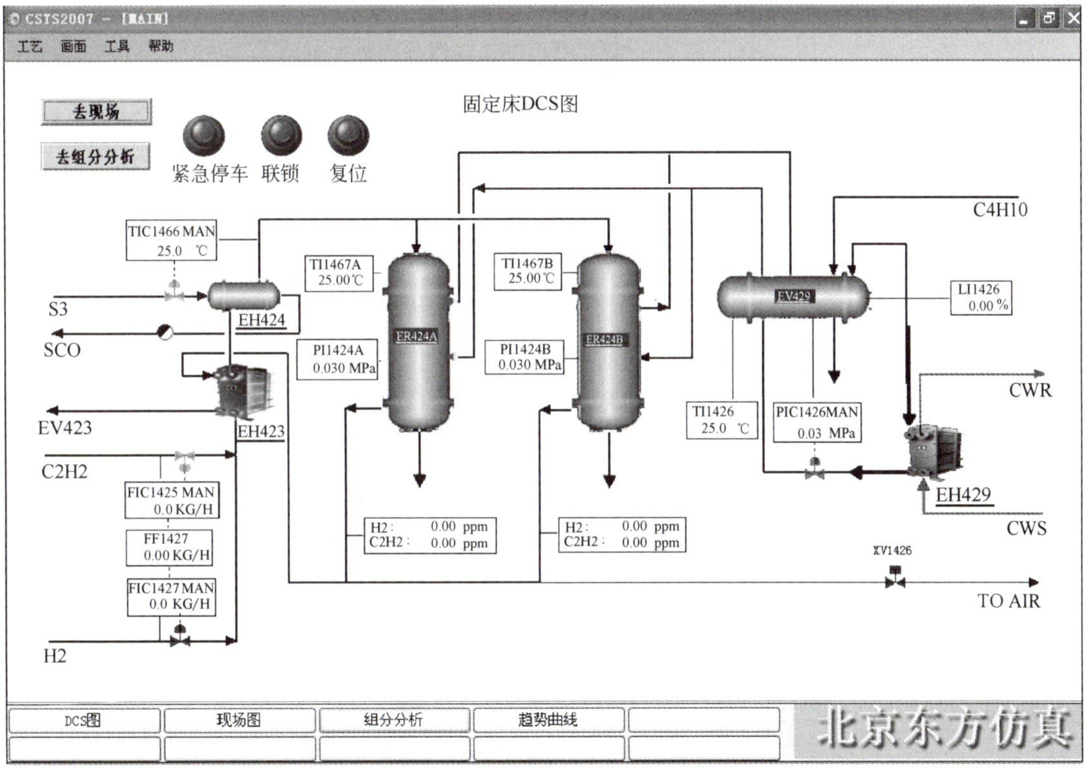


图5-6　固定床反应器DCS图

| | | | |
|---|---|---|---|
| KXV1411 | EH424原料气出口阀 | KXV1430 | EV429冷却水阀 |
| KXV1412 | ER424A原料气入口阀 | KXV1432 | EV429排污阀 |
| KXV1413 | ER424A反应物出口阀 | KXV1434 | 调节阀PV1426旁通阀 |
| KXV1414 | ER424A排污阀 | XV1426 | 电磁阀 |
| KXV1415 | ER424B原料气入口阀 | TV1466 | 蒸汽进料阀 |

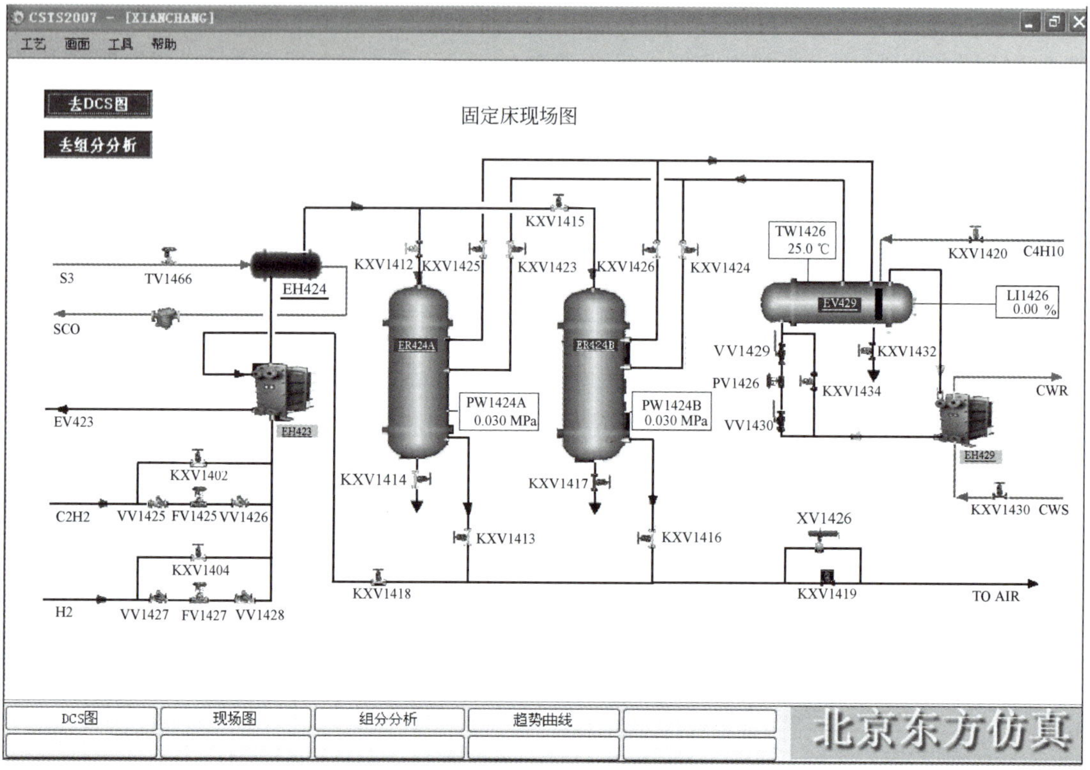


图5-7 固定床反应器现场图

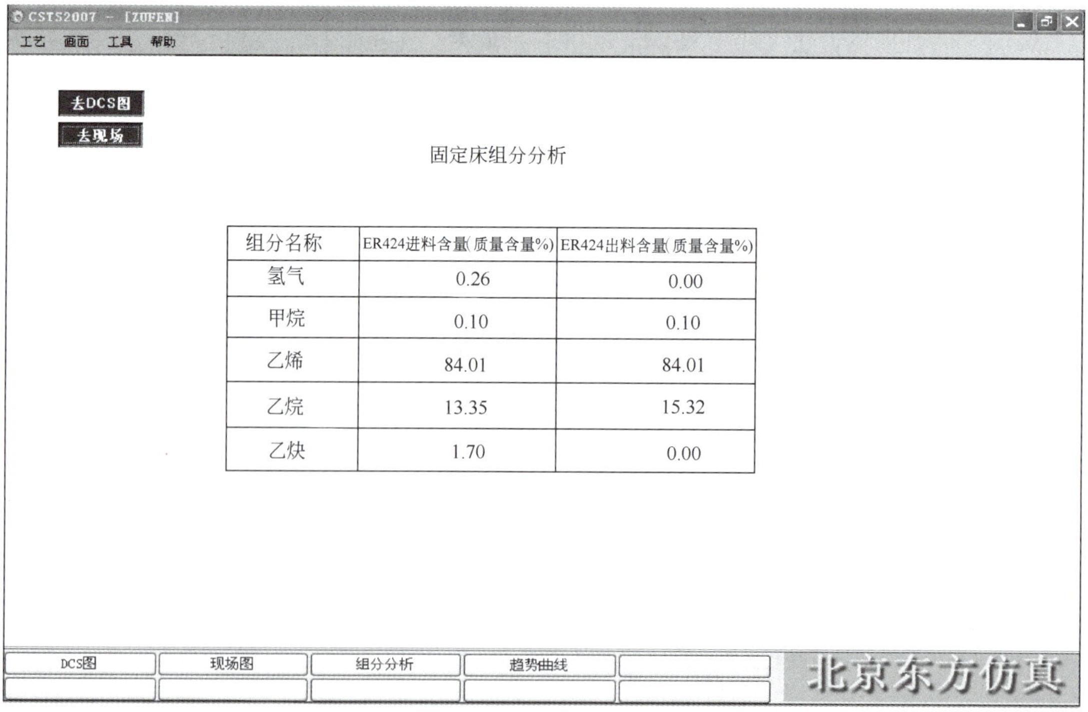


| 组分名称 | ER424进料含量(质量含量%) | ER424出料含量(质量含量%) |
|---|---|---|
| 氢气 | 0.26 | 0.00 |
| 甲烷 | 0.10 | 0.10 |
| 乙烯 | 84.01 | 84.01 |
| 乙烷 | 13.35 | 15.32 |
| 乙炔 | 1.70 | 0.00 |

图5-8 固定床反应器组分分析图

# 任务1 固定床反应器开车操作训练

## 工作任务

完成固定床反应器冷态开车操作，并将工艺参数控制在目标范围内。

| 位号 | 目标值 | 单位 |
|---|---|---|
| FIC1425 | 56186.8 | kg/h |
| TIC1466 | 38.0 | ℃ |
| PI1424A | 2.52 | MPa |
| PIC1426 | 0.40 | MPa |
| TIC1467A | 44.00 | ℃ |

## 任务目标

1. 熟悉比例控制、串级控制原理。
2. 熟悉固定床反应器操作规程。
3. 能熟练进行固定床反应器开车操作。
4. 能熟练进行温度、压力等工艺参数的调节和控制。
5. 能正确进行手动和自动、联锁、串级等操作切换。

## 任务实施要点

### 一、EV429闪蒸器充丁烷

1. 确认 EV429 压力为 0.03MPa。
2. 打开 EV429 回流阀 PV1426 前阀 VV1430。
3. 打开 EV429 回流阀 PV1426 后阀 VV1429。
4. 调节 PV1426 开度为 50%。
5. 打开 KXV1430，开度为 50%，向 EH429 通冷却水。
6. 打开 EV429 的丁烷进料阀门 KXV1420，开度 50%。
7. 当 EV429 液位到达 50% 时，关进料阀 KXV1420。

### 二、ER424A反应器充丁烷

1. 确认反应器 ER424A 压力为 0.03MPa。
2. 确认 EV429 液位到达 50%。
3. 打开丁烷冷剂进 ER424A 壳层阀 KXV1423。
4. 打开出 ER424A 壳层阀 KXV1425。

## 三、ER424A启动准备

1. 打开 S3 蒸汽进料控制 TIC1466，开度为 30%。
2. 调节 PIC1426 压力设定在 0.4MPa，投自动。

## 四、ER424A充压、实气置换

1. 打开 FV1425 前阀 VV1425。
2. 打开 FV1425 后阀 VV1426。
3. 开 KXV1412。
4. 打开阀 KXV1418，开度为 50%，打通产物通向原料气 / 反应气换热器 EH423 的管路。
5. 缓慢打开 ER424A 的出料阀 KXV1413，开度为 5%。
6. 打开乙炔的进料控制阀 FV1425，缓慢提高反应器 ER424A 的压力至 2.523MPa。
7. 缓慢调节 ER424A 的出料阀 KXV1413 的开度至 50%，充压至压力平衡。
8. 当 FIC1425 值稳定在 56186.8 kg/h 左右时，FIC1425 投自动，设定值为 56186.8 kg/h。

## 五、ER424A配氢

1. 待反应器入口温度 TIC1466 在 38.0℃左右时，将 TIC1466 投自动，设定值为 38.0℃。
2. 当反应器温度 TI1467 大于 32.0℃后，打开 FV1427 的前、后阀 VV1427、VV1428。
3. 缓慢打开 FV1427，使氢气流量稳定在 80 kg/h 左右 2min。
4. 缓慢增加氢气进料量到 200kg/h 时，将 FIC1427 投串级。

### 实施记录

### 实施结果（成绩单）

| 冷态开车 | 分值 |
|---|---|
| 总分 | 380 |
| 实际得分 | |
| 百分制得分 | |

### 总结与反思

结合本单元说明比例控制的工作原理。

# 任务2 固定床反应器停车操作训练

## 工作任务

完成固定床反应器正常停车操作，并将相关工艺参数控制在目标范围内。

| 位号 | 目标值 | 单位 |
|---|---|---|
| FIC1427 | 0 | kg/h |
| TW1425 | 25.00 | ℃ |
| TI1467 | 25.00 | ℃ |
| PI1424A | 0.03 | MPa |

## 任务目标

1. 熟悉固定床反应器的停车操作规程。
2. 能熟练进行固定床反应器的停车操作。

## 任务实施要点

### 一、关闭氢气进料阀

1. FIC1427 改为手动控制。
2. 关闭 FV1427。
3. 关闭 VV1427。
4. 关闭 VV1428。

### 二、关闭加热器EH424蒸汽进料阀TV1466

1. 将 TIC1466 改为手动控制。
2. 关闭加热器 EH424 蒸汽进料阀 TV1466。

### 三、全开闪蒸器回流阀PV426

1. 将 PIC1426 改成手动控制。
2. 全开闪蒸器回流阀 PV1426。

### 四、逐渐关闭乙炔进料阀FV1425

1. 将 FIC1425 改成手动控制。
2. 逐渐关闭乙炔进料阀 FV1425。

3. 关闭 VV1425。
4. 关闭 VV1426。

## 五、逐渐开大EH429冷却水进料阀KXV1430

1. 逐渐开大 EH429 冷却水进料阀 KXV1430。
2. 将闪蒸器温度 TW1426 降到常温。
3. 将反应器压力 PI1424A 降至常压。
4. 将反应器温度 TI1467A 降到常温。

### 实施记录

### 实施结果（成绩单）

| 正常停车 | 分值 |
|---|---|
| 总分 | 190 |
| 实际得分 | |
| 百分制得分 | |

### 总结与反思

根据本单元实际情况，说明反应器冷却剂的自循环原理。

# 任务3 固定床反应器故障处理操作训练

### 工作任务

进行故障设置，根据现象分析判断固定床反应器故障产生原因，并进行固定床反应器故障的排除。

### 任务目标

1. 能根据故障现象正确判断固定床反应器故障产生原因。
2. 能正确进行固定床反应器故障的排除并调节工艺参数至正常值。

## 任务实施要点

| 故障名称 | 故障处理办法 |
| --- | --- |
| 氢气进料阀卡住 | 1.将FIC1427改成手动控制。<br>2.关闭FIC1427。<br>3.关闭阀VV1427。<br>4.关闭阀VV1428。<br>5.关小KXV1430阀，降低EH429冷却水量。<br>6.用旁路阀KXV1404调节氢气量。<br>7.当氢气用量恢复正常（FIC1427稳定在200kg/h左右）后，将KXV1430阀开度调到50% |
| 预热器EH424阀卡住 | 1.开大KXV1430阀门开度，增加EH429冷却水的量。<br>2.将FIC1427改成手动控制。<br>3.关闭FV1427，减少配氢量。<br>4.控制EH424的出口温度TI1467A在44.00℃左右 |
| 闪蒸罐压力调节阀卡 | 1.将PIC1426改为手动控制。<br>2.关闭PIC1426。<br>3.关闭阀VV1430。<br>4.关闭阀VV1429。<br>5.增大KXV1430阀门的开度，增加EH429冷却水的量。<br>6.用旁路阀KXV1434手工调节，使闪蒸罐的压力PC1426在0.4MPa左右，闪蒸罐的温度TW1426在38℃左右，闪蒸罐出口温度TI1467A在44.00℃左右 |
| 反应器漏气 | 1.关闭氢气进料阀VV1427。<br>2.关闭VV1428。<br>3.将FIC1427改成手动控制。<br>4.关闭调节阀FV1427。<br>5.将TIC1466改成手动控制。<br>6.关闭加热器EH424蒸汽进料阀TC1466。<br>7.将调节阀PIC1426改成手动控制。<br>8.全开闪蒸器回流阀PV1426。<br>9.将调节阀FIC1425改成手动控制。<br>10.逐渐关闭乙炔进料阀FV1425。<br>11.关闭VV1425。<br>12.关闭VV1426。<br>13.逐渐开大EH429冷却水进料阀KXV1430，将闪蒸器的温度（TW1426）和反应器的温度（TI1467A）降至常温，反应器的压力PI1424A降到常压 |
| EH429冷却水停 | 同上 |
| 反应器超温 | 增大KXV1430的阀门开度，增加EH429冷却水的量，控制EV429温度，TI1467A稳定在44.00℃左右，ER424A的温度TW1426稳定在38.00℃左右 |

## 实施记录

| 故障名称 | 主要现象 | 处理结果记录 |
| --- | --- | --- |
| 氢气进料阀卡住 | | |
| 预热器EH424阀卡住 | | |
| 闪蒸罐压力调节阀卡 | | |
| 反应器漏气 | | |
| EH429冷却水停 | | |
| 反应器超温 | | |

## 实施结果（成绩单）

| 故障名称 | 总分 | 实际得分 | 百分制得分 |
|---|---|---|---|
| 氢气进料阀卡住 | 110 | | |
| 预热器EH424阀卡住 | 70 | | |
| 闪蒸罐压力调节阀卡 | 140 | | |
| 反应器漏气 | 190 | | |
| EH429冷却水停 | 180 | | |
| 反应器超温 | 80 | | |

## 总结与反思

什么是催化剂床层的“飞温”？引起“飞温”的原因是什么？

# 学习资源

凡是流体通过静态固体颗粒形成的床层而进行化学反应的设备都称为固定床反应器。化工生产中以气 - 固相催化反应器应用最为广泛。气 - 固相催化反应器的主要优点是：床层内流体呈理想置换流动，流体停留时间可严格控制，温度分布可适当调节，催化剂用量少，反应器体积小，催化剂颗粒不易磨损，可在高温高压下操作等。其主要缺点有：流体流速不能太大，传热性能差，温度分布不易控制均匀，对于放热反应，在固定床中气流方向上往往存在一个最高温度点，即“热点”，床层内的“热点”温度超过工艺允许的最高温度时，会严重危害催化剂的活性、选择性、使用寿命、设备强度等性能，称为“飞温”现象，“飞温”现象也一直是设计、改造和操作控制的关键。

反应温度是固定床反应器重要的工艺控制指标，在正常的生产操作中，尤其是强放热反应，应及时移走热量以保证正常生产。反应器床层任何一点温度超过正常温度时应停止进料。必要时，要采用紧急措施，或启动高压放空系统以防止温度继续升高而引起反应失控。

反应压力主要通过气体的分压来调节。压力出现波动，对整个反应的影响较大。一般情况下，不要改变循环压缩机的出口压力，也不要随便改变高压分离器压力调节器的给定值。如果压力升高，可通过压缩机每一级的返回量来调节，必要时也可通过增加排放量来调节。压力降低，一般需要增加新鲜气体的补充量。

进行提温提空速时，应“先提空速后提温”，而降空速降温时则“先降温后降空速”。操作过程中，应尽量避免空速大幅度下降，从而引起反应温度的急剧升高。

# 项目三

# 流化床反应器的操作训练

## 工作情境

某企业在具有剩余活性的干均聚物（聚丙烯）的引发下，乙烯、丙烯以及反应混合气在流化床反应器里于 70℃、1.35MPa 下反应，同时加入氢气以改善共聚物的本征黏度，生成高抗冲击共聚物。

$$nC_2H_4 + n\,C_3H_6 \longrightarrow [\,C_2H_4—C_3H_6\,]_n$$

具有剩余活性的干均聚物（聚丙烯）在压差作用下自闪蒸罐 D301 从顶部进入流化床反应器 R401，落在流化床的床层上。在气体分析仪的控制下，氢气被加到乙烯进料管道中，以改进聚合物的本征黏度，满足加工需要。新补充的氢气由 FC402 控制流量，新补充的乙烯由 FC403 控制流量，需补充的丙烯由 FC404 控制流量，三者一起加入到压缩机排出口。来自乙烯汽提塔 T402 顶部的回收气相与气相反应器出口的循环单体汇合，进入 E401 与脱盐水进行换热，将聚合反应热撤出后，进入循环气体压缩机 C401，提高到反应压力后，与新补充的氢气、乙烯相汇合，通过一个特殊设计的栅板进入反应器。循环气体用工业色谱进行分析。

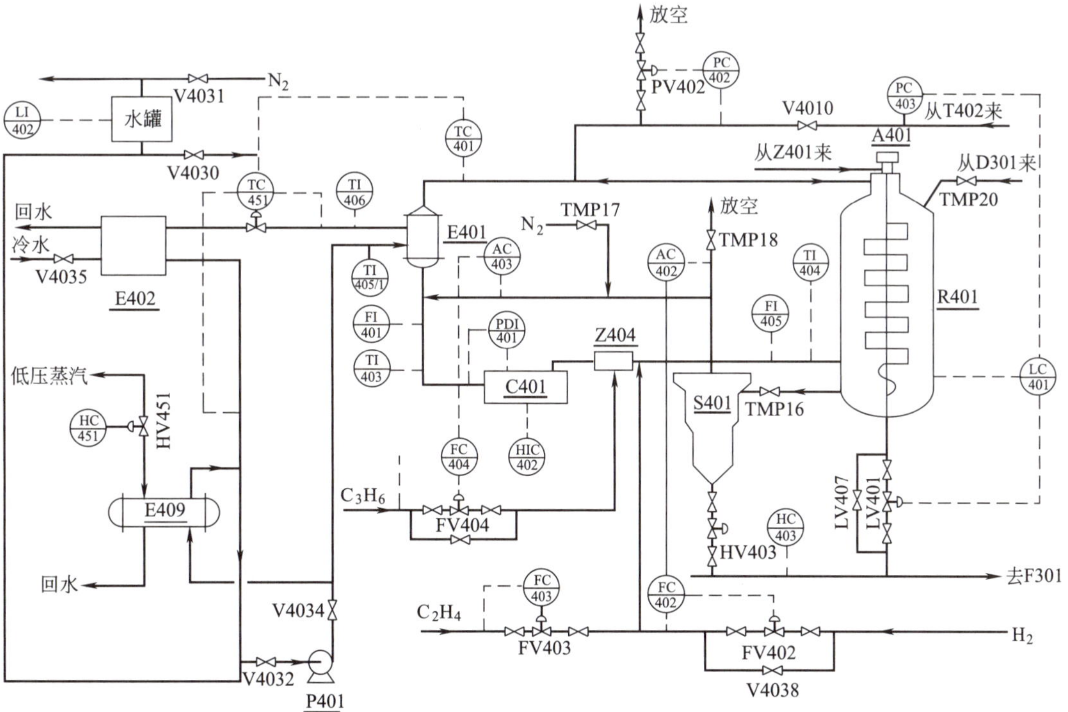


图5-9　流化床反应器带控制点工艺流程图

A401—R401的刮刀；C401—R401循环压缩机；E401—R401气体冷却器；E402—冷却器；E409—夹套水加热器；P401—开车加热泵；R401—共聚反应器；S401—R401旋风分离器；Z404—混合器

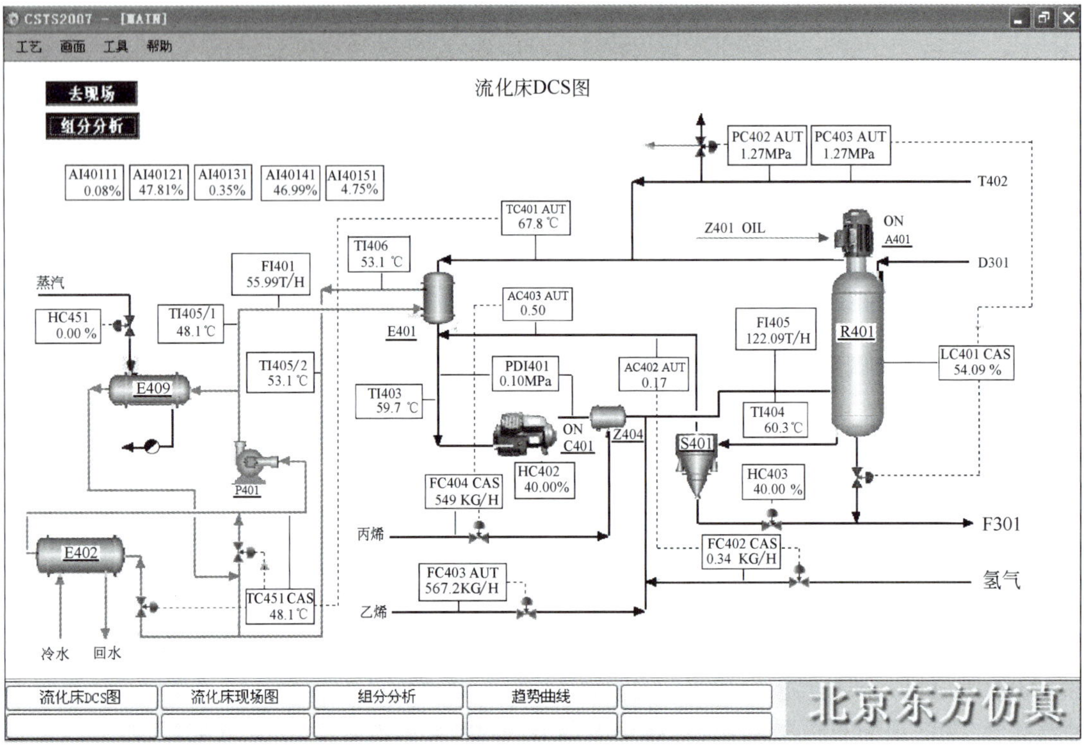


图5-10 流化床DCS图

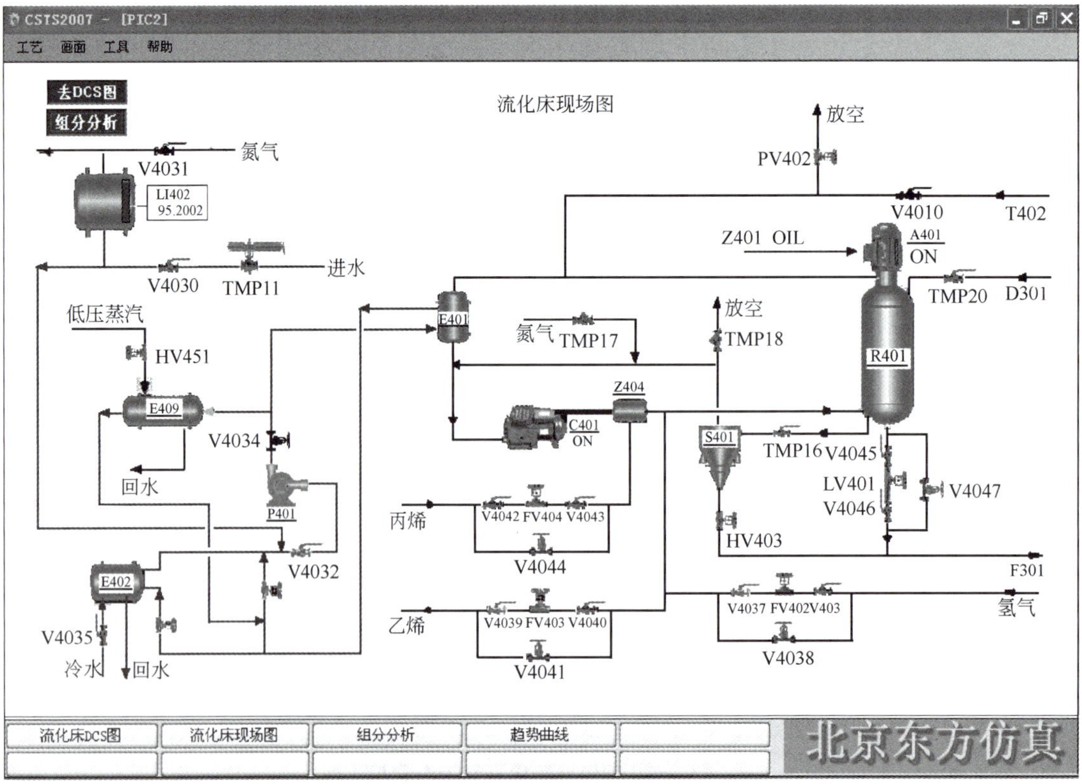


图5-11 流化床现场图

由反应器底部出口管路上的控制阀 LV401 来维持聚合物的料位。聚合物料位决定了停留时间，从而决定了聚合反应的程度，为了避免过度聚合的鳞片状产物堆积在反应器壁上，反应器内配置一转速较慢的刮刀 A401，以使反应器壁保持干净。

栅板下部夹带的聚合物细末，用一台小型旋风分离器 S401 除去，并送到下游的袋式过滤器中。

共聚物的反应压力约为 1.4MPa（表），温度为 70℃，该系统压力位于闪蒸罐压力和袋式过滤器压力之间，从而在整个聚合物管路中形成一定压力梯度，以避免容器间物料的返混并使聚合物向前流动。

流化床反应器带控制点工艺流程图如图 5-9 所示，流化床反应器 DCS 图如图 5-10 所示，流化床反应器现场图如图 5-11 所示，流化床反应器组分分析图如图 5-12 所示。

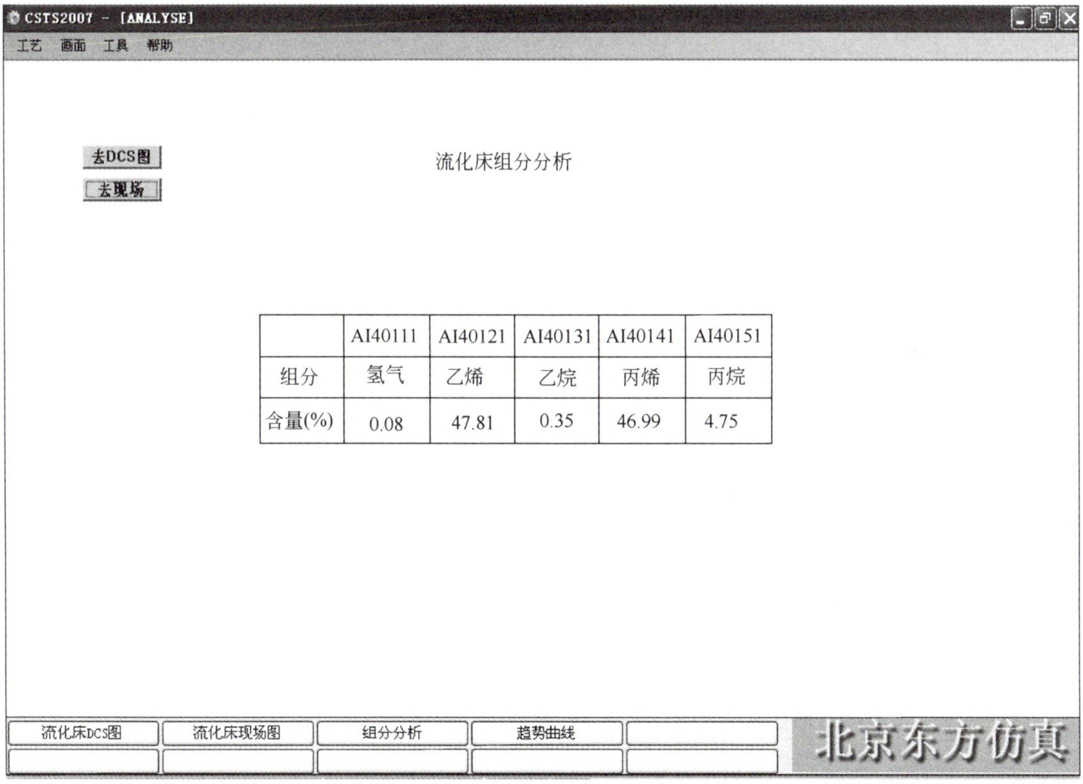


| | AI40111 | AI40121 | AI40131 | AI40141 | AI40151 |
|---|---|---|---|---|---|
| 组分 | 氢气 | 乙烯 | 乙烷 | 丙烯 | 丙烷 |
| 含量(%) | 0.08 | 47.81 | 0.35 | 46.99 | 4.75 |

图5-12　流化床组分分析图

## 任务1　流化床反应器开车操作训练

### 工作任务

完成流化床反应器的冷态开车操作，并将工艺参数控制在目标范围内。

| 位号 | 目标值 | 单位 |
| --- | --- | --- |
| TC401 | 70.00 | ℃ |
| LC401 | 60.00 | % |
| PC402 | 1.35 | MPa |
| FC403 | 567 | kg/h |

## 任务目标

1. 熟悉流化床反应器的开车准备工作内容。
2. 熟悉流化床反应器的开车操作规程。
3. 能熟练进行流化床反应器的开车操作。

## 任务实施要点

### 一、开车准备——氮气充压加热

1. 打开充氮阀 TMP17，用氮气给反应器系统充压。
2. 当氮气充压至 0.1MPa 时，启动共聚压缩机 C401。
3. 将导流叶片 HC402 定在 40%。
4. 打开充水阀 V4030。
5. 打开充压阀 V4031。
6. 当水罐液位 LI402 大于 10% 时，打开泵 P401 进口阀 V4032。
7. 启动泵 P401。
8. 调节泵出口阀 V4034 至开度为 60%。
9. 打开反应器至 S401 入口阀 TMP16。
10. 手动打开低压蒸汽阀 HV451，启动换热器 E409。
11. 打开循环水阀 V4035。
12. 当循环氮气温度 TC401 达到 70℃左右时，TC451 投自动，设定值为 68℃。

### 二、开车准备——氮气循环

1. 当反应系统压力达 0.7MPa 时，关充氮阀 TMP17。
2. 在不停压缩机的情况下，用 PC402 排放。
3. 用放空阀 TMP18 使反应系统泄压至 0.0MPa（表）。
4. 调节 TC451 阀，使反应器气相出口温度 TC401 维持在 70℃左右。

### 三、开车准备——乙烯充压

1. 关闭排空阀 PV402。
2. 关闭排空阀 TMP18。

3. 打开 FV403 的前阀 V4039。
4. 打开 FV403 的后阀 V4040。
5. 打开乙烯调节阀 FV403 开始乙烯进料。
6. 当乙烯进料量达到 567kg/h 左右时，FC403 投自动，设定值为 567kg/h。
7. 乙烯进料，等待充压至 0.25MPa。
8. 调节 TC451 阀，使反应器气相出口温度 TC401 维持在 70℃左右。

## 四、干态运行开车——反应进料

1. 打开 FV402 前阀 V4036。
2. 打开 FV402 后阀 V4037。
3. 将氢气的进料调节阀 FC402 投自动，设定值为 0.102kg/h。
4. 打开 FV404 前阀 V4042。
5. 打开 FV404 后阀 V4043。
6. 当系统压力 PI402 升至 0.5MPa 时，将丙烯进料阀 FC404 投自动，设定值为 400kg/h。
7. 打开进料阀 V4010。
8. 当系统压力 PI402 升至 0.8MPa 时，打开旋风分离器 S401 的底部阀 HV403 至开度为 20%。
9. 调节 TC451 阀，使反应器气相出口温度 TC401 维持在 70℃左右。

## 五、干态运行开车——准备接收D301来的均聚物

1. 将 FC404 改为手动控制。
2. 调节 FC404 开度为 85%。
3. 调节 HC403 开度至 25%。
4. 启动共聚反应器的刮刀，准备接收从闪蒸罐（D301）来的均聚物。
5. 调节 TC451 阀，使反应器气相出口温度 TC401 维持在 70℃左右。

## 六、共聚反应的开车

1. 当系统压力 PI402 升至 1.2MPa 时，打开 HC403 至开度为 40%，以维持流态化。
2. 打开 LV401 前阀 V4045。
3. 打开 LV401 后阀 V4046。
4. 打开 LC401 至开度为 20% ～ 25%，以维持流态化。
5. 打开来自 D301 的聚合物进料阀 TMP20。
6. 关闭 HC451，停低压加热蒸汽。
7. 调节 TC451 阀，使反应器气相出口温度 TC401 维持在 70℃左右。

## 七、稳定状态的过渡

1. 当系统压力 PI402 升至 1.35MPa 时，PC402 投自动，设定值为 1.35MPa。

2. 手动开启 LC401 至 30%，让聚合物稳定地流过。
3. 当液位 LC401 达到 60% 时，将 LC401 投自动，设定值为 60%。
4. 缓慢提高 PC402 的设定值至 1.4MPa。
5. 将 TC401 投自动，设定值为 70℃。
6. 将 TC401 和 TC451 设置为串级控制。
7. 将 PC403 投自动，设定值为 1.35MPa。
8. 压力和组成趋于稳定时，将 LC404 和 PC403 投串级。
9. 将 AC403 投自动。
10. 将 FC404 和 AC403 串级联结。
11. 将 AC402 投自动。
12. 将 FC402 和 AC402 串级联结。

### 实施记录

### 实施结果（成绩单）

| 冷态开车 | 分值 |
| --- | --- |
| 总分 | 1020 |
| 实际得分 | |
| 百分制得分 | |

### 总结与反思

冷态开车时，为什么要首先进行系统氮气充压加热？

## 任务2　流化床反应器停车操作训练

### 工作任务

完成流化床反应器正常停车操作，并将工艺参数控制在目标范围内。

| 位号 | 目标值 | 单位 |
| --- | --- | --- |
| LC401 | 0.00 | % |
| PC402 | 0.01 | MPa |

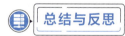

## 任务目标

1. 熟悉流化床反应器的停车操作步骤。
2. 能熟练进行流化床反应器的停车操作。

## 任务实施要点

### 一、降反应器料位

1. 关闭 D301 活性聚丙烯的来料阀 TMP20。
2. 手动缓慢调节 LC401，使反应器料位 LC401 降低至小于 10%。

### 二、关闭乙烯进料，保压

1. 当反应器料位降至 10%，关闭乙烯进料阀 FV403。
2. 关闭 FV403 前阀 V4039。
3. 关闭 FV403 后阀 V4040。
4. 当反应器料位 LC401 降低至零时，关闭反应器出口阀 LV401。
5. 关闭 LV401 前阀 V4045。
6. 关闭 LV401 后阀 V4046。
7. 关闭旋风分离器 S401 上的出口阀 HV403。

### 三、关丙烯及氢气进料

1. 手动切断丙烯进料阀 FV404。
2. 关闭 FV404 前阀 V4042。
3. 关闭 FV404 后阀 V4043。
4. 关闭氢气进料阀 FV402。
5. 关闭 FV402 前阀 V4036。
6. 关闭 FV402 后阀 V4037。
7. 当 PV402 开度大于 80% 时，排放导压至火炬。
8. 当压力 PI402 为零后，关闭 PV402。
9. 停反应器刮刀 A401。

### 四、氮气吹扫

1. 打开 TMP17，将氮气通入系统。
2. 当系统压力 PI402 达 0.35MPa 时，关闭 TMP17。
3. 打开 PV402 放火炬，将系统压力 PI402 降为零。
4. 停压缩机 C401。

## 实施记录

## 实施结果（成绩单）

| 正常停车 | 分值 |
|---|---|
| 总分 | 350 |
| 实际得分 | |
| 百分制得分 | |

## 总结与反思

在运行过程中，为什么一直要保持氮封？

# 任务3　流化床反应器故障处理操作训练

## 工作任务

进行故障设置，根据故障现象分析判断流化床反应器故障产生原因，并进行流化床反应器故障的排除。

## 任务目标

1. 能根据故障现象正确判断流化床反应器故障产生原因。
2. 能正确进行流化床反应器故障的排除并调节工艺参数至正常值。

## 任务实施要点

| 故障名称 | 故障处理办法 |
|---|---|
| 泵P401停 | 1.将FC404改为手动控制。<br>2.调节丙烯进料阀FC404，增加丙烯进料量。<br>3.调节压力调节器PC402，维持系统压力在1.35MPa左右。<br>4.将FC403改为手动控制。<br>5.调节乙烯进料阀FC403，增加乙烯进料量，维持$C_2/C_3$比在0.5左右 |

续表

| 故障名称 | 故障处理办法 |
| --- | --- |
| 压缩机C401停 | 1.关闭D301活性聚丙烯来料阀TMP20。<br>2.将PC402改为手动控制，维持系统压力PI402在1.35左右。<br>3.将LC401改为手动控制。<br>4.调节阀门LC401的开度，维持反应器料位LC401在60%左右 |
| 丙烯进料停 | 1.将FC403改成手动控制。<br>2.手动关小乙烯进料量，维持$C_2/C_3$比在0.5左右。<br>3.关D301活性聚丙烯来料阀TMP20。<br>4.手动关小PV402，维持系统压力PI402在1.35MPa左右。<br>5.将LC401改为手动控制。<br>6.调节阀门LC401的开度，维持反应器料位LC401在60%左右 |
| 乙烯进料停 | 1.将FC404改为手动控制。<br>2.关闭丙烯进料阀FV404，维持$C_2/C_3$比在0.5左右。<br>3.将FC402改成手动控制。<br>4.关小氢气进料阀FC402，维持$H_2/C_2$比在0.17左右，反应器温度TC401在70℃左右 |
| D301供料停 | 1.将LC401改成手动控制。<br>2.手动关闭LC401。<br>3.将FC404改为手动控制。<br>4.调小调节阀FC404的阀门开度（关小丙烯进料）。<br>5.将FC403改为手动控制。<br>6.调小调节阀FC403的阀门开度（关小乙烯进料）。<br>7.调节系统压力PC402在1.35MPa左右。调节反应器料位LC401在60%左右 |

## 实施记录

| 故障名称 | 主要现象 | 处理结果记录 |
| --- | --- | --- |
| 泵P401停 | | |
| 压缩机C401停 | | |
| 丙烯进料停 | | |
| 乙烯进料停 | | |
| D301供料停 | | |

## 实施结果（成绩单）

| 故障名称 | 总分 | 实际得分 | 百分制得分 |
| --- | --- | --- | --- |
| 泵P401停 | 70 | | |
| 压缩机C401停 | 100 | | |
| 丙烯进料停 | 100 | | |
| 乙烯进料停 | 90 | | |
| D301供料停 | 110 | | |

### 总结与反思

气相共聚反应的温度为什么绝对不能偏差所规定的温度？

## 学习资源

流化床反应器是以一定的流动速度使固体催化剂颗粒呈悬浮湍动，并在催化剂作用下进行化学反应的设备，由于流化床具有较高的传热效率、床层温度分布均匀、很大的相间接触面积、固体粒子输送方便等优点，因而在化工、冶金等领域得到了广泛的应用。与固定床相比，存在着物料返混严重、催化剂磨损大、需要气固相分离装置、操作气体速度受限等缺点。

由粗颗粒形成的流化床反应器，开车启动操作一般不存在问题。而细颗粒形成的流化床，特别是采用旋风分离器的情况下，因为细颗粒在常温下容易团聚，开车启动操作需按一定的要求来进行。

1. 用被间接加热的空气来加热反应器，赶走反应器内的湿气，使反应器趋于热稳定状态。

2. 反应器达到热稳定状态后，用热空气将催化剂由储罐输送到反应器内，当反应器内的催化剂量足以封住一级旋风分离器料腿时，开始向反应器内送入速度超过临界流化速度不太多的热风，直至催化剂量加到规定量的 1/2 ～ 2/3 时停止输送催化剂，适当加大流态化热风。热风的量应随着床温的升高予以调节，以不大于正常操作气速为度。

3. 当床温达到可以投料时，开始投料。如果是放热反应，随着反应的进行，应逐步降低进气温度，直至切断热源，送入常温气体。若有过剩的热能，可以提高进气温度，以便回收高值热能的余热。

4. 当反应和换热系统都调整到正常的操作状态后，再逐步将未加入的 1/2 ～ 1/3 催化剂送入床内，并逐渐将反应调整到要求的工艺状态。

# 模块六

# 化工产品生产操作训练

学习指南

## 知识目标

了解乙酸、丙烯酸甲酯、合成氨等产品的工业应用；熟悉乙醛氧化制乙酸、丙烯酸甲酯及合成氨的工艺原理；了解乙醛氧化制乙酸、丙烯酸甲酯及合成氨生产典型设备的结构；掌握乙醛氧化制乙酸等工段级产品的操作要领；掌握乙醛氧化制乙酸、$CO_2$压缩、丙烯酸甲酯及合成氨生产中常见的故障类型、故障产生的原因及处理方法。

## 能力目标

能熟练进行乙醛氧化制乙酸、丙烯酸甲酯及合成氨等工段级产品的开车操作、正常操作和停车操作；能对乙醛氧化制乙酸工段、丙烯酸甲酯工段及合成氨等产品中出现的故障进行正确分析、判断和处理；能对生产过程进行运行管理；能对生产设备进行日常维护和保养；能正确理解和执行生产操作规程。

## 素质目标

培养敬业爱岗、勤学肯干的职业操守，专注、精益求精的工匠精神；培养化工职业需要的严格遵守操作规程的职业素质、安全生产的职业意识和沉着冷静的应急处置能力；养成理论联系实际的思维方式和独立思考的科学态度；树立节能和减排的绿色发展理念，初步具有经济合理的工程技术观念。

# 项目一

# 乙醛氧化制乙酸工段

## 工作情境

某企业以乙醛为原料通过氧化来制乙酸，乙醛和氧气按配比流量进入第一氧化塔（T101），氧气分两个入口入塔，上口和下 口通氧量比约为 1∶2，氮气通入塔顶气相部分，以稀释气相中氧和乙醛。乙醛与催化剂全部进入第一氧化塔，第二氧化塔不再补充。氧化反应的反应热由氧 化液冷却器（E102A/B）移去，氧化液从塔下部用循环泵（P101A/B）抽出，经过冷却器（E102 A/B）循环回塔中，循环比（循环量：出料量）约 110 ～ 140∶1。冷却器出口氧化 液温度为 60℃，塔中最高温度为 75 ～ 78℃，塔顶气相压力 0.2MPa（表），出第一氧化塔的氧化液中醋酸浓度在 92% ～ 95%，从塔上部溢流去第二氧化塔（T102）。第

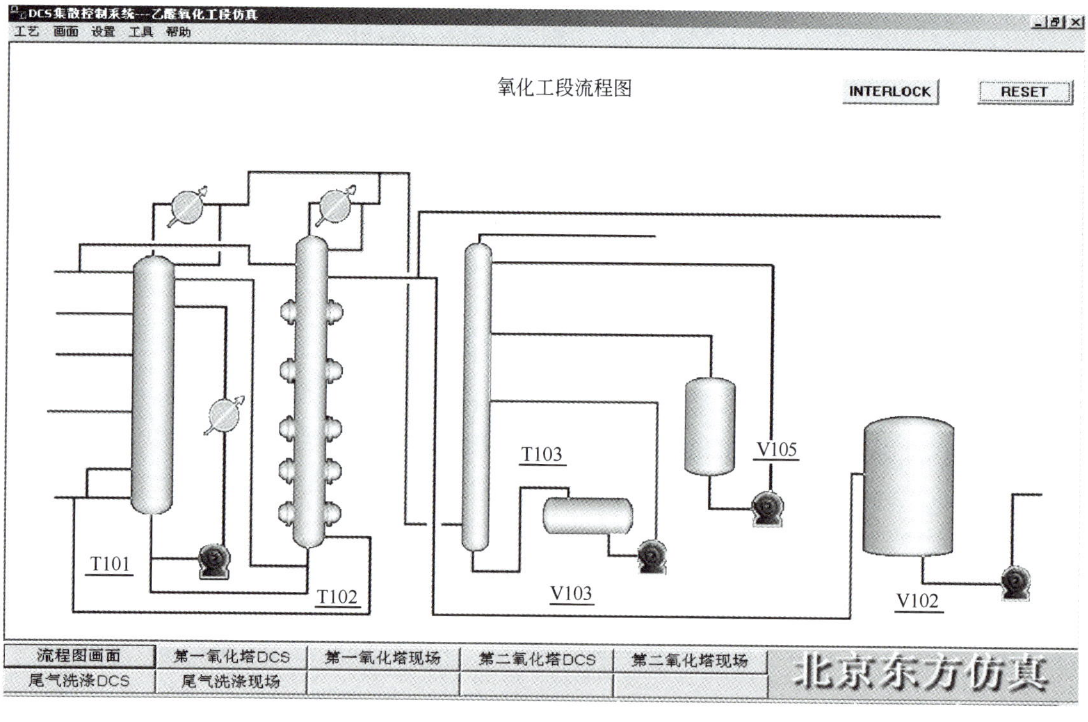


图6-1 氧化工段流程图

T101—第一氧化塔；T102—第二氧化塔；T103—尾气洗涤塔；V102—氧化液中间贮罐；V103—洗涤液贮罐；V105—碱液贮罐

二氧化塔为内冷式，塔底部补充氧气，塔顶也加入保护氮气，塔顶压力 0.1MPa（表），塔中最高温度约 85℃，出第二氧化塔的氧化液中醋酸含量为 97% ～ 98%。第一氧化塔和第二氧化塔的液位显示设在塔上部，显示塔上部的部分液位（全塔高 90% 以上的液位）。出氧化塔的氧化液一般直接去蒸馏系统，也可以放到氧化液中间贮罐（V102）暂存。中间贮罐的作用是：正常操作情况下做氧化液缓冲罐，停车或事故时存氧化液，醋酸成品不合格需要重新蒸馏时，由成品泵（P402）送来中间贮存，然后用泵（P102）送蒸馏系统回炼。两台氧化塔的尾气分别经循环水冷却的冷却器（E101A/B）冷却，凝液主要是醋酸，带少量乙醛，回到塔顶，尾气最后经过尾气洗涤塔（T103）吸收残余乙醛和醋酸后放空，洗涤塔采用下部为新鲜工艺水，上部为碱液，分别用泵（P103、P104）循环。洗涤液温度常温，洗涤液含醋酸达到一定浓度后（70% ～ 80%），送往精馏系统回收醋酸，碱洗段定期排放至中和池。

氧化工段流程图、第一氧化塔 DCS 图、第一氧化塔现场图、第二氧化塔 DCS 图、第二氧化塔现场图、尾气洗涤塔和中间贮罐 DCS 图、尾气洗涤塔和中间贮罐现场图分别如图 6-1 ～图 6-6 所示。

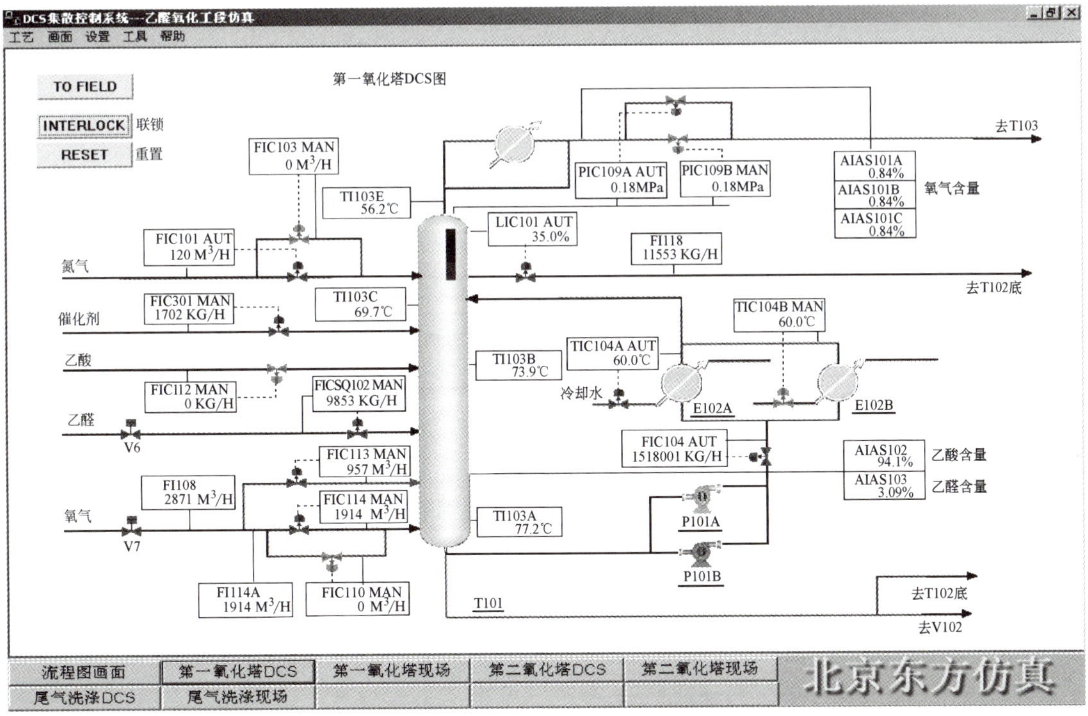


图6-2　第一氧化塔DCS图

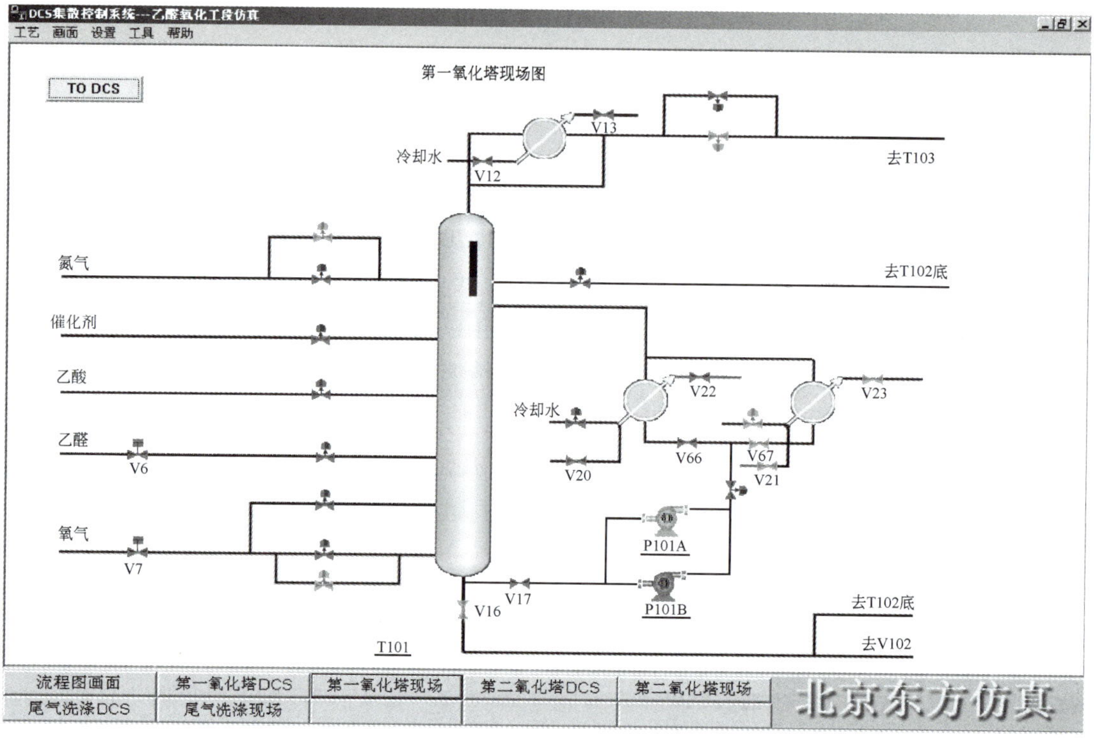


图6-3 第一氧化塔现场图

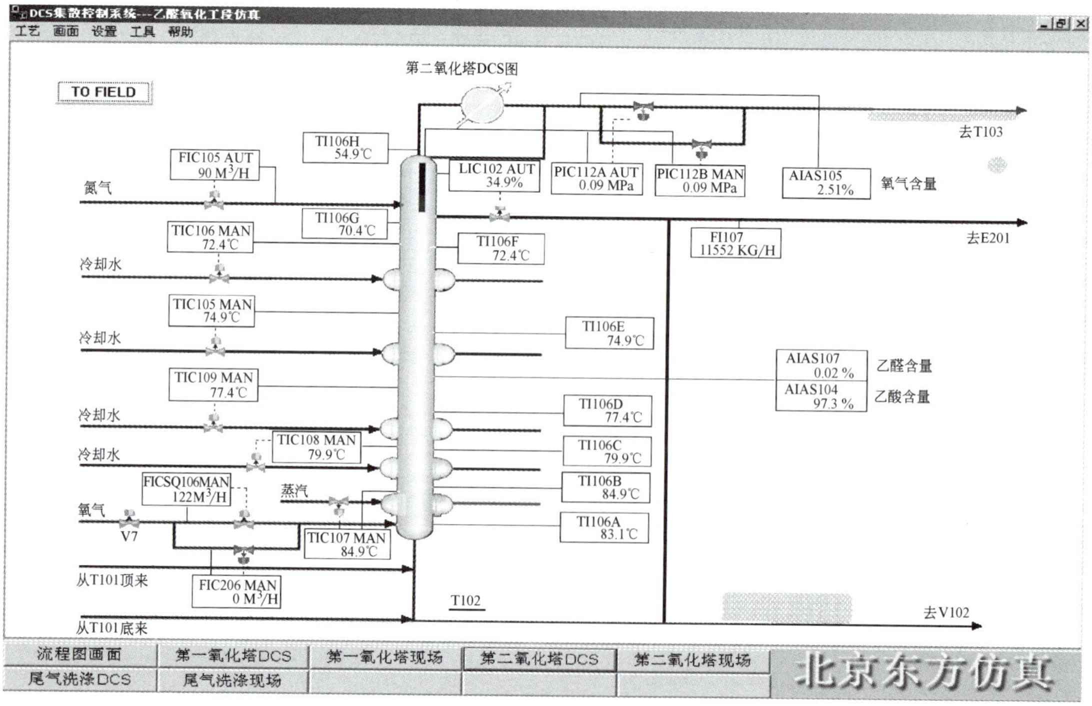


图6-4 第二氧化塔DCS图

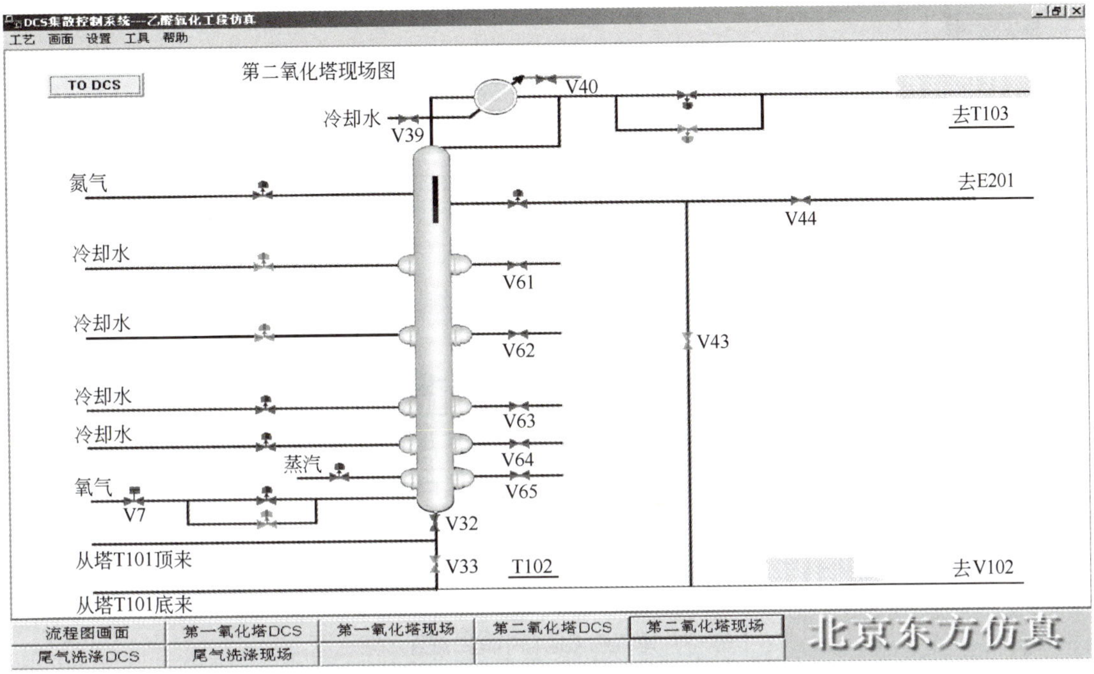


图6-5　第二氧化塔现场图

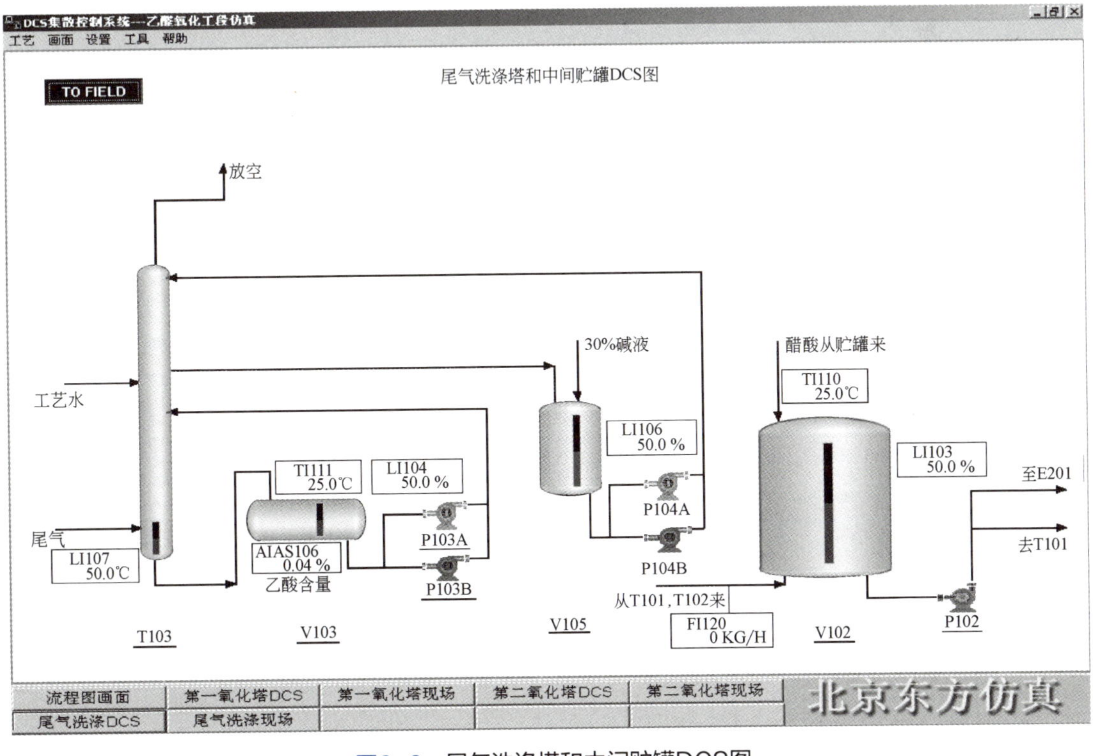


图6-6　尾气洗涤塔和中间贮罐DCS图

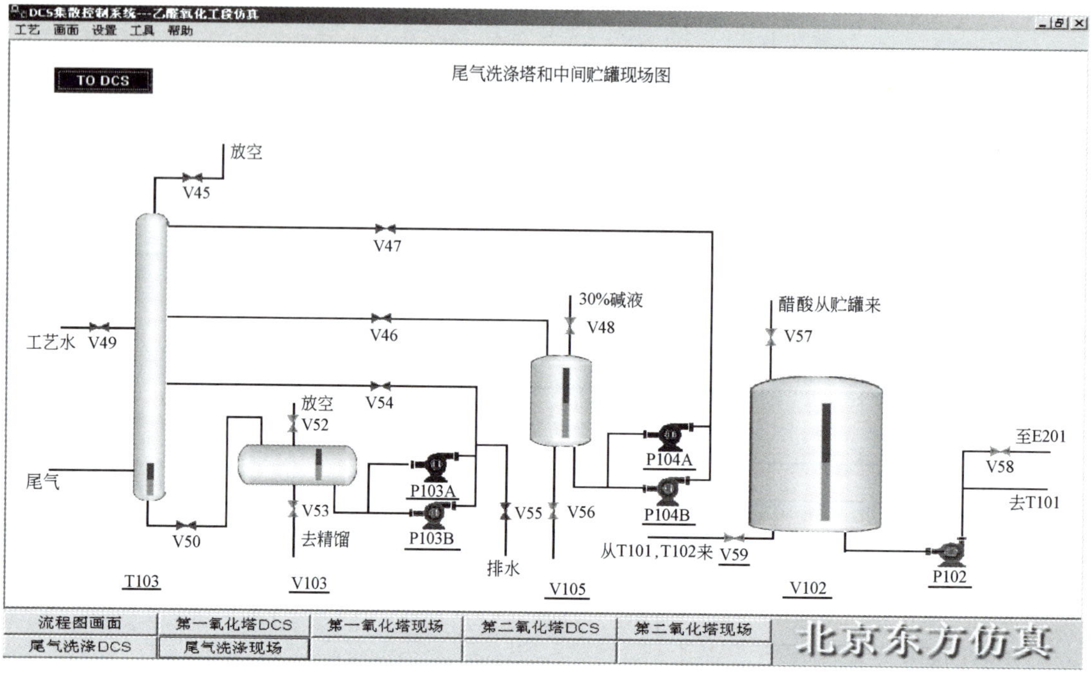


图6-7　尾气洗涤塔和中间贮罐现场图

# 任务1　乙醛氧化制乙酸工段开车操作训练

## 工作任务

完成乙醛氧化制乙酸工段冷态开车操作，并将工艺参数控制在目标范围内。

| 位号 | 目标值 | 单位 |
|---|---|---|
| TI103A | 77 | ℃ |
| TIC104 | 60 | ℃ |
| LIC101 | 35 | % |
| LIC102 | 35.00 | % |
| TI106 | 83.00 | ℃ |
| PI109 | 0.19 | MPa |
| PI112 | 0.10 | MPa |
| LI107 | 50.00 | % |
| LI104 | 50.00 | % |
| LI106 | 50.00 | % |
| FICSQ102 | 9582 | kg/h |
| FIC301 | 1702 | kg/h |
| FIC114 | 1914 | $Nm^3/h$ |
| FIC113 | 957 | $Nm^3/h$ |

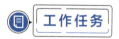

续表

| 位号 | 目标值 | 单位 |
|---|---|---|
| FIC101 | 120 | $Nm^3/h$ |
| FIC104 | 1518000 | kg/h |
| TIC107 | 84 | ℃ |
| FIC105 | 90 | $Nm^3/h$ |
| FICSQ106 | 122 | $Nm^3/h$ |

### 任务目标

1. 熟悉氧化工段开车应具备的条件、开车前需做的准备工作。
2. 熟悉乙醛氧化制乙酸工段开车操作规程。
3. 能熟练进行乙醛氧化制乙酸工段开车操作。
4. 能正确进行工艺参数设置和调节。

### 任务实施要点

## 一、开车前准备（酸洗反应系统）

1. 尾气吸收塔 T103 的放空阀 V45 打开（50%）（为节省时间，可使用“快速灌液”）。
2. 开启氧化液中间贮罐 V102 的现场阀 V57（50%），向其中注酸。
3. 开启 V102 的输液泵 P102，向第一氧化塔 T101 注酸。
4. 打开 T101 进酸控制阀 FIC112。
5. V102 的液位 LI103 超过 50% 后，关闭阀 V57，停止向 V102 注酸。
6. T101 的液位 LIC101 大于 2% 后，关闭泵 P102，停止向 T101 注酸。
7. 关闭 T101 注酸控制阀 FIC112。
8. 开启 T101 的循环泵 P101A/B 的前阀 V17。
9. 开启泵 P101A，酸洗第一氧化塔 T101。
10. 打开酸洗回路阀 V66。
11. 打开酸洗回路的流量控制阀 FIC104（20%）。
12. 关闭泵 P101A，停止酸洗。
13. 关闭酸洗回路的流量控制阀 FIC104。
14. 开启 T101 的氮气控制阀 FIC101，将酸压至第二氧化塔 T102 中。
15. 开启 T101 底阀 V16，向 T102 压酸。
16. 开启 T102 底阀 V32，由 T101 向 T102 压酸。
17. 开启 T102 的底部控制阀 V33，由 T101 向 T102 压酸。
18. T102 液位 LIC102 大于 0 后，关闭 T101 的进氮气控制阀 FIC101。
19. 关闭 FIC103。
20. 开启 T102 的进氮气控制阀 FIC105，向 V102 压酸。

21. 开启 V102 的回酸阀 V59，将 T101、T102 中的酸打回 V102。

22. 压酸结束后，关闭 T102 的进氮气控制阀 FIC105。

23. 依次关闭 T101 的底阀 V16、T102 底阀 V32、T102 底部控制阀 V33、V102 回酸阀 V59。

24. 开启 T101 的压力调节阀 PIC109A，放空 T101 内的气体。

25. 开启 T102 的压力调节阀 PIC112A，放空 T102 内的气体。

26. 放空结束，依次关闭 T101 的压力调节阀 PIC109A，T102 的压力调节阀 PIC112A。

## 二、建立循环

1. 开启泵 P102，由 V102 向塔 T101 注酸。
2. 全开 T101 注酸控制阀 FIC112。
3. 当 LIC101 大于 30% 时，调整 LIC101 开度约为 50%。
4. 开启 T102 底阀 V32，向 T102 进酸。
5. 当 LIC102 大于 30% 时，开启 LIC102（开度约 50%），根据 LIC102 液位随时调整。
6. 开启 T102 的现场阀 V44，向精馏系统出料，建立循环。

## 三、配制氧化液

1. 将 LIC101 调至 30% 左右，停泵 P102。
2. 关闭 T101 注酸控制阀 FIC112。
3. 关闭 T101 的液位控制器 LIC101。
4. 开启乙醛进料调节阀 FICSQ102（缓加，根据乙醛含量 AIAS103 来调整其开度），使 AIAS103 约为 7.5%。
5. 开启催化剂进料调节阀 FIC301（缓加，根据乙醛进量调整其开度，使其流量约为 FICSQ102 的 1/6），向第一氧化塔 T101 中注入催化剂。
6. 依次开启 T101 顶部冷却水的进水阀 V12、出水阀 V13。
7. 开启泵 P101A，将酸打循环。
8. 打开 FIC104，将流量控制在 700000kg/h。
9. 开换热器 E102 的入口调节阀 V20（开度为 50%），为循环的氧化液加热。
10. 开启换热器 E102 的出口阀 V22，使液相温度 TI103A 升高。
11. 关闭 T102 的液位调节器 LIC102。
12. 关闭 T102 的现场阀 V44。
13. 当 T101 的乙醛含量 AIAS103 约为 7.5%，停止进醛阀 FICSQ102。
14. 停止进催化剂阀 FIC301。

## 四、第一氧化塔投氧开车

1. 投氧开车前，将联锁 INTERLOCK 打向 AUTO，使 T101、T102 的氧含量不高于 8%，液位不高于 80%。

2. 开启 FIC101，使进氮气量为 $120Nm^3/h$。

3. 将 T101 的塔顶压力调节器 PIC109A 投自动，设为 0.19MPa。

4. 关闭 T101 的液位控制器 LIC101。

5. 当 T101 的液相温度 TI103A 高于 70℃时，开启进氧气控制阀 FIC110，初始投氧量小于 $100Nm^3/h$。

6. 开启 FICSQ102（根据投氧量来调整其开度），使 FICSQ102 的流量约为投氧量的 2.5 ～ 3 倍。

7. 开启 FIC301（根据乙醛进量调整其开度，使其流量约为 FICSQ102 的 1/6）。

8. 逐渐增大 FIC110 到 $320Nm^3/h$，并开 FIC114 投氧（开度小于 50%）。

9. 逐渐增大 FIC114 到 $620Nm^3/h$，关小投氧阀 FIC110。

10. 增大 FIC114 到 $1000Nm^3/h$，开启 FIC113，使其流量约为 FIC114 的 1/2。

11. 当换热器 E102A 的出口温度上升至 85℃时，关闭阀 V20，停止蒸汽加热。

12. 当 T101 的投氧量达到 $1000Nm^3/h$ 时，且液相温度达到 90℃时，全开 TIC104A 投冷却水。

13. LIC101 超过 60% 且投氧正常后，将 LIC101 投自动设为 35%，向 T102 出料。

## 五、第二氧化塔投氧开车

1. 依次开启 T102 顶部的冷却水进水阀 V39、出口阀 V40。

2. 开启 FIC105，使进氮气量为 $90m^3/h$。

3. 将 T102 的塔顶压力调节器 PIC112A 投自动，设为 0.1MPa。

4. 开启蒸汽阀 TIC107 和 V65，使 TI106B 保持在 70 ～ 85℃。

5. 开启 T102 的进氧控制阀 FICSQ106，投氧。

6. 开启 TIC106 和 V61，使 TI106F 保持在 70 ～ 85℃。

7. 开启 TIC105 和 V62，使 TI106E 保持在 70 ～ 85℃。

8. 开启 TIC108 和 V64，使 TI106D 保持在 70 ～ 85℃。

9. 开启 TIC109 和 V63，使 TI106C 保持在 70 ～ 85℃。

## 六、吸收塔投用

1. 打开 T103 的进水调节阀 V49（50%），将 LIC107 维持在 50% 左右。

2. 开启阀 V50，向 V103 中备工艺水，将 LIC104 维持在 50% 左右。

3. 氧化塔投氧前，开启泵 P103A。

4. 开启调节阀 V54（50%），投用工艺水。

5. 开启排水阀 V55。

6. 开启阀 V48，向碱液贮罐 V105 中备料（碱液）。

7. 当碱液贮罐 V105 中的液位超过 50% 时，关阀 V48。

8. 开启调节阀 V47，投用碱吸收液。

9. 开启调节阀 V46，回流洗涤塔 T103 内的碱液。

## 七、氧化系统出料

1. 将 T102 的液位 LIC102 投自动，设为 35%。
2. 开 T102 的现场阀 V44，向精馏系统出料。

## 八、调至平衡

1. 将 FICSQ102 投自动，设定值为 9582kg/h。
2. 将 FIC301 投自动，设定值为 1702kg/h，约为进酸量的 1/6。
3. 将 FIC114 投自动，设定值为 1914$Nm^3$/h，约为投醛量的 0.35 ～ 0.4 倍。
4. 将 FIC113 投自动设为 957$Nm^3$/h，约为 FIC114 流量的 1/2。
5. 将 FIC101 投自动，设定值为 120$Nm^3$/h。
6. 将 FIC104 投自动，设定值为 1518000kg/h。
7. 将 TIC104A 投自动，设定值为 60℃。
8. 将 TIC107 投自动，设定值为 84℃。
9. 将 FIC105 投自动，设定值为 90$Nm^3$/h。
10. 将 FICSQ106 投自动，设定值为 122$Nm^3$/h。

### 实施记录

### 实施结果（成绩单）

| 冷态开车 | 分值 |
|---|---|
| 总分 | 930 |
| 实际得分 | |
| 百分制得分 | |

### 总结与反思

第一氧化塔中的氧化液温度控制在什么范围？通过什么来实现？

# 任务2　乙醛氧化制乙酸工段停车操作训练

## 工作任务

完成乙醛氧化制乙酸工段正常停车操作，并将工艺参数控制在目标范围内。

| 位号 | 目标值 | 单位 |
|---|---|---|
| TI1013A | 30.00 | ℃ |
| TI106A | 30.00 | ℃ |

## 任务目标

1. 熟悉乙醛氧化制乙酸工段停车操作规程。
2. 能熟练进行乙醛氧化制乙酸工段的停车操作。

## 任务实施要点

### 一、氧化塔停车

1. 关闭 T101 的进醛控制阀 FICSQ102，并逐渐减少进氧量。
2. 关闭 T101 的进催化剂控制阀 FIC301。
3. 当 T101 中醛的含量 AIAS103 降至 0.1% 以下时，关闭其主进氧阀 FIC114。
4. 关闭 T101 的副进氧阀 FIC113。
5. 关闭 T102 的进氧阀 FICSQ106。
6. 关闭 T102 的蒸汽控制阀 TIC107 和 V65。
7. 醛被氧化完后，开启 T101 塔底阀门 V16。
8. 开启 T102 塔底阀门 V33，逐步退料到 V102 中。
9. 开启氧化液中间贮罐 V102 的回料阀 V59。
10. 开泵 P102。
11. 开阀 V58，送精馏处理。
12. 将 T101 的循环控制阀 FIC104 设为手动，关闭。
13. 关闭 T101 的泵 P101A，停循环。
14. 将 T101 的换热器 E102A 的冷却水控制阀 TIC104A 设为手动，关闭。
15. 关闭 T101 的泵 P101A，停循环。
16. 将 T101 的换热器 E102A 的冷却水控制阀 TIC104A 设为手动，关闭。
17. 将 T101 液位控制阀 LIC101 设为手动，关闭。
18. 将 T102 液位控制阀 LIC102 设为手动，关闭。
19. 关闭 V44。
20. 关闭 T102 的冷却水控制阀 TIC106 和 V61。

21. 关闭 T102 的冷却水控制阀 TIC105 和 V62。
22. 关闭 T102 的冷却水控制阀 TIC109 和 V63。
23. 关闭 T102 的冷却水控制阀 TIC108 和 V64。
24. 将 T101 的进氮气阀 FIC101 设为手动，关闭。
25. 将 T102 的进氮气阀 FIC105 设为手动，关闭。
26. 将 T102 压力控制阀 PIC112A 设为手动，关闭。
27. 将联锁打向“BP”。

## 二、洗涤塔停车

1. 关工艺水入口阀 V49。
2. 关阀 V54。
3. 关阀 V55。
4. 停泵 P103A。
5. 开阀 V53，将洗涤液送往精馏工段。
6. T103 排空后，关闭阀 V50。
7. T103 和 V103 都排空后，关闭阀 V53。
8. 关闭 V47，停止碱循环。
9. 停泵 P104A。
10. T103 中碱液全排至 V105 后，关阀 V46。

### 实施记录

### 实施结果（成绩单）

| 正常停车 | 分值 |
| --- | --- |
| 总分 | 220 |
| 实际得分 | |
| 百分制得分 | |

### 总结与反思

在配置氧化液过程中，如何控制第一氧化塔中液体不溢出？此控制步骤在实际反应中可行吗？为什么？

# 任务3　乙醛氧化制乙酸工段故障处理操作训练

## 工作任务

进行故障设置，根据现象分析判断氧化工段故障产生原因，并进行乙醛氧化制乙酸工段故障的排除。

## 任务目标

1. 能根据故障现象正确判断乙醛氧化制乙酸工段故障产生原因。
2. 能正确进行乙醛氧化制乙酸工段故障的排除并调节工艺参数至正常值。

## 任务实施要点

| 故障名称 | 故障处理方法 |
| --- | --- |
| T101 进醛流量降低 | 1.将T101的进醛控制阀FICSQ102增大至50以上。<br>2.将FICSQ102调至9852kg/h，投自动。<br>3.将T101的塔底温度TI103A调至77℃。<br>4.将T101的液位LIC101调至35%。<br>5.将T101的压力PIC109A调至0.19MPa |
| P101A 坏 | 1.开P101B。<br>2.关闭P101A。<br>3.将T101的循环温度TIC104A调至60℃。<br>4.将T101的塔底温度TI103A调至77℃。<br>5.将T101的循环流量FIC104调至1518000kg/h |
| T101 顶压力升高 | 1.打开T101的塔顶压力控制阀PIC109B。<br>2.将PIC109B投自动，设定值为0.19MPa。<br>3.关闭PIC109 |
| T102 顶压力升高 | 1.打开T102的塔顶压力控制阀PIC112B。<br>2.将PIC112B投自动，设定值为0.1MPa。<br>3.关闭PIC112 |
| T101 内温度升高 | 1.开启T101的换热器E102B的调节阀TIC104B。<br>2.依次打开阀V23、V67、V66。<br>3.将TIC104B设定为自动，设定值为60℃。<br>4.将T101的换热器E102A的调节阀TIC104A关闭 |
| T101氮气进量波动 | 1.开FIC103。<br>2.关FIC101。<br>3.将T101的塔顶压力PIC109调至0.19MPa。<br>4.将T101的塔底温度TI103A调至77℃ |
| T101塔顶管路不畅 | 1.打开T101的塔顶压力控制阀PIC109B。<br>2.关闭T101的塔顶压力控制阀PIC109A。<br>3.将PIC109B投自动，设定值为0.19MPa |
| T102塔顶管路不畅 | 1.打开T102的塔顶压力控制阀PIC112B。<br>2.关闭T102的塔顶压力控制阀PIC112A。<br>3.将PIC112B投自动，设定值为0.1MPa |

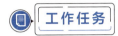

续表

| 故障名称 | 故障处理方法 |
|---|---|
| E102结垢 | 1.开启T101的换热器E102B的调节阀TIC104B。<br>2.依次打开阀V23、V67、V66。<br>3.将TIC104B设定为自动，设定值为60℃。<br>4.将T101的换热器E102A的调节阀TIC104A关闭 |
| 乙醛入口压力升高 | 1.将T101的进醛控制阀FICSQ102关小。<br>2.将FICSQ102投自动，设定值为9852kg/h。<br>3.将T101的塔底温度TI103A控制在77℃左右。<br>4.将T101的液位LIC101控制在35%左右 |
| 催化剂入口压力升高 | 1.关小T101的进催化剂控制阀FIC301，维持催化剂的用量。<br>2.将FIC301投自动，设为1702kg/h |
| T102 $N_2$入口压力升高 | 1.关小T102的$N_2$控制阀FIC105。<br>2.将FIC105投自动 |

## 实施记录

| 故障名称 | 故障主要现象 | 故障处理记录 |
|---|---|---|
| T101 进醛流量降低 | | |
| P101A 坏 | | |
| T101 顶压力升高 | | |
| T102 顶压力升高 | | |
| T101 内温度升高 | | |
| T101氮气进量波动 | | |
| T101塔顶管路不畅 | | |
| T102塔顶管路不畅 | | |
| E102结垢 | | |
| 乙醛入口压力升高 | | |
| 催化剂入口压力升高 | | |
| T102 $N_2$ 入口压力升高 | | |

## 实施结果（成绩单）

| 故障名称 | 总分 | 实际得分 | 百分制得分 |
|---|---|---|---|
| T101 进醛流量降低 | 100 | | |
| P101A 坏 | 90 | | |
| T101 顶压力升高 | 70 | | |
| T102 顶压力升高 | 50 | | |
| T101 内温度升高 | 100 | | |
| T101氮气进量波动 | 60 | | |

续表

| 故障名称 | 总分 | 实际得分 | 百分制得分 |
|---|---|---|---|
| T101塔顶管路不畅 | 50 | | |
| T102塔顶管路不畅 | 50 | | |
| E102结垢 | 100 | | |
| 乙醛入口压力升高 | 50 | | |
| 催化剂入口压力升高 | 40 | | |
| T102N2 入口压力升高 | 40 | | |

### 总结与反思

水洗氧化塔的目的是什么？反应中的催化剂一般是什么？一般为多大进料量？

## 学习资源

乙醛首先氧化成过氧醋酸，而过氧醋酸很不稳定，在醋酸锰的催化下发生分解，同时使另一分子的乙醛氧化，生成二分子乙酸。反应式如下：

$$CH_3CHO+O_2 \longrightarrow CH_3COOOH$$

$$CH_3COOOH+CH_3CHO \longrightarrow 2CH_3COOH$$

总的化学反应方程式为：

$$CH_3CHO+1/2O_2 \longrightarrow CH_3COOH+292.0kJ/mol$$

在氧化塔内，还有一系列的氧化反应，主要副产物有甲酸、甲酯、二氧化碳、水、醋酸甲酯等。

# 项目二

# 合成氨工段

## 工作情境

某合成氨生产企业净化后的新鲜气（40℃、2.6MPa、$H_2/N_2$=3：1）经压缩前分离罐 104F 进合成气压缩机 103J 低压段。出低压段的气体先经换热器 106C 用甲烷化工段的原料气交换热量而得到冷却，使其温度降为 93.3℃，再经水冷器 116C 冷却至 38℃，最后，经氨冷器 129C 冷却至 7℃，与回收来的氢气混合进入中间分离罐 105F，分离出水后的氢气、氮气再进合成气压缩机高压段。合成回路来的循环气与经高压段压缩后的氢、氮气混合进压缩机循环段，从循环段出来的合成气进合成系统水冷器 124C。经 124C 冷却后气体分为两股物流，一股经一级氨冷器 117C 和二级氨冷器 118C 冷却，另一股进并联换热器 120C 与分离氨后的冷气换热，然后两股气流合并进三级氨冷器 119C 冷却至 −23.3℃，进氨分离器 106F 分离液氨，液氨送往冷冻中间闪蒸罐 107F，106F 分氨后的气体进并联换热器 120C 回收冷量后再进合成气热交换器 121C 升温至 141℃后，进氨合成塔 105D 进行反应。出氨合成塔气体经锅炉给水预热器 123C 回收热量后，再进合成气热交换器 121C 预热，入塔合成氨气。出 121C 的反应气中的绝大部分送至压缩机 103J 第二级中间段补充压力，这就是循环回路。另一小部分反应气作为弛放气引出合成系统，以避免系统中惰性气体积累，因为这一部分混合气中的氨含量较高（约 12%），故不能直接排放，而是先通过氨冷器 125C 及分离器 108F 将液氨回收后排放。

从氨分离器 106F 和弛放气分离器 108F 来的液氨进入中间闪蒸罐 107F，闪蒸出的不凝性气体去净化系统。液氨减压送至三级闪蒸罐 112F 进一步闪蒸后，作为冷冻用的液氨进入系统中。冷冻的一、二、三级闪蒸罐操作压力（表压）分别为 0.4MPa、0.16MPa、0.0028MPa。三台闪蒸罐与合成系统中的第一、二、三氨冷器相对应，它们是按热虹吸原理进行冷冻蒸发循环操作的。液氨由各闪蒸罐流入对应的氨冷器，吸热后的液氨蒸发形成的气液混合物又回到各闪蒸罐进行气液分离。氨气分别进氨压缩机 105J 各段气缸，液氨分别进各氨冷器。

由液氨接收罐 109F 来的液氨逐级减压后补入到各闪蒸罐。一级闪蒸罐 110F 出来的液氨除送第一氨冷器 117C 外，另一部分作为合成气压缩机 103J 一段出口的氨冷器 129C 和闪蒸罐氨冷器 126C 的冷冻剂。氨冷器 129C 和 126C 蒸发的气氨进入二级闪蒸罐 111F，110F 剩余的液氨送往 111F。111F 的液氨除送第二氨冷器 118C 和弛放气氨冷器 125C 作为冷冻剂外，其余部分送往三级闪蒸罐 112F。112F 的液氨除送 119C 外，还可以由冷氨产品泵 109J 作为冷氨产品送液氨贮槽贮存。

由三级闪蒸罐 112F 出来的气氨进入氨压缩机 105J 一段压缩。一段出口与 111F 来的气氨汇合进入二段压缩。二段出口气氨先经压缩机中间冷却器 128C 冷却后，与 110F 来的气氨汇合进入三段压缩。三段出口的氨气经氨冷凝器 127C 冷凝。冷凝的液氨进入接收槽 109F。109F 中的闪蒸气去闪蒸罐氨冷器 126C；冷凝分离出来的液氨流回 109F；不凝性气体去净化系统。109F 中的液氨一部分减压后送至一级闪蒸罐 110F，另一部分作为热氨产品经热氨产品泵 1-3P-1/（2）送往尿素装置。

氨合成塔 DCS 图如图 6-8 所示，合成工段现场图如图 6-9 所示，合成工段 DCS 图如图 6-10 所示，冷冻工段现场图如图 6-11 所示，冷冻工段 DCS 图如图 6-12 所示。

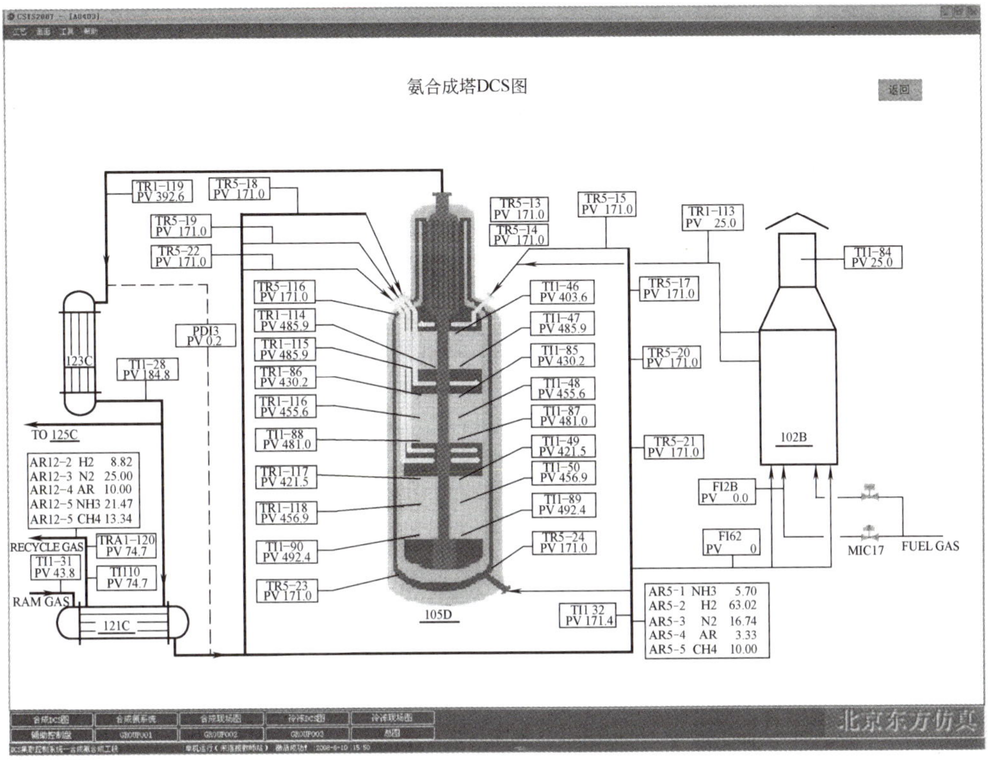


图6-8　氨合成塔DCS图

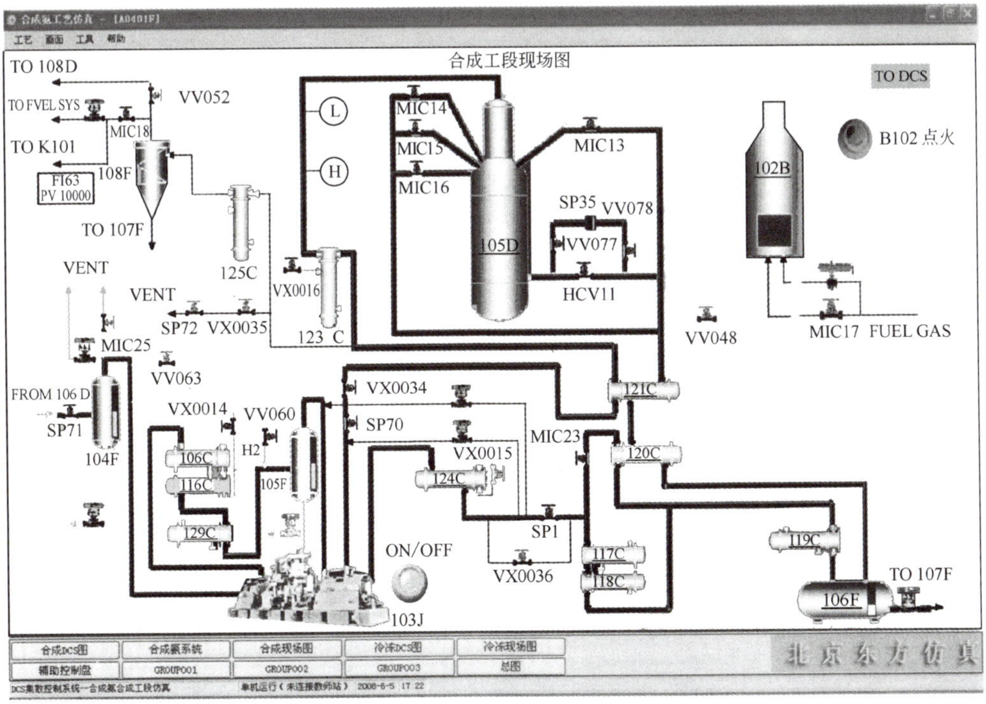


图6-9　合成工段现场图

105D—氨合成塔；104F—压缩前分离罐；107F—冷冻中间闪蒸罐；108F—出气分离缸；105F—中间分离罐；106C—甲烷化气体冷却器；116C—水冷器；102B—开工加热炉；106F—高压氨分离器；117C—原料气-循环气一级氨冷器；118C—原料气-循环气二级氨冷器；119C—新鲜气-循环气三级氨冷器；120C—合成塔进气-循环气换热器；121C—合成塔进气-出气换热器；123C—合成塔-锅炉给水换热器；124C—合成系统水冷器；125C—弛放气氨冷器；103J—合成气压缩机

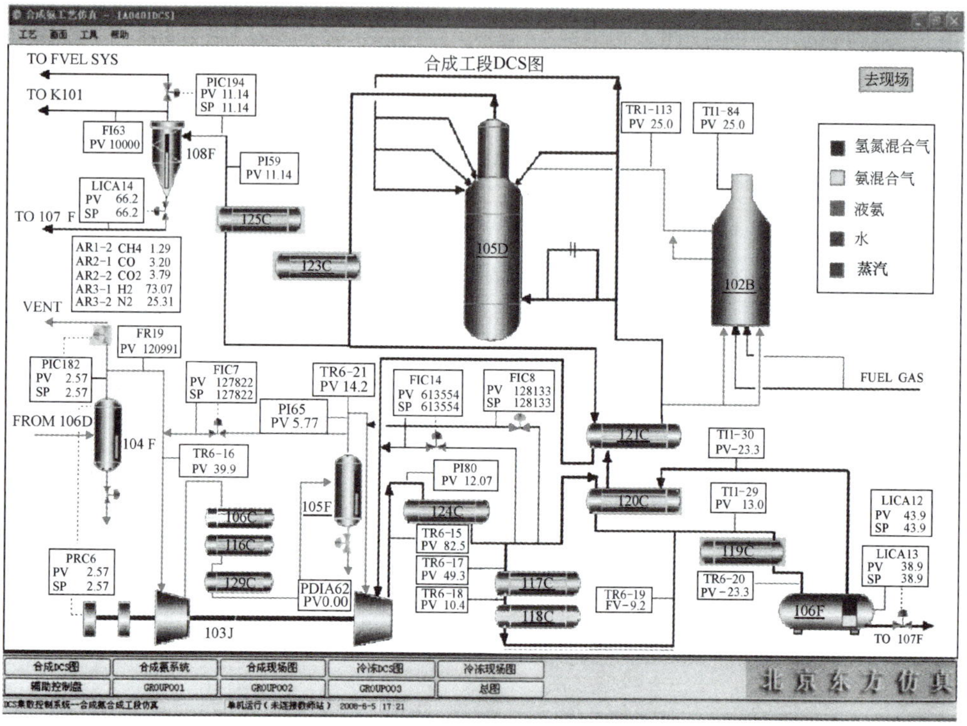


图6-10　合成工段DCS图

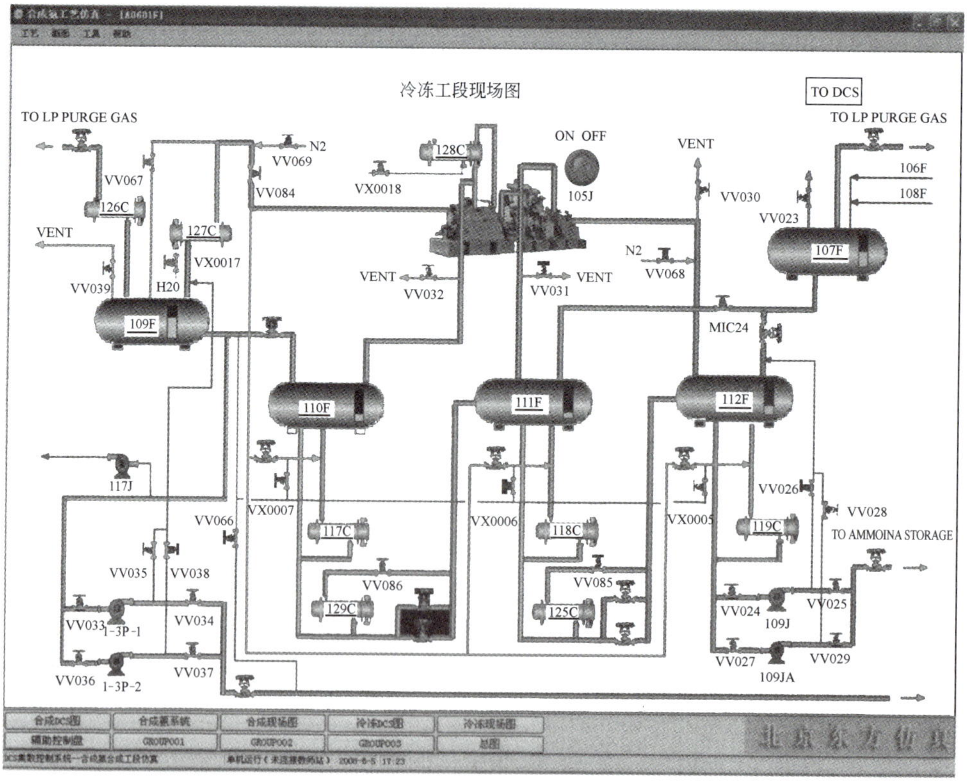


图6-11　冷冻工段现场图

109F—液氨接收罐；110F——级液氨闪蒸罐；111F—二级液氨闪蒸罐；112F—三级液氨闪蒸罐；
1-3P-1—热氨产品泵；1-3P-2—热氨产品备用泵

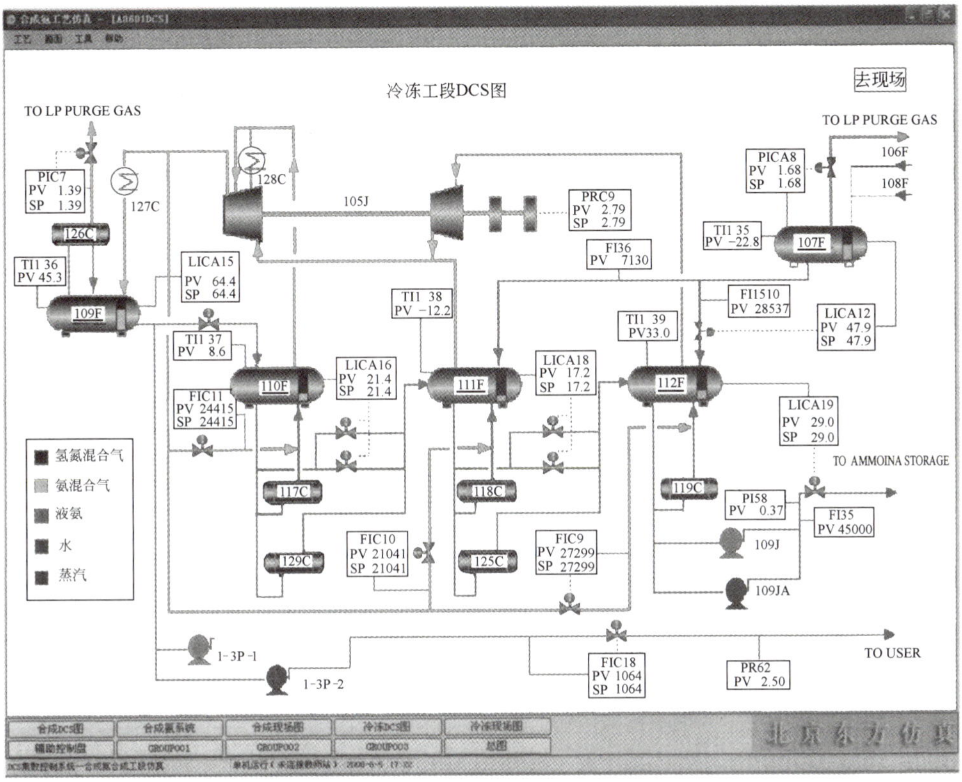


图6-12　冷冻工段DCS图

# 任务1　合所氨工段开车操作训练

## 工作任务

完成合成氨工段冷态开车操作，并将工艺参数控制在目标范围内。

| 位号 | 目标值 | 单位 |
|---|---|---|
| LICA15 | 50.00 | % |
| LICA12 | 50.00 | % |
| LICA13 | 50.00 | % |
| LICA14 | 50.00 | % |
| LICA16 | 50.00 | % |
| LICA18 | 50.00 | % |
| LICA19 | 35.00 | % |
| TI1-86 | 420.00 | ℃ |
| TI1-46 | 401.00 | ℃ |
| TI1-49 | 380.00 | ℃ |

续表

| 位号 | 目标值 | 单位 |
|---|---|---|
| LICA13 | 50.00 | % |
| PIC-194 | 10.5 | MPa |
| PICA-8 | 1.68 | MPa |

## 任务目标

1. 熟悉氧化工段应具备的条件、要做的准备工作。
2. 熟悉合成氨工段开车操作规程。
3. 能熟练进行合成氨工段开车操作。
4. 能正确进行合成氨工段开车工艺参数设置和调节。

## 任务实施要点

### 一、合成系统开车

1. 投用 104F 液位联锁 LSH109、105F 液位联锁 LSH111。
2. 打开 SP71，把工艺气引入 104F，PIC182 设置在 2.6MPa 投自动；
3. 显示合成塔压力的仪表换为低量程表 L（现场合成塔旁）；
4. 全开 VX0015，投用 124C。
5. 全开 VX0016，投用 123C。
6. 依次打开防爆阀 SP35 前阀 VV077、后阀 VV078 投用 SP35。
7. 开 SP71，引氢氮气。
8. 在辅助控制面板上按复位按钮后启动 103J（现场启动按钮）。
9. 打开 PRC6 调节压缩机转速。
10. 开泵 117J 注液氨（在冷冻系统图的现场画面）。
11. 依次打开 MIC23、HCV11，把工艺气引入合成塔 105D 充压。
12. 开 SP1 副线阀 VX0036。
13. 依次逐渐关小防喘振阀 FIC7、FIC8、FIC14。
14. 打开 SP72（在合成塔图画面上）。
15. 打开 SP72 前旋塞阀 VX0035。
16. 压力达到 1.4MPa 后换高量程压力表 H。
17. 打开 SP1。
18. 关 SP1 副线阀 VX0036。
19. 关 SP72。
20. 关 SP72 前旋塞阀 VX0035。
21. 关 HCV-11。

22. 打开 PIC194 前阀 MIC18。
23. 将 PIC194 投自动（108-F 出口调节阀），设定值设为 10.5MPa。
24. 开入 102B 旋塞阀 VV048。
25. 开 SP70。
26. 开 SP70 前旋塞阀 VX0034，使工艺气循环起来。
27. 打开 108F 顶 MIC18 阀（开度为 100）。
28. 投用 102B 联锁 FSL85。
29. 102B 点火。
30. 打开 MIC17 调整炉膛温度。
31. 开阀 MIC14 控制二段出口温度在 420℃。
32. 开阀 MIC15 控制控制三段入口温度在 380℃。
33. 开阀 MIC16 控制三段入口温度在 380℃。
34. 停泵 117J，停止向合成系统注液氨。
35. PICA8 投自动，设定值为 1.68MPa。
36. LICA14 投自动，设定值为 50%。
37. 合成塔入口温度达到 380℃后，关闭 MIC17。
38. 102B 熄火。
39. 开 HCV11。
40. 关入 102B 旋塞阀。
41. 开 MIC13 调节合成塔入口温度在 401℃。

## 二、冷冻系统开车

1. 依次投用 110F 液位联锁 SH116、111F 液位联锁 LSH118、112F 液位联锁 LSH120、PSH840 联锁、PSH841 联锁；
2. 全开 VX0017 投用 127C。
3. PIC7 投自动，设定值为 1.4MPa。
4. 打开氨库阀门 VV066，109F 引氨，建立 50% 液位。
5. 依次打开制冷阀 VX0005、VX0006 和 VX0007。
6. 在辅助面板上按复位按钮，然后启动 105J。
7. 打开出口总阀 VV084。
8. 打开 127C 壳侧排放阀 VV067。
9. 打开阀 LICA15 建立 110F 液位。
10. 打开阀 VV086。
11. 依次打开 LICA16 建立 111F 液位，打开 LICA18 建立 112F 液位。
12. 打开阀 VV085，投用 125C。
13. 开 MIC24，向 111F 送氨。
14. 开 LICA12，向 112F 送氨。

15. 依次关制冷阀 VX0005、VX0006、VX0007。
16. 启动 109J；
17. 启动 1-3P。

### 实施记录

### 实施结果（成绩单）

| 冷态开车 | 分值 |
| --- | --- |
| 总分 | 1348 |
| 实际得分 | |
| 百分制得分 | |

### 总结与反思

设立自动保护系统的目的是什么？如何投自动保护系统？

# 任务2　合成氨工段停车操作训练

### 工作任务

完成合成氨工段正常停车操作。

### 任务目标

1. 熟悉合成氨工段的停车操作规程。
2. 能熟练进行合成氨工段的停车操作。

### 任务实施要点

## 一、合成系统停车

1. 关 MIC18，关弛放气阀。

2. 停泵 1-3P-1（2）。
3. 工艺气由 MIC25 放空，103J 降转速。
4. 依次打开 FIC14、FIC7、FIC8，注意防喘振。
5. 106F 液位 LICA13 降至 5% 时，关 LICA13。
6. 108F 液位 LICA14 降至 5% 时，关 LICA14。
7. 关 SP1、SP70。
8. 停 125C、129C。
9. 停 103J。

## 二、冷冻系统停车

1. 105J 退转速，依次打开 FIC9、FIC10、FIC11。
2. 关 MIC24。
3. LICA12 降至 5% 时关 LCV12。
4. 依次稍开制冷阀 VX0005、VX0006、VX0007，提高温度，蒸发剩余液氨。
5. 待 LICA19 降至 5% 时，停泵 109J。
6. 停 105J。

### 实施记录

### 实施结果（成绩单）

| 正常停车 | 分值 |
|---|---|
| 总分 | 230 |
| 实际得分 | |
| 百分制得分 | |

### 总结与反思

试指出本流程如何加强热能的回收利用，以达到降低能耗的目的。

# 任务3 合成氨工段故障处理操作训练

## 工作任务

进行故障设置，根据现象分析判断合成氨工段故障产生原因，并进行合成氨工段故障的排除。

## 任务目标

1. 能根据故障现象正确判断合成氨工段故障产生原因。
2. 能熟练进行合成氨工段故障的排除并调节工艺参数至正常值。

## 任务实施要点

| 故障名称 | 故障处理方法 |
|---|---|
| 1-3P-1异常 | 1. 109F有一定液位时，开启泵1-3P-2的前阀VV036。<br>2.开启泵1-3P-2。<br>3.开启泵1-3P-2的后阀VV037。<br>4.关泵1-3P-1的后阀VV034。<br>5.停泵1-3P-1。<br>6.关泵1-3P-1的前阀VV033。<br>7.维持109F液位LICA15为32%，FIC18为1065kg/h |
| SP1故障 | 1.开旁路阀VX0036。<br>2.确认SP1关闭。<br>3.维持106F液位LICA13为39% |
| 109J跳车 | 1.开启泵109JA。<br>2.关泵109J的后阀VV025。<br>3.关泵109J的前阀VV024。<br>4.维持112F液位LICA19为32%，FI35为45000kg/h |
| 107F压力不稳 | 调整控制阀，使PICA8在2.6MPa左右 |
| 106F液位不稳 | 调整LICA13至39%左右 |

## 实施记录

| 故障名称 | 故障主要现象 | 故障处理记录 |
|---|---|---|
| 1-3P-1异常 | | |
| SP1故障 | | |
| 109J跳车 | | |
| 107F压力不稳 | | |
| 106F液位不稳 | | |

## 实施结果（成绩单）

| 故障名称 | 总分 | 实际得分 | 百分制得分 |
|---|---|---|---|
| 1-3P-1异常 | 90 | | |
| SP1故障 | 30 | | |
| 109J跳车 | 60 | | |

续表

| 故障名称 | 总分 | 实际得分 | 百分制得分 |
| --- | --- | --- | --- |
| 107F压力不稳 | 10 | | |
| 106F液位不稳 | 10 | | |

### 总结与反思

设立自动保护系统的目的是什么？如何投自动保护系统？

## 学习资源

氨是一种含氮化合物，是基本化工产品之一，在国民经济中占有十分重要的地位。氨的生产，依据原料的不同，有各种各样的生产流程。但无论采用何种流程，都可将生产方法归纳为以下三个主要步骤。

### 一、原料气的制取

原料气的制取就是制备含有氢和氮的气体，最简单的方法是直接将水电解制氢及空气分离制氮，但此法电能消耗大、成本高，现在工业上普遍采用焦炭、无烟煤、天然气、石脑油、重油等含碳氢化合物的原料与水蒸气、空气作用的气化方法制取。

### 二、原料气的净化

无论选择什么原料制得的氢、氮原料气中都含有硫化合物、一氧化碳、二氧化碳等，这些杂质都是氨合成催化剂的毒物，因此在氢、氮原料气送氨合成之前，必须将其中的杂质去除。

### 三、氨合成

将净化后的氢、氮混合气压缩至高压，在铁催化剂与高温条件下合成为氨。

氨合成是整个氨生产的核心，该反应属气固相催化放热可逆反应，需在高温高压下进行。仿真工艺范围是氨合成工段和冷冻系统。

氨合成工艺流程各有不同，但也有许多相同之处，它由氨合成本身的特性所决定：由于受化学反应平衡限制，反应的转化率不高，有大量的 $H_2$、$N_2$ 未反应，需循环使用，故氨合成是带循环的系统；氨合成的平衡氨含量取决于反应温度、压力、氢氮比及惰性气体含量，当这些条件一定时，平衡氨含量就是一个定值，即无论进口气体中有无氨存在，出口气体中氨含量总是一定值，因此反应后的气体中所含的氨必须进行冷凝分离，使循环回合成塔入口的混合气体中氨含量尽量少，以提高氨净值；由于循环，新鲜气中带入的惰性气体在系统中会不断积累，当其浓度达到一定值时，会影响反应的正常进行，即降低转化率和平衡氨含量，因此，必须将惰性气体的含量稳定在要求的范围内，需定期或连续地放空一些循环气；整个氨合成系统是高压系统，必须用压缩机加压，由于管道、设备的阻力，使得循环气与合成塔进口气产生压力差，故需采用循环压缩机来弥补压力降的损失。

# 项目三

# 丙烯酸甲酯工段

## 工作情境

某企业以磺酸型离子交换树脂作催化剂，采用丙烯酸与甲醇为原料来生产丙烯酸甲酯。从罐区来的新鲜的丙烯酸、甲醇与醇回收塔（T140）顶回收的循环甲醇以及从丙烯酸分馏塔（T110）底回收并经过循环过滤器（FL101）过滤的部分丙烯酸一起作为混合进料，经反应预热器（E101）预热到指定温度后送至 R101（酯化反应器）进行反应。为了使平衡反应向产品方向移动，同时降低醇回收时的能量消耗，进入 R101 的丙烯酸过量。

从 R101 排出的产品物料送至 T110（丙烯酸分馏塔），粗丙烯酸甲酯、水和甲醇的共沸混合物从 T110 塔顶回收，作为主物流经 E112 冷却后送入 V111（T110 回流罐），经油水分离后，油相由 P111A/B 抽出，一路作为 T110 塔顶回流，另一路和 P112A/B 抽出的水相一起作为 T130（醇萃取塔）的进料。同时，从塔底回收未参与反应的丙烯酸。

T110 塔底的一部分丙烯酸及酯的二聚物、多聚物和阻聚剂等重组分送至 E114（薄膜蒸发器）分离出丙烯酸，作为循环物料重新回到 T110 中，重组分送至废水处理单元的重组分储罐。

T110 的塔顶流出物经 E130（醇萃取塔进料冷却器）冷却后被送往 T130（醇萃取塔）。由于水 - 甲醇 - 甲酯为三元共沸系统，很难通过简单蒸馏从水和甲醇中分离出甲酯，因此采用萃取的方法把甲酯从水和甲醇中分离出来。从 V130 由 P130A/B 抽出溶剂（水）加至萃取塔的

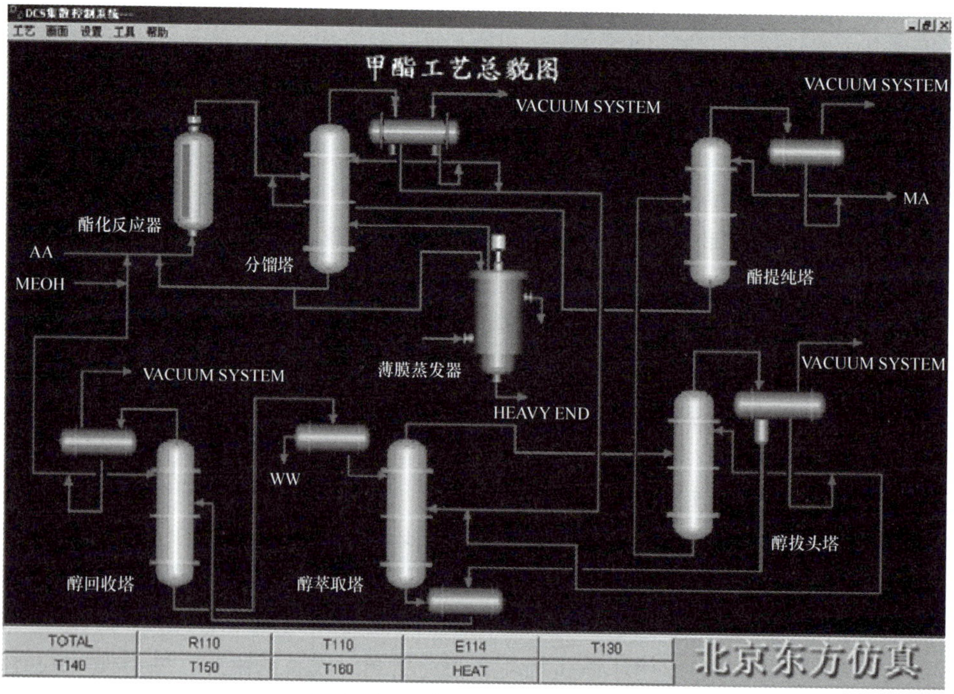


图6-13 丙烯酸甲酯工艺总貌图

顶部，通过液 - 液萃取，将未反应的醇从粗丙烯酸甲酯物料中萃取出来。

从 T130 底部得到的萃取液进到 V140，再经 P142A/B 抽出，经过 E140 与醇回收塔底分离出的水换热后进入 T140（醇回收塔）。在此塔中，在顶部回收醇并循环至 R101。基本上由水组成的 T140 的塔底物料经 E140 与进料换热后，再经过 E144 用 10℃的冷冻水冷却后，进入 V130，再经泵抽出循环至 T130 重新用作溶剂（萃取剂），同时多余的水作为废水送到废水罐。T140 顶部是回收的甲醇，经 E142 循环水冷却进入到 V141，再经由 P141A/B 抽出，一路作为 T140 塔顶的回流，另一路与新鲜的甲醇混合作为 R101 的反应进料。

抽余液从 T130 的顶部排出并进入到 T150（醇拔头塔）。在此塔中，塔顶物流经过 E152 循环水冷却后进入到 V151，油水分层后水相自流入 V140，油相再经由 P151A/B 抽出，一路作为 T150 塔顶回流，另一路循环回至 T130 作为部分进料以重新回收醇和酯。含有少量重组分的塔底物由 P150A/B 送入甲酯提纯塔提纯。

T150 的塔底流出物送往 T160（酯提纯塔）。在此，将丙烯酸甲酯进行进一步提纯，含有少量丙烯酸、丙烯酸甲酯的塔底物经 P160A/B 输送循环回 T110 继续分馏。塔顶作为丙烯酸甲酯成品在塔顶馏出经 E162A/B 冷却进入 V161（丙烯酸产品塔塔顶回流罐）中，由 P161A/B 抽出，一路作为 T160 塔顶回流返回 T160 塔，另一路出装置至丙烯酸甲酯成品日罐。

丙烯酸甲酯工艺总貌图如图 6-13，丙烯酸甲酯酯化反应器 R101 DCS 图、丙烯酸甲酯分馏塔 T110 DCS 图、丙烯酸甲酯薄膜蒸发器 E114 DCS 图、丙烯酸甲酯醇萃取塔 T130 DCS 图、丙烯酸甲酯醇回收塔 T140 DCS 图、丙烯酸甲酯醇拔头塔 T150 DCS 图、丙烯酸甲酯酯提纯塔 T160 DCS 图、丙烯酸甲酯酯化反应器 R101 现场图、丙烯酸甲酯分馏塔 T110 现场图、丙烯酸甲酯薄膜蒸发器 E114 现场图、丙烯酸甲酯醇萃取塔 T130 现场图、丙烯酸甲酯醇回收塔 T140 现场图、丙烯酸甲酯醇拔头塔 T150 现场图、丙烯酸甲酯醇提纯塔 T160 现场图、丙烯酸甲酯蒸汽伴热系统现场图分别见图 6-14 ～图 6-28。

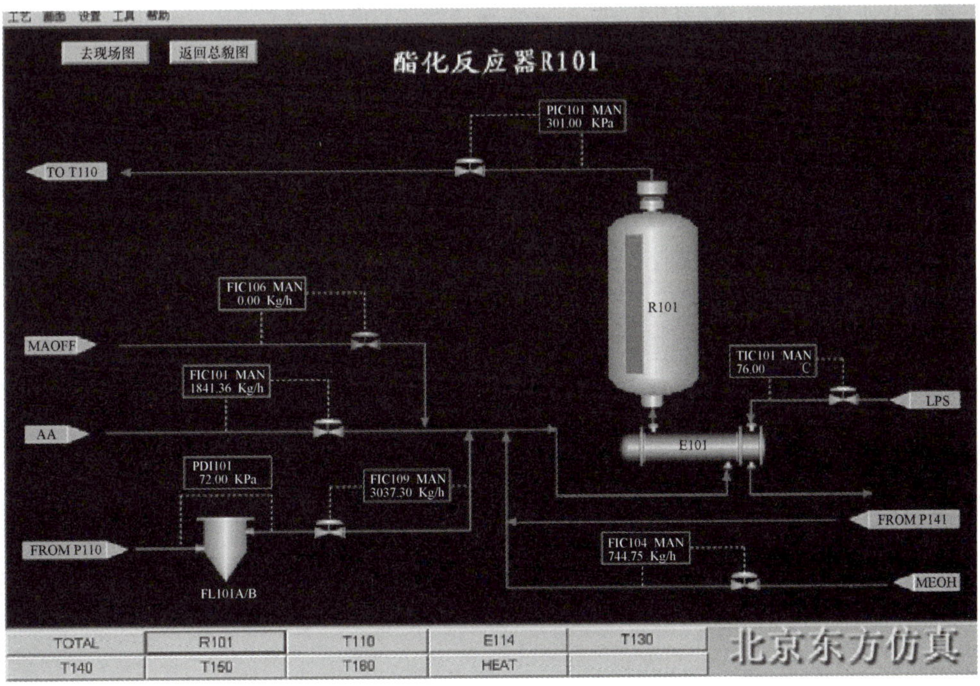


图6-14　丙烯酸甲酯酯化反应器R101 DCS图

R101—酯化反应器；E101—R101 预热器；FL101A/B—反应器循环过滤器

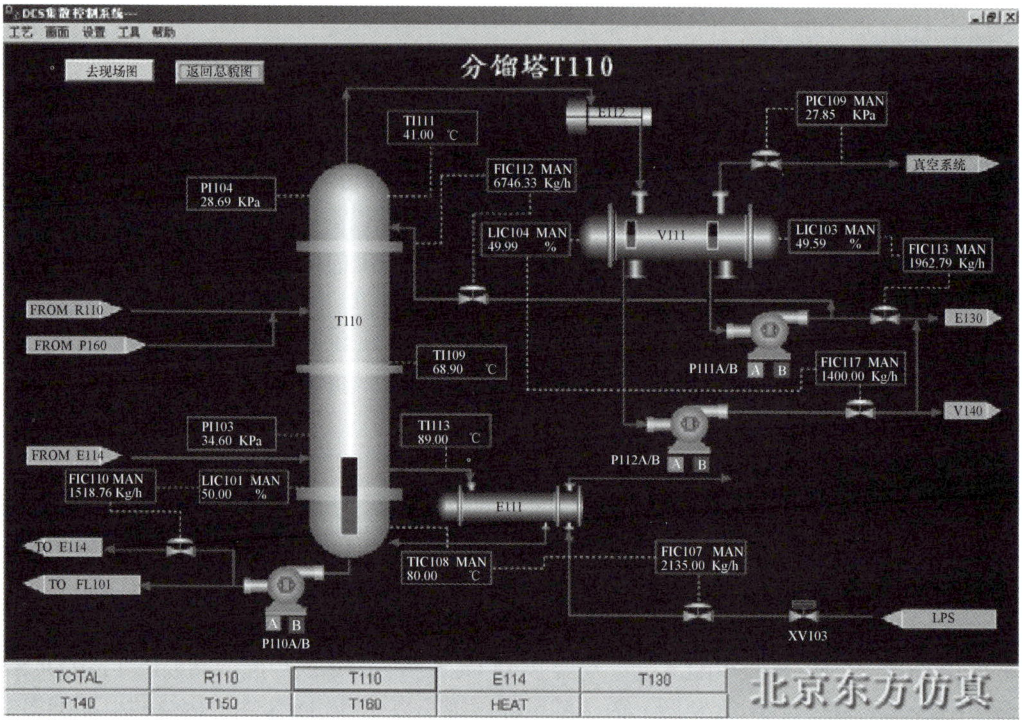


图6-15 丙烯酸甲酯分馏塔T110 DCS图

T110—丙烯酸分馏塔；E111—T110再沸器；E112—T110冷凝器；E144—T140底部二段冷却器；V111—T110塔顶受液罐；P112A/B—V111排水泵

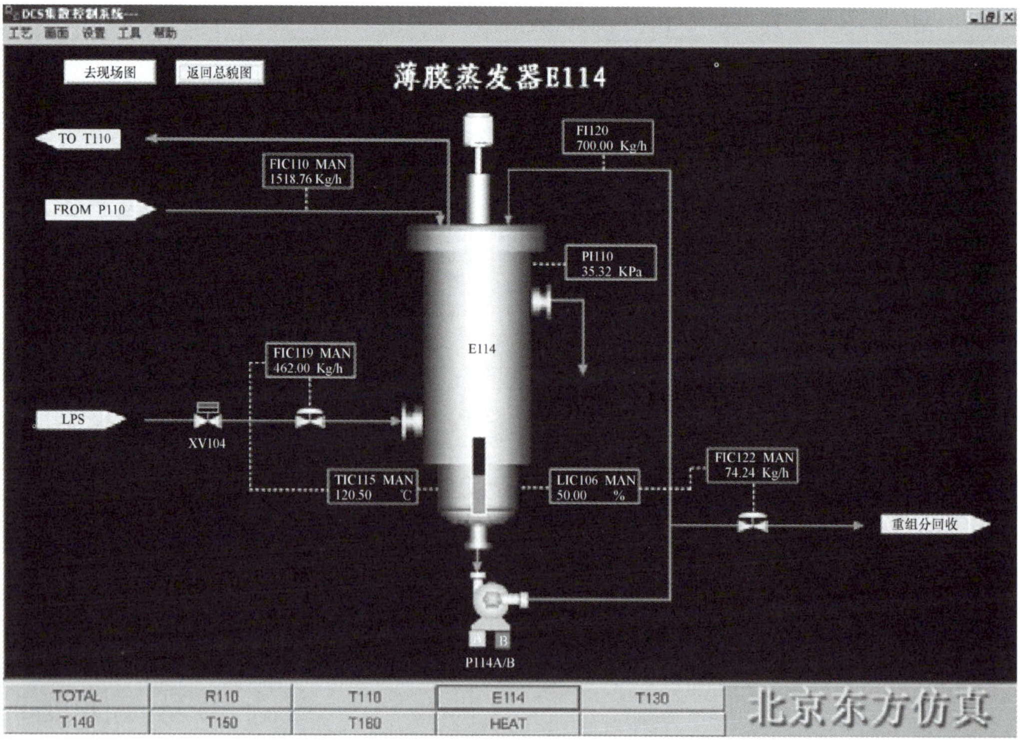


图6-16 丙烯酸甲酯薄膜蒸发器E114 DCS图

E114—T110二段再沸器；P114A/B—E114底部泵

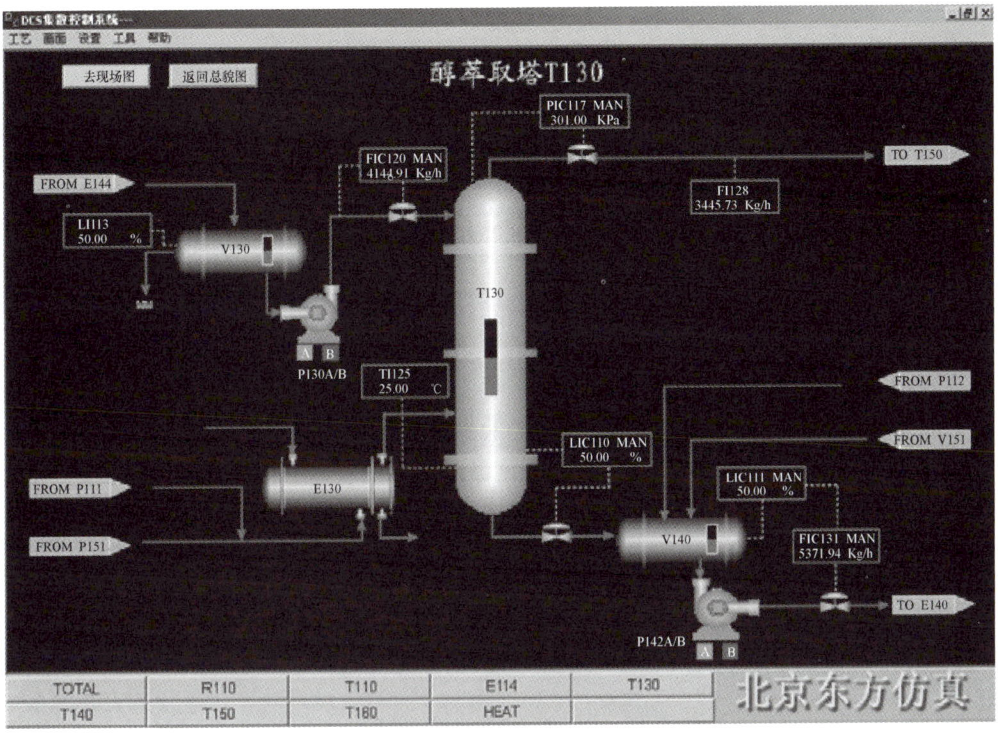


图6-17　丙烯酸甲酯醇萃取塔T130 DCS图

T130—醇萃取塔；E130—T130给料冷却器；V130—给水罐；P130A/B—T130给水泵；P142A/B—T140给料泵

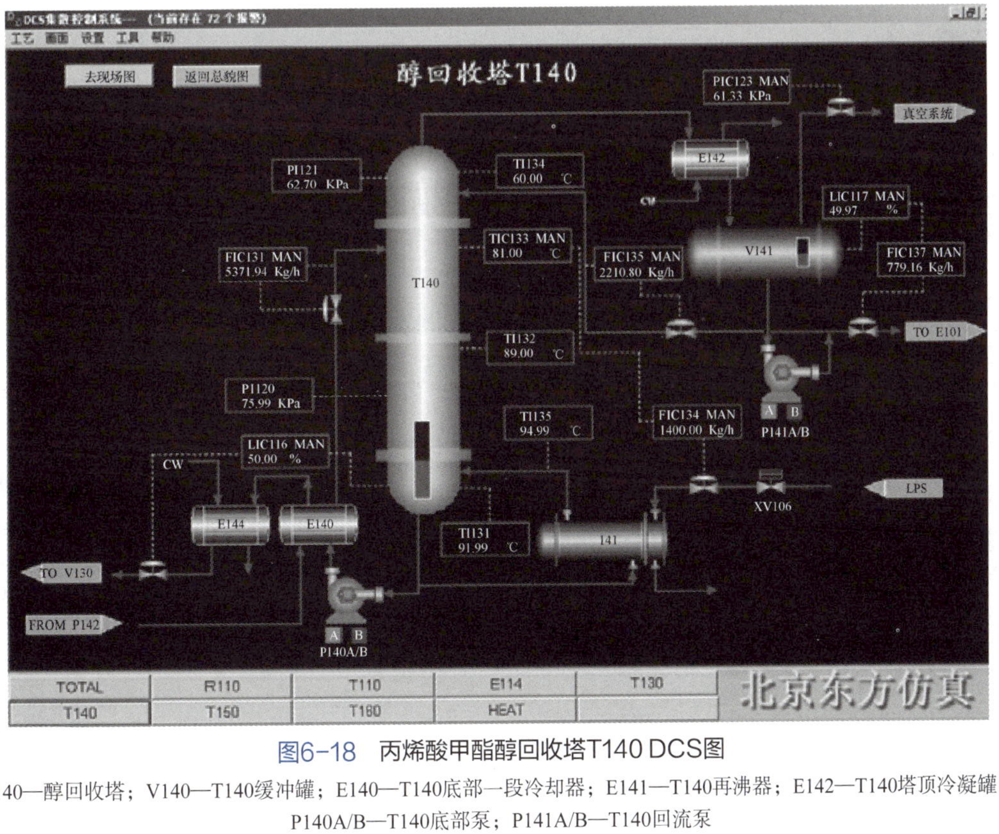


图6-18　丙烯酸甲酯醇回收塔T140 DCS图

T140—醇回收塔；V140—T140缓冲罐；E140—T140底部一段冷却器；E141—T140再沸器；E142—T140塔顶冷凝罐；P140A/B—T140底部泵；P141A/B—T140回流泵

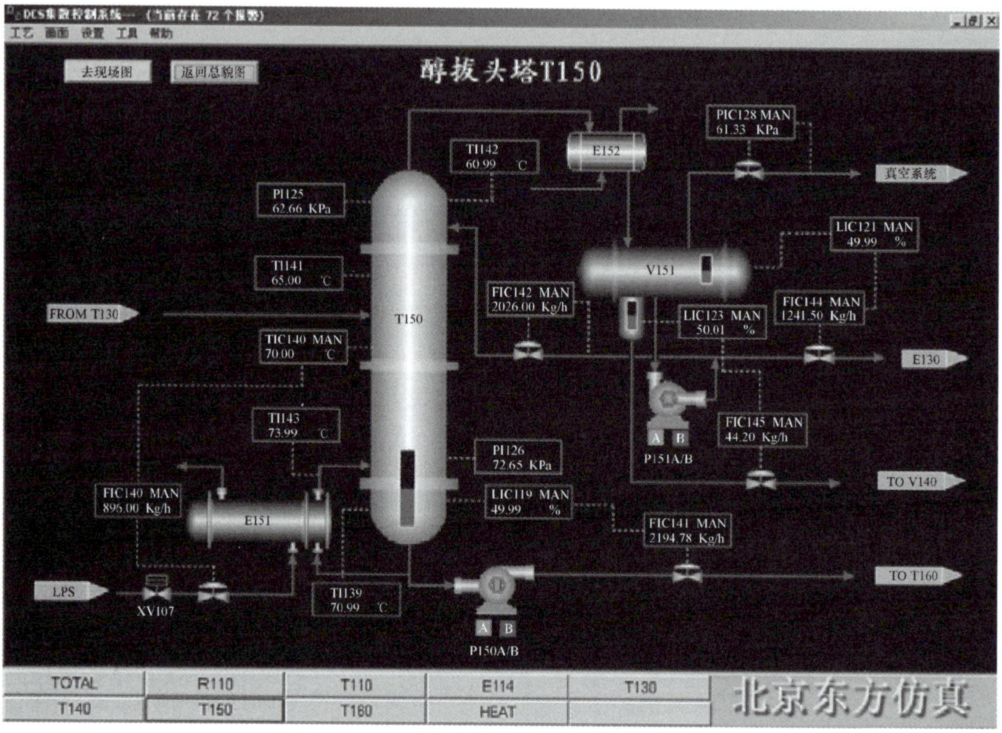


图6-19　丙烯酸甲酯醇拔头塔T150 DCS图

T150—醇拔头塔；E152—T150塔顶受液罐；P150A/B—T150底部泵；P151A/B—T150回流泵；E151—T150再沸器

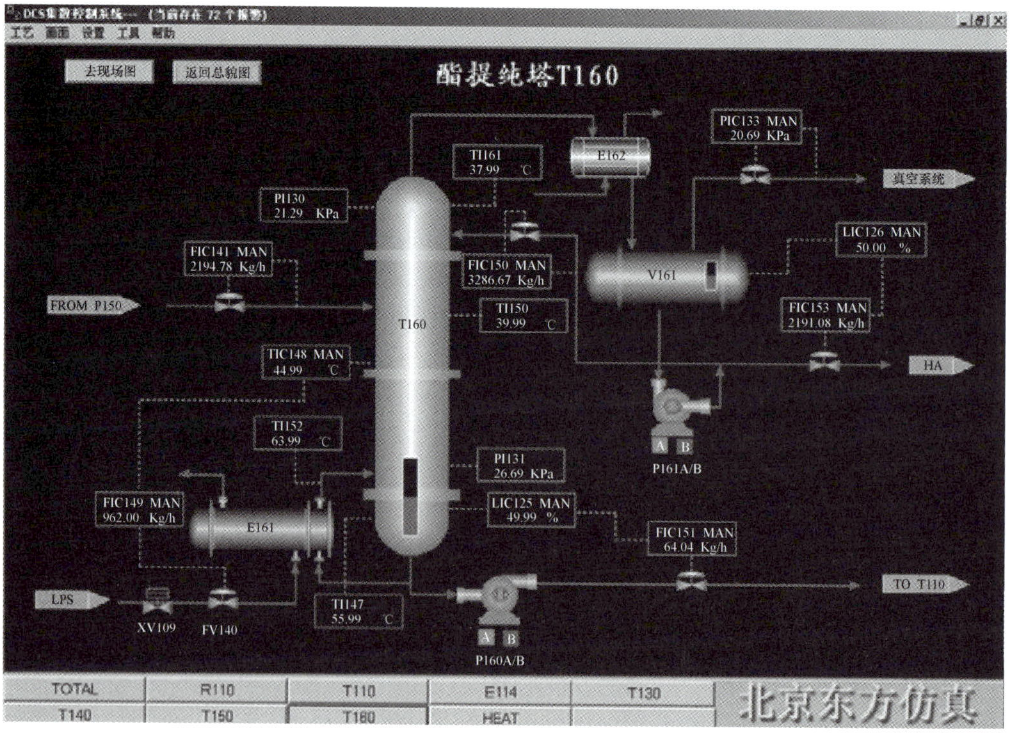


图6-20　丙烯酸甲酯酯提纯塔T160 DCS图

T160—酯提纯塔；P160A/B—T160回流泵；V161—T160塔顶受液罐；P161A/B—T160回流泵；E161—T160再沸器；E162—T160塔顶冷凝器

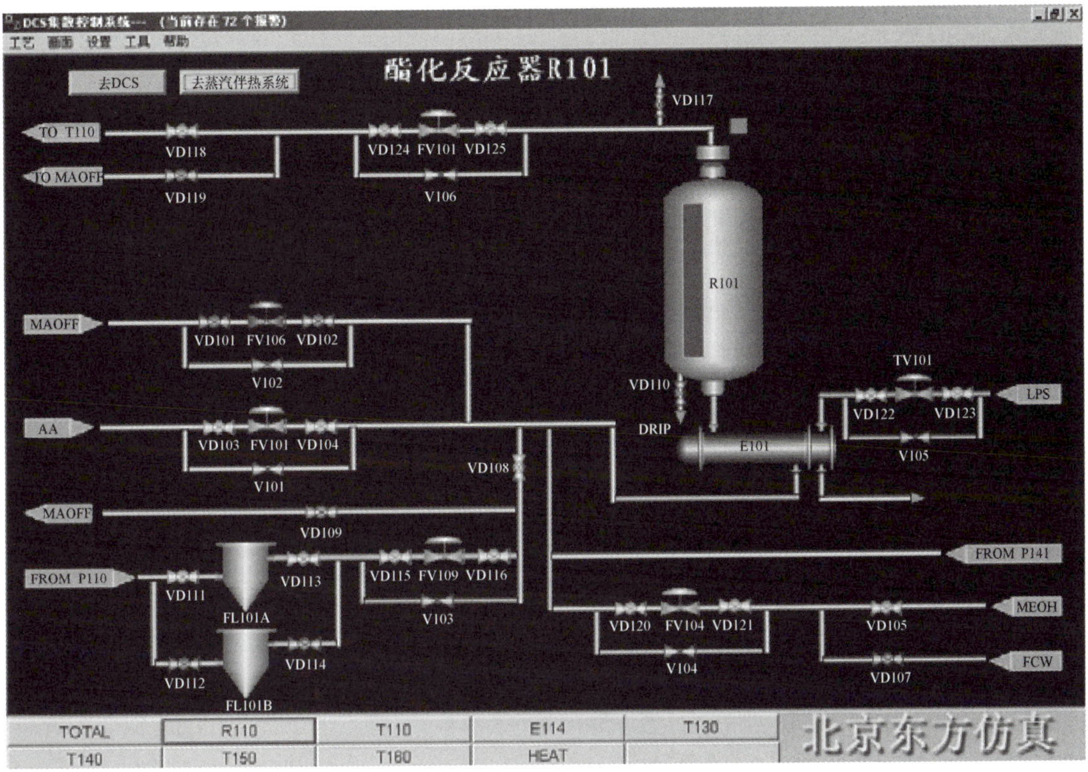


图6-21　丙烯酸甲酯酯化反应器R101现场图

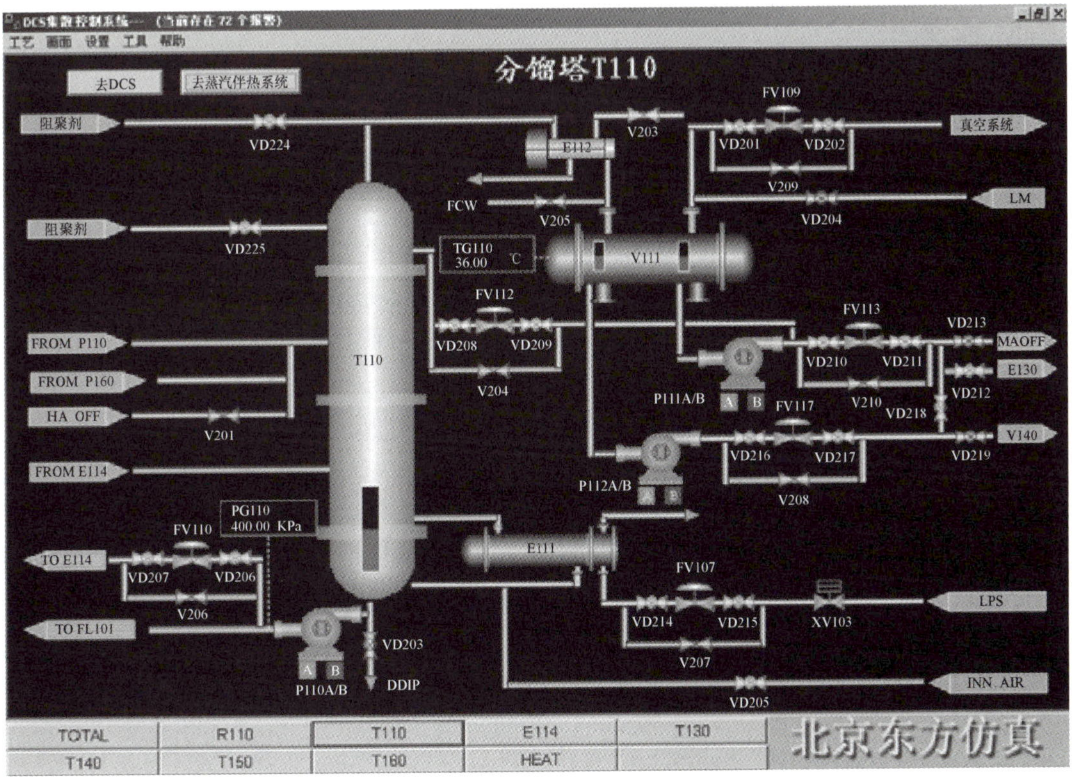


图6-22　丙烯酸甲酯分馏塔T110现场图

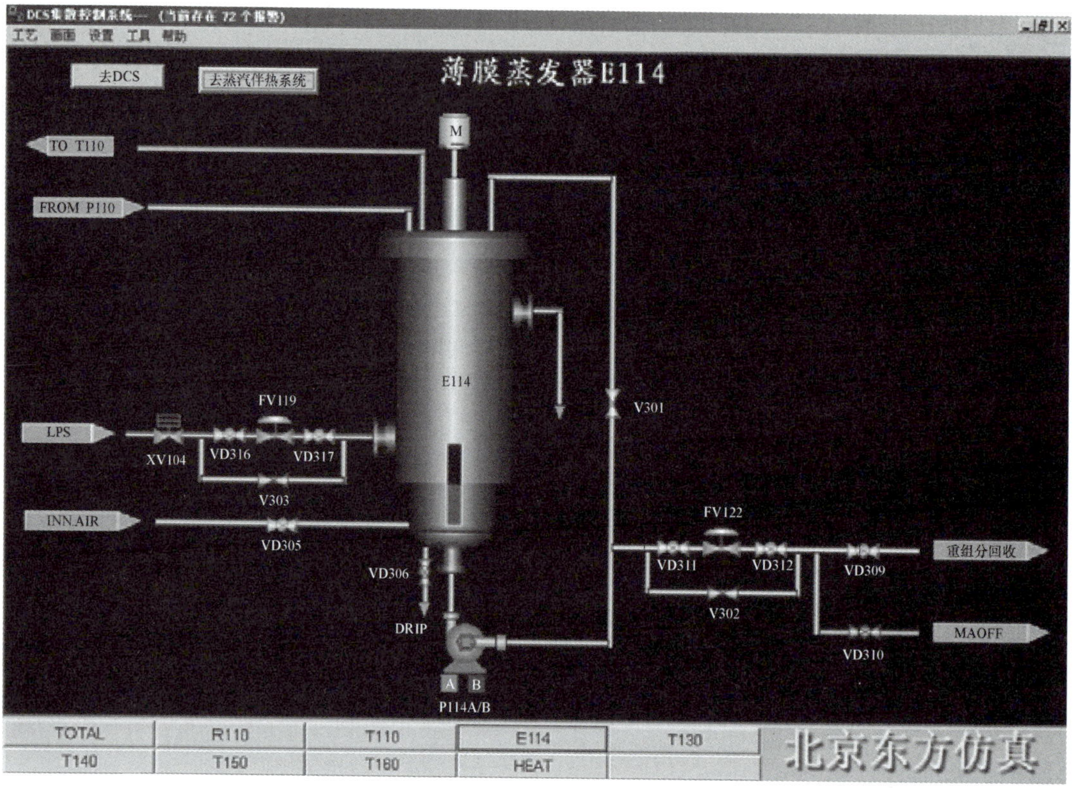


图6-23　丙烯酸甲酯薄膜蒸发器E114现场图

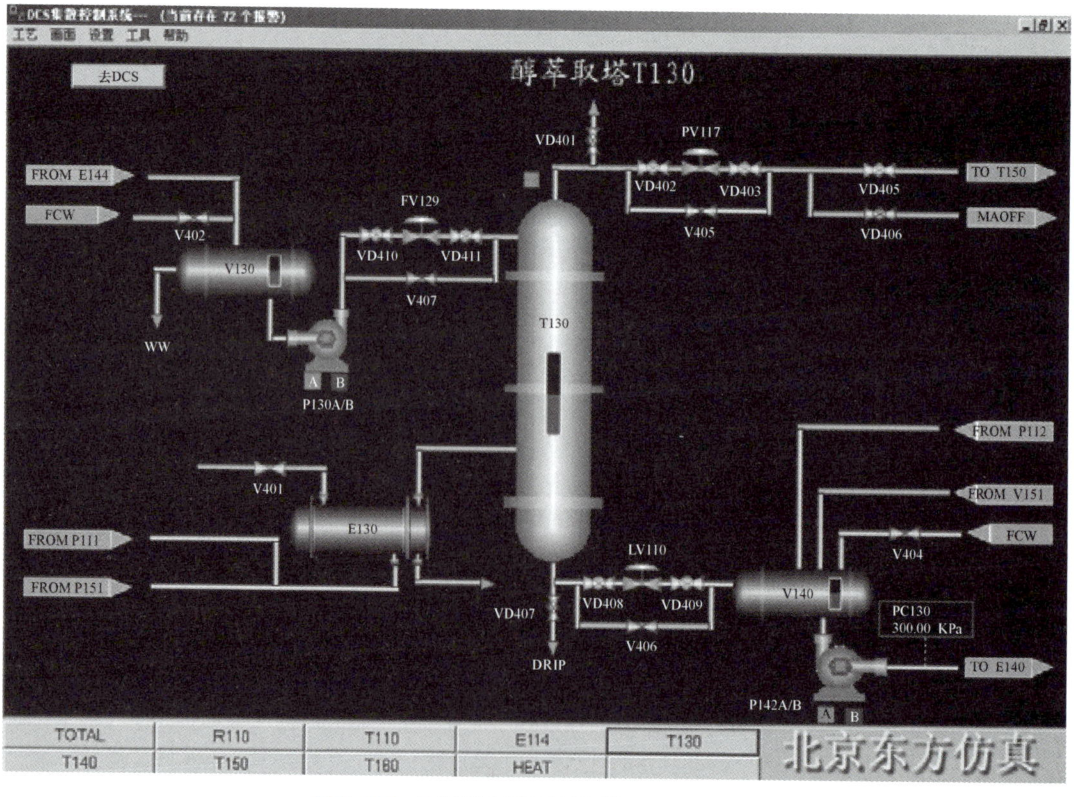


图6-24　丙烯酸甲酯醇萃取塔T130现场图

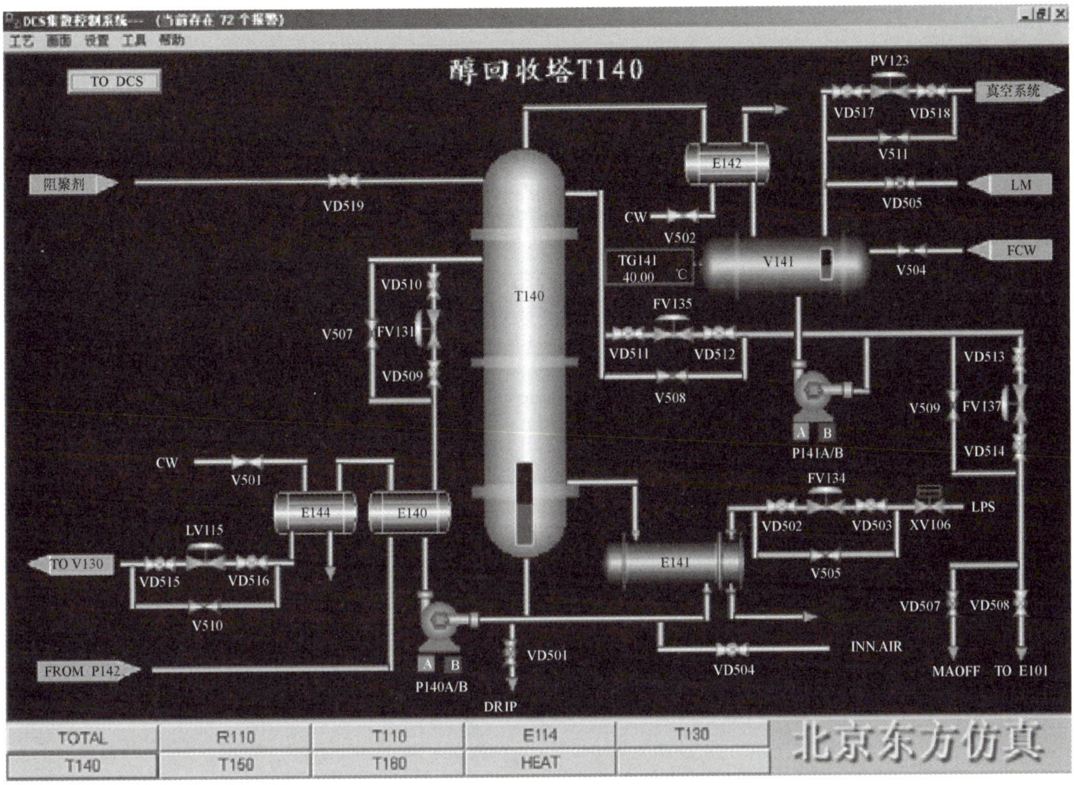


图6-25　丙烯酸甲酯醇回收塔T140现场图

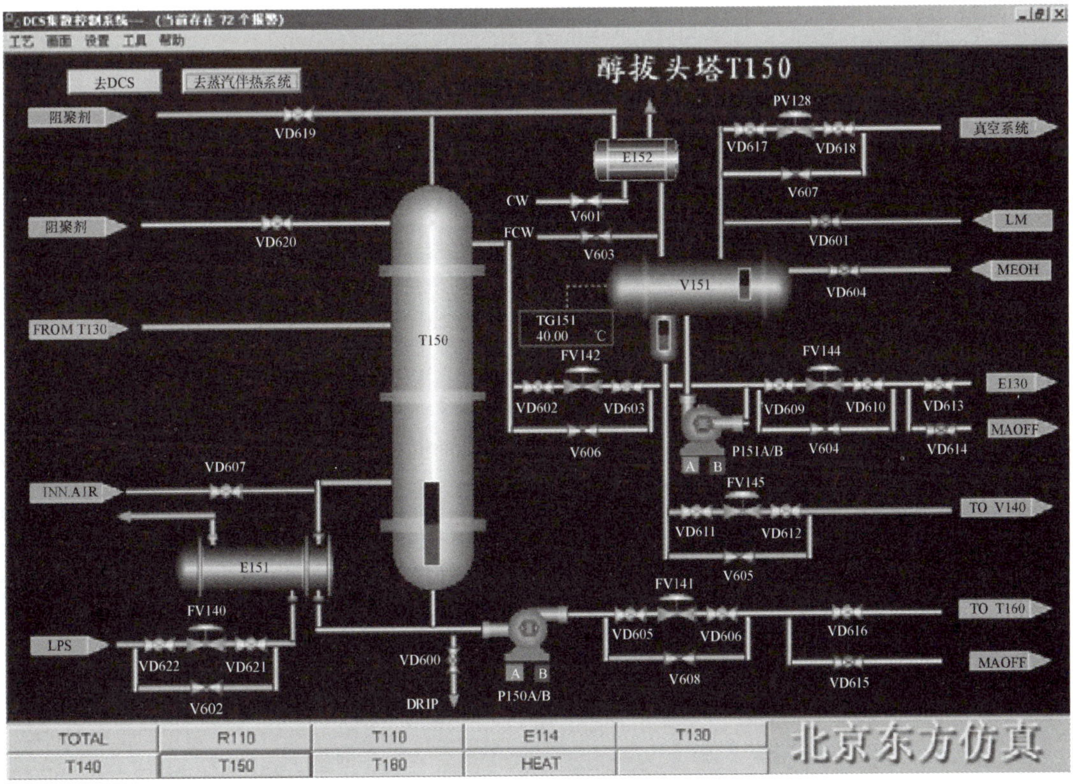


图6-26　丙烯酸甲酯醇拔头塔T150现场图

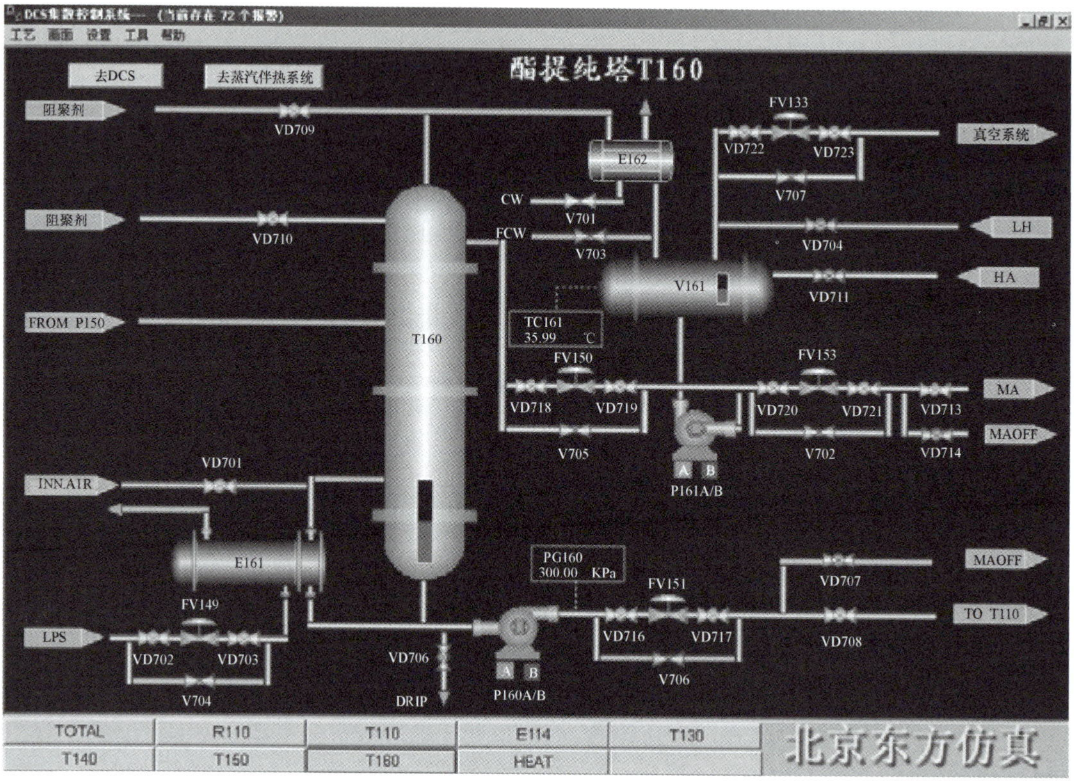


图6-27 丙烯酸甲酯醇提纯塔T160现场图

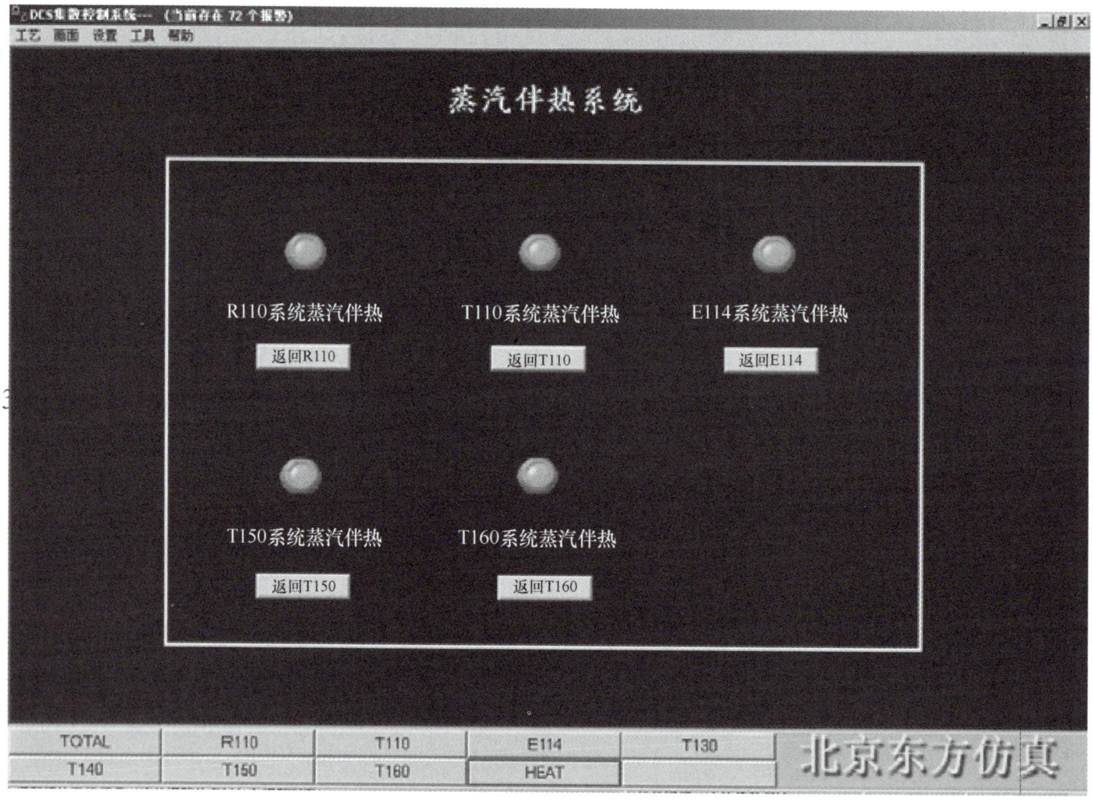


图6-28 丙烯酸甲酯蒸汽伴热系统现场图

# 任务1　丙烯酸甲酯工段开车操作训练

## 工作任务

完成丙烯酸甲酯工段冷态开车操作，并将工艺参数控制在目标范围内。

| 位号 | 目标值 | 单位 |
|---|---|---|
| FIC101 | 1841.36 | kg/h |
| FIC104 | 744.75 | kg/h |
| FIC109 | 3037.30 | kg/h |
| TIC101 | 75 | ℃ |
| PIC101 | 301.00 | kPa |
| FIC110 | 1518.76 | kg/h |
| FIC112 | 6746.33 | kg/h |
| FIC113 | 1962.79 | kg/h |
| FIC117 | 1400.00 | kg/h |
| TIC108 | 80 | ℃ |
| TG110 | 36 | ℃ |
| PIC109 | 27.86 | kPa |
| FIC141 | 2194.77 | kg/h |
| FIC142 | 2026.01 | kg/h |
| FIC144 | 1241.51 | kg/h |
| FIC145 | 44.29 | kg/h |
| TIC140 | 70 | ℃ |
| FIC122 | 74.24 | kg/h |
| TIC115 | 120.50 | ℃ |
| FIC129 | 4144.91 | kg/h |
| FIC131 | 5371.94 | kg/h |
| TIC125 | 25 | ℃ |
| PIC117 | 301.00 | kPa |
| FIC153 | 2191.08 | kg/h |
| FIC135 | 2210.81 | kg/h |
| FIC137 | 779.16 | kg/h |
| TI139 | 71.0 | ℃ |
| TIC133 | 81 | ℃ |
| TG151 | 40 | ℃ |
| PIC123 | 61.33 | kPa |
| FIC151 | 64.04 | kg/h |
| FIC150 | 3286.67 | kg/h |
| TI147 | 56 | ℃ |
| TG161 | 36 | ℃ |
| PIC133 | 20.70 | kPa |

## 任务目标

1. 熟悉丙烯酸甲酯工段开车规程。
2. 能熟练进行丙烯酸甲酯工段开车操作。
3. 能正确进行丙烯酸甲酯工段工艺参数设置和调节。

## 任务实施要点

### 一、抽真空

1. 依次打开压力控制阀 PV109 前阀 VD201、后阀 VD202。
2. 打开压力控制阀 PV109，给 T110 系统抽真空。
3. 依次打开压力控制阀 PV123 前阀 VD517、后阀 VD518。
4. 打开压力控制阀 PV123，给 T140 系统抽真空。
5. 依次打开压力控制阀 PV128 前阀 VD617、后阀 VD618。
6. 打开压力控制阀 PV128，给 T150 系统抽真空。
7. 依次打开压力控制阀 PV133 前阀 VD722、后阀 VD723。
8. 打开压力控制阀 PV133，给 T160 系统抽真空。
9. 打开阀 VD205，T110 投用阻聚剂空气。
10. 打开阀 VD305，E114 投用阻聚剂空气。
11. 打开阀 VD504，T140 投用阻聚剂空气。
12. 打开阀 VD607，T150 投用阻聚剂空气。
13. 打开阀 VD701，T160 投用阻聚剂空气。
14. V141 罐压力稳定在 61.33kPa 后，将 PIC123 设置为自动。
15. V151 罐压力稳定在 61.33kPa 后，将 PIC128 设置为自动。
16. V111 罐压力稳定在 27.86kPa 后，将 PIC109 设置为自动。
17. V161 罐压力稳定在 20.7kPa 后，将 PIC133 设置为自动。

### 二、V161、T160 脱水

1. 打开阀 VD711，引产品 MA 洗涤回流罐 V161。
2. 待 V161 液位达到 10% 后，启动 P161A。
3. 打开控制阀 FV150 及其后前、阀 VD719、VD718，引入 MA 洗涤 T160。
4. 待 T160 底部液位达到 5% 后，关闭 MA 进料阀 VD711。
5. 待 V161 中洗液全部引入 T160 后，关闭 P161A。
6. 关闭控制阀 FV150。
7. 打开 VD706，将废洗液排出。
8. 关闭 VD706，然后按照上述步骤重新给 V161、T160 引 MA。

## 三、T130、T140 建立水循环

1. 打开 V130 顶部手阀 V402，引 FCW 到 V130。

2. 待 V130 达到 25% 后，启动 P130A。

3. 打开控制阀 FV129 及其前、后阀 VD410、VD411，将水引入 T130。

4. 打开 T130 顶部排气阀 VD401，并通过排气阀观察 T130 是否装满水。

5. 待 T130 装满水后，关闭排气阀 VD401。

6. 打开控制阀 LV110 及其前、后阀 VD408、VD409，向 V140 注水（可以同时打开 V404 阀补水）。

7. 待 V140 液位达到 25% 后，启动 P142A。

8. 打开控制阀 FV131 及其前、后阀 VD509、VD510，向 T140 引水。

9. 打开阀 V502，给 E142 投冷却水。

10. 待 T140 液位达到 25% 后，打开蒸汽阀 XV106。

11. 同时打开控制阀 FV134 及其前、后阀 VD502、VD503，给 E141 通蒸汽，控制 T140 塔底温度到 92℃；

12. 打开阀 V501，给 E144 投冷却水。

13. 启动 P140A。

14. 打开控制阀 LV115 及其前、后阀 VD515、VD516，使 T140 底部液体经 E140、E144 排放到 V130。

15. 调整 V130 的 FCW 量，建立 T130 与 T140 水循环稳定后，关闭 FCW 手阀 V402。

16. T140 塔顶的水蒸气经 E142 冷却后进入 V141，当 V41 液位达到 25% 后，启动 P141A。

17. 打开控制阀 FV135 及其前、后阀 VD512、VD511。

18. 打开控制阀 FV135，向 T140 打回流，控制 V141 液位在 65% 左右。

## 四、R101引粗液，并循环升温

1. R101 进料前去伴热系统投用 R101 系统伴热。

2. 打开控制阀 FV106（开度 60%）及其前、后阀 VD101、VD102，向 R101 引入粗液；

3. 打开 R101 顶部排气阀 VD117 排气。

4. 待 R101 装满粗液后，关闭排气阀 VD117，打开 VD119。

5. 打开控制阀 PV101 及其前、后阀 VD125、VD124，将粗液排出，保持粗液循环。

6. 打开控制阀 TV101 及其前、后阀 VD123、VD122，向 E101 供给蒸汽。

7. 调节 PV101 的开度，控制 R101 压力 301kPa。

8. 调节 TV101 的开度，控制反应器入口温度为 75℃。

## 五、启动T110 系统

1. 打开阀 VD225、向 T110 加入阻聚剂。

2. 打开阀 VD224，向 V111 加入阻聚剂。
3. 打开阀 V203，给 E112 投冷却水。
4. 打开阀 V401，给 E130 投冷却水。
5. T110 进料前去伴热系统投用 T110 系统伴热。
6. 待 R101 出口温度、压力稳定后，打开去 T110 手阀 VD118，将粗液引入 T110。
7. 关闭手阀 VD119。
8. 待 T110 液位达到 25% 后，启动 P110A。
9. 打开 FL101A 前、后阀 VD111、VD113。
10. 打开控制阀 FV109 及其前后阀 VD115、VD116。
11. 打开 VD109，将 T110 底部物料经 FL101 排出。
12. 投用 E114 系统伴热。
13. 打开阀 XV103。
14. 打开控制阀 FV107 及其前、后阀 VD215、VD214，控制 T110 塔底温度为 80℃。
15. 待 V111 油相液位 LIC103 液位达到 25% 后，启动泵 P111A。
16. 打开控制阀 FV112 前、后阀 VD209、VD208。
20. 打开控制阀 FV112，给 T110 打回流。
21. 打开控制阀 FV113 前、后阀 VD210、VD211。
22. 打开控制阀 FV113。
23. 打开阀 VD213，将部分液体排出，控制液位稳定。
24. 待 V111 水相液位 LIC104 液位达到 25% 后，启动泵 P112A。
25. 打开控制阀 FV117 前阀 VD216、后阀 VD217。
26. 打开控制阀 FV117。
27. 打开阀 VD218，将水排出，控制水相液位稳定。
28. 待 T110 液位稳定后，打开控制阀 FV110 前阀 VD206。
29. 打开控制阀 FV110 后阀 VD207。
30. 打开控制阀 FV110，将 T110 底部物料引至 E114。
31. 启动 P114A。
32. 打开阀 V301，向 E114 打循环。
33. 打开控制阀 FV122 前阀 VD311、后阀 VD312。
34. 待 E114 液位稳定后，打开控制阀 FV122。
35. 打开 VD310，将物料排出。
36. 按 MD101 按钮，启动 E114 转子。
37. 打开阀 XV104。
38. 打开控制阀 FV119 前阀 VD316、后阀 VD317。
39. 打开控制阀 FV119，向 E114 通入蒸汽 LP5S。
40. 待 E114 底部温度控制在 120.5℃后，关闭 VD310。
41. 打开 VD309，将不合格罐改至重组分回收。

## 六、反应器进原料

1. 打开手阀 VD105。

2. 打开控制阀 FV104 前、后阀 VD121、VD120。

3. 打开控制阀 FV104，新鲜原料进料流量为正常量的 80%（调节控制阀 FV104 的开度 40%）。

4. 打开控制阀 FV101 前后阀 VD103、VD104。

5. 打开控制阀 FV101，新鲜原料进料流量为正常量的 80%（调节控制阀 FV101 的开度 40%）。

6. 关闭控制阀 FV106 及其前、后阀，停止进粗液。

7. 打开阀 VD108，将 T110 底部物料打入 R101，同时关闭阀 VD109。

## 七、T130、T140 进料

1. 打开手阀 VD519，向 T140 输送阻聚剂。

2. 关闭阀 VD213。

3. 打开阀 VD212，由至不合格罐改至 T130。

4. 打开控制阀 PV117 前阀 VD402、后阀 VD403。

5. 界位稳定后，打开控制阀 PV117。

6. 打开阀 VD406，将 T130 顶部物流排至不合格罐。

7. 打开控制阀 FV137 前阀 VD513、后阀 VD514。

8. 打开控制阀 FV137。

9. 打开 VD507，将 V141 中多余物料排至不合格罐。

10. 待 T140 稳定后，关闭 V141 去不合格罐手阀 VD507。

11. 打开 VD508，将物流引向 R101。

## 八、启动T150

1. 打开手阀 VD620，向 T150 供阻聚剂。

2. 打开手阀 VD619，向 V151 供阻聚剂。

3. 打开 E152 冷却水阀 VD601，E152 投用；

4. 打开 VD405，将 T130 顶部物料改至 T150。

5. 关闭去不合格罐手阀 VD406。

6. 投用 T150 蒸汽伴热系统；

7. 当 T150 底部液位达到 25% 后，启动 P150A。

8. 打开控制阀 FV141 前、后阀 VD605、VD606。

9. 打开控制阀 FV141。

10. 打开手阀 VD615，将 T150 底部物料排放至不合格罐，控制好塔液面。

11. 打开阀 XV107。

12. 打开控制阀 FV140 前、后阀 VD621、VD622。
13. 打开控制阀 FV140，给 E151 引蒸汽。
14. 待 V151 液位达到 25% 后，启动 P151A。
15. 打开控制阀 FV142 前、后阀 VD603、VD602。
16. 打开控制阀 FV142，给 T150 打回流。
17. 打开控制阀 FV144 前、后阀 VD609、VD610。
18. 打开控制阀 FV144。
19. 打开阀 VD614，将部分物料排至不合格罐。
20. 打开控制 FV145 前后阀 VD611、VD612。
21. 待 V151 水包出现界位后，打开 FV145 向 V140 切水。
22. 待 T150 操作稳定后，打开阀 VD613。
23. 关闭 VD614，将 V151 物料从不合格罐改至 T130。
24. 关闭阀 VD615。
25. 打开阀 VD616，将 T150 底部物料由至不合格罐改去 T160 进料。

## 九、启动T160

1. 打开手阀 VD710，向 T160 供阻聚剂。
2. 打开手阀 VD709，向 V161 供阻聚剂。
3. 打开阀 V701，E162 冷却器投用。
4. 投用 T160 蒸汽伴热系统。
5. 待 T160 液位达到 25% 后，启动 P160A。
6. 打开控制阀 FV151 前后阀 VD716、VD717。
7. 打开控制阀 FV151。
8. 打开 VD707，将 T160 塔底物料送至不合格罐。
9. 打开阀 XV108。
10. 打开控制阀 FV149 前、后阀 VD702、VD703。
11. 打开控制阀 FV149，向 E161 引蒸汽。
12. 待 V161 有液位后，启动回流泵 P161A。
13. 打开塔顶回流控制阀 FV150 打回流。
14. 打开控制阀 FV153 前后阀 VD720、VD721。
15. 打开控制阀 FV153。
16. 打开阀 VD714，将 V161 物料送至不合格罐；
17. T160 操作稳定后，关闭阀 VD707。
18. 打开阀 VD708，将 T160 底部物料由至不合格罐改至 T110。
19. 关闭阀 VD714。
20. 打开阀 VD713，将合格产品由至不合格罐改至日罐。

## 十、提负荷

1. 调整控制阀 FV101 开度，把 AA 负荷提高至 1841.36kg/h；
2. 调整控制阀 FV104 开度，把 MEOH 负荷提高至 744.75kg/h。

### 实施记录

### 实施结果（成绩单）

| 冷态开车 | 分值 |
| --- | --- |
| 总分 | 4570 |
| 实际得分 | |
| 百分制得分 | |

### 总结与反思

丙烯酸甲酯生产中的醇拔头塔作用是什么？

# 任务2　丙烯酸甲酯工段停车操作训练

### 工作任务

完成丙烯酸甲酯工段停车操作。

### 任务目标

1. 熟悉丙烯酸甲酯工段的停车操作规程。
2. 能熟练进行丙烯酸甲酯工段的停车操作。

### 任务实施要点

## 一、停止供给原料

1. 关闭控制阀 FV101 及其前、后阀 VD103、VD104。

2. 关闭控制阀 FV104 及其前、后阀 VD120、VD121。
3. 关闭 TV101 及其前、后阀 VD122、VD123，停止向 E101 供蒸汽。
4. 关闭手阀 VD713。
5. 同时打开阀 VD714，D161 产品由日罐切换至不合格罐。
6. 关闭阀 VD108，停止 T110 底部到 E101 循环的 AA。
7. 打开阀 VD109，将 T110 底部物料改去不合格罐。
8. 关闭阀 VD508，停从 T140 顶部到 E101 循环的醇。
9. 打开阀 VD507，将 T140 顶部物料改去不合格罐。
10. 关闭 VD118。
11. 同时打开阀 VD119，将 R101 出口由去 T110 改去不合格罐。
12. 去伴热系统，停 R101 伴热。
13. 当反应器温度降至 40℃，关闭阀 VD119，同时关闭 PV101 及前后阀。
14. 打开阀 VD110，将 R101 内的物料排出，直到 R101 排空；
15. 打开 VD117，泄压。
16. 待压力达到常压后，关闭 VD117，并关闭 VD110。

## 二、停T110 系统

1. 关闭阀 VD224，停止向 V111 供阻聚剂。
2. 关闭阀 VD225，停止向 T110 供阻聚剂。
3. 关闭阀 VD708，停止 T160 底物料到 T110。
4. 打开阀 VD707，将 T160 底部物料改去不合格罐。
5. 关闭阀 FV107 及其前后阀，即停止向 E111 供给蒸汽。
6. 去伴热系统，停 T110 蒸汽伴热。
7. 关闭阀 V203。
8. 关闭控制阀 PV109 及其前后阀。
9. 关闭阀 VD212。
10. 同时打开阀 VD213，将 V111 出口物料切至不合格罐，同时适当调整 FV129 开度，保证 T130 的进料量。
11. 待 V111 水相全部排出后，停 P112A/B。
12. 关闭控制阀 FV117 及其前、后阀。
13. 关闭控制阀 FV110 及其前、后阀，停止向 E114 供物料。
14. 关闭阀 V301，停止 E114 自身循环。
15. 关闭控制阀 FV119，停止向 E114 供给蒸汽。
16. 去伴热系统，停 E114 蒸汽伴热。
17. 停止 E114 的转子。
18. 关闭阀 VD309；打开阀 VD310，将 E114 底部物料改至不合格罐。
19. 将 V111 油相全部排至 T110，停 P111A。
20. 将 P111A/B 出口（V111 油相侧物料）到 E130 阀 FV113 关闭，关闭 FV112。

21. 打开阀 VD203，将 T110 底物料排放出。
22. 打开阀 VD306，将 E114 底物料排放出。
23. 待 T110 底物料排尽后，停止 P110A，关闭 VD203，FV109，VD109。
24. 待 E114 底物料排尽后，停止 P114A，关闭 FV122，VD306。

## 三、T150 和T160 停车

1. 关闭阀 VD619，停止向 V151 供阻聚剂。
2. 关闭阀 VD709，停止向 V161 供阻聚剂。
3. 关闭阀 VD620，停止向 T150 供阻聚剂。
4. 关闭阀 VD710，停止向 T160 供阻聚剂。
5. 停 T150 进料，关闭进料阀 VD405。
6. 打开阀 VD406，将 T130 出口物料排至不合格罐。
7. 停 T160 进料，关闭进料阀 VD616。
8. 打开阀 VD615，将 T150 出口物料排至不合格罐。
9. 关闭阀 VD613。
10. 打开阀 VD614，将 V151 油相改至不合格罐。
11. 关闭控制阀 FV140，停向 E151 供给蒸汽。
12. 停 T150 蒸汽伴热，关闭 V601，并关闭 PV128。
13. 关闭控制阀 FV149，停向 E161 供给蒸汽。
14. 停 T160 的蒸汽伴热，关闭 V701，并关闭 PV131。
15. 将 V151 水包水排净后将 V151 去 V140 阀 FV145 关闭。
16. 待回流罐 V151 的物料全部排至 T150 后，停 P151A，关闭 FV144，FV142，VD614。
17. 待水包中物料全部排出后，关闭 FV153。
18. 待回流罐 V161 的物料全部排至 T160 后，停 P161A，关闭 FV153，FV150，VD714。
19. 打开阀 VD608，将 T150 底物料排放出。
20. 打开阀 VD706，将 T160 底物料排放出。
21. T150 底部物料排空后，停 P150A，关闭 VD608，FV141，VD615。
22. T160 底部物料排空后，停 P160A，关闭 VD706，FV151，VD707。

## 四、T130 和T140 停车

1. 关闭阀 VD519，停止向 T140 供阻聚剂。

2. 当 T130 顶油相全部排出后，关闭控制阀 FV129 及其前、后阀，停 T130 萃取水，T130 内的水经 V140 全部去 T140。

3. 关闭控制阀 PV117。

4. 关闭控制阀 FV134，停向 E141 供给蒸汽，关闭 V502，PV123。

5. 待 V141 物料全部排出后，停泵 P141A，关闭 FV137，FV135，VD507。

6. 关闭 LV110，停泵 P142A，并关闭 FV131。

7. 打开 VD501 给 T140 排液。
8. 待 T140 物料全部排出后，停泵 P140A，关闭 VD501，LV115。
9. 打开阀 VD407 给 T130 排液。
10. 待 T130 物料全部排出后，关闭 VD407。

## 五、T110、T140、T150、T160 系统打破真空

1. 关闭阀 VD205，T110 停止供应阻聚剂空气。
2. 关闭阀 VD305，E114 停止供应阻聚剂空气。
3. 关闭阀 VD504，T140 停止供应阻聚剂空气。
4. 关闭阀 VD607，T150 停止供应阻聚剂空气。
5. 关闭阀 VD701，T160 停止供应阻聚剂空气。
6. 打开阀 VD204，向 V111 充入 LN。
7. 打开阀 VD505，向 V141 充入 LN。
8. 打开阀 VD601，向 V151 充入 LN。
9. 打开阀 VD704，向 V161 充入 LN。
10. 直至 T110 系统达到常压状态，关闭阀 VD204，停 LN。
11. 直至 T140 系统达到常压状态，关闭阀 VD505，停 LN。
12. 直至 T150 系统达到常压状态，关闭阀 VD601，停 LN。
13. 直至 T160 系统达到常压状态，关闭阀 VD704，停 LN。

### 实施记录

### 实施结果（成绩单）

| 正常停车 | 分值 |
| --- | --- |
| 总分 | 850 |
| 实际得分 | |
| 百分制得分 | |

### 总结与反思

本工艺中丙烯酸是如何回收的？

# 任务3 丙烯酸甲酯工段的故障处理操作训练

## 工作任务

进行故障设置，根据现象分析判断丙烯酸甲酯工段故障产生原因，并进行丙烯酸甲酯工段故障的排除。

## 任务目标

1. 能根据故障现象正确判断丙烯酸甲酯工段故障产生原因。
2. 能熟练进行丙烯酸甲酯工段故障的排除并调节工艺参数至正常值。

## 任务实施要点

| 故障名称 | 故障处理方法 |
|---|---|
| 停电 | 1.关闭控制阀FV101，停AA进料。<br>2.关闭控制阀FV104，停MEOH进料。<br>3.关闭控制阀TV101，停E101蒸汽。<br>4.关闭控制阀FV107，停E111蒸汽。<br>5.关闭控制阀FV119，停E114蒸汽。<br>6.关闭控制阀FV134，停E141蒸汽。<br>7.关闭控制阀FV140，停E151蒸汽。<br>8.关闭控制阀FV149，停E161蒸汽。<br>9.去蒸汽伴热系统停R101系统伴热。<br>10.去蒸汽伴热系统停T110系统伴热。<br>11.去蒸汽伴热系统停E114系统伴热。<br>12.去蒸汽伴热系统停T150系统伴热。<br>13.去蒸汽伴热系统停T160系统伴热。<br>14.去现场关闭P110A泵。<br>15.去现场关闭P111A泵。<br>16.去现场关闭P112A泵。<br>17.去现场关闭P114A泵。<br>18.去现场关闭P130A泵。<br>19.去现场关闭P142A泵。<br>20.去现场关闭P140A泵。<br>21.去现场关闭P141A泵。<br>22.去现场关闭P150A泵。<br>23.去现场关闭P151A泵。<br>24.去现场关闭P160A泵。<br>25.去现场关闭P161A泵。<br>26.将E114搅拌器开关MD101关闭。<br>27.关闭控制阀PV109，停止T110抽真空。<br>28.关闭控制阀PV123，停止T140抽真空。<br>29.关闭控制阀PV128，停止T150抽真空。<br>30.关闭控制阀PV133，停止T160抽真空。<br>31.关闭V111阻聚剂手阀VD224。<br>32.关闭T110阻聚剂手阀VD225。<br>33.关闭T140阻聚剂手阀VD519。<br>34.关闭T140阻聚剂空气手阀VD504。 |

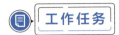

续表

| 故障名称 | 故障处理方法 |
|---|---|
| 停电 | 35.关闭V151阻聚剂手阀VD619。<br>36.关闭T150阻聚剂手阀VD620。<br>37.关闭T150阻聚剂空气手阀VD607。<br>38.关闭V161阻聚剂手阀VD709。<br>39.关闭T160阻聚剂手阀VD710。<br>40.关闭T160阻聚剂空气手阀VD701 |
| 停仪表风 | 1.停止E114转子MD101。<br>2.打开VD714，将V161出口物料排至不合格罐。<br>3.关闭VD713。<br>4.关闭FV101，停止AA进料。<br>5.关闭FV104，停止MEOH进料。<br>6.关闭E101的蒸汽加热控制阀TV101。<br>7.关闭E111的蒸汽加热控制阀FV107。<br>8.关闭E114的蒸汽加热控制阀FV119。<br>9.关闭E141的蒸汽加热控制阀FV134。<br>10.关闭E151的蒸汽加热控制阀FV140。<br>11.关闭E161的蒸汽加热控制阀FV149，然后按正常停车处理 |
| 停蒸汽 | 同上 |
| 原料中断 | 1.关闭FV101及其前后阀。<br>2.迅速打开FV101的旁路阀V101，并将压力、温度、液位等调节至正常 |
| T110塔压增大 | 1.关闭PV109及其前后阀。<br>2.迅速打开PV109的旁路阀V209，并将压力、温度、液位等调节至正常 |
| 原料供应不足 | 1.关闭FV104及其前后阀。<br>2.迅速打开FV104的旁路阀V104，并将压力、温度、液位等调节至正常 |
| P110A泵故障 | 1.启动P110B泵。<br>2.停止P110A泵。<br>3.控制LIC101、LIC103、LIC104、LIC106液位在50% |
| P111A/B泵故障 | 同正常停车 |
| 换热器E140故障 | 同正常停车 |
| V161罐漏 | 同正常停车 |

## 实施记录

| 故障名称 | 故障主要现象 | 处理结果记录 |
|---|---|---|
| 停电 | | |
| 停仪表风 | | |
| 停蒸汽 | | |
| 原料中断 | | |
| T110塔压增大 | | |

续表

| 故障名称 | 故障主要现象 | 处理结果记录 |
|---|---|---|
| 原料供应不足 | | |
| P110A泵故障 | | |
| P111A/B泵故障 | | |
| 换热器E140故障 | | |
| V161罐漏 | | |

## 实施结果（成绩单）

| 故障名称 | 分值 | 实际得分 | 百分制得分 |
|---|---|---|---|
| 停电 | 420 | | |
| 停仪表风 | 110 | | |
| 停蒸汽 | 110 | | |
| 原料中断 | 120 | | |
| T110塔压增大 | 70 | | |
| 原料供应不足 | 120 | | |
| P110A泵故障 | 60 | | |
| P111A/B泵故障 | 850 | | |
| 换热器E140故障 | 850 | | |
| V161罐漏 | 850 | | |

## 总结与反思

酯化反应温度控制在多少？为什么？

# 学习资源

丙烯酸与甲醇生产丙烯酸甲酯的主副反应如下：

主反应

$$\underset{AA}{CH_2=CHCOOH}+CH_3OH \rightleftharpoons \underset{MA}{CH_2=CHCOOCH_3}+H_2O$$

副反应

$$CH_2=CHCOOH+2CH_3OH \longrightarrow CH_3OCH_2CH_2COOCH_3+H_2O$$

MPM（3-甲氧基丙酸甲酯）

$$2CH_2=CHCOOH+CH_3OH \longrightarrow CH_2=CHCOOC_2H_4COOCH_3+H_2O$$

D-M（3-丙烯酰氧基丙酸甲酯/二聚丙烯酸甲酯）

$$CH_2=CHCOOH+CH_3OH \longrightarrow HOC_2H_4COOCH_3$$

HOPM（3-羟基丙酸甲酯）

$$CH_2=CHCOOH+CH_3OH \longrightarrow CH_3OC_2H_4COOH$$

MPA（3-甲氧基丙酸）

$$2CH_2=CHCOOH \longrightarrow CH_2=CHCOOC_2H_4COOH$$

D-AA（3-丙烯酰氧基丙酸/二聚丙烯酸）

生成丙烯酸甲酯的主反应是一个平衡反应，为使反应向有利于产品生成的方向进行，工业上常采用一些方法，一种方法是用比反应量过量的酸或醇，另一种方法是从反应系统中移除低沸点组分（水）。

# 参考文献

[1] 赵刚.化工仿真实训指导.北京:化学工业出版社,1999.
[2] 杨百梅.化工仿真.北京:化学工业出版社,2004.
[3] 陈群.化工仿真操作实训.第三版.北京:化学工业出版社,2006.
[4] 吴重光.仿真技术.北京:化学工业出版社,2000.
[5] 朱宝轩.化工生产仿真实习指导.北京:化学工业出版社.2002.
[6] 刘承先,文艺.化学反应器操作实训.北京:化学工业出版社.2006.
[7] 天津大学化工原理教研室.化工原理.天津:天津科学技术出版社,1987.
[8] 苗顺玲.化工单元仿真实训.北京:石油工业出版社,2008.
[9] 尹美娟.化工仪表自动化.北京:科学出版社,2009.
[10] 蔡夕忠.化工自动化.北京:化学工业出版社,2008.
[11] 侯影飞.化工仿真实训教程.北京:中国石化出版社,2015.
[12] 张亚婷.化工仿真实训教程.北京:化学工业出版社,2022.
[13] 葛奉娟.化工仿真实训教程.北京:化学工业出版社,2022.
[14] 沈王庆等.化工仿真实验.成都:西南交通大学出版社,2022.